edition suhrkamp 2795

Die internationale politische und wirtschaftliche Ordnung sowie deren Erklärungsmodelle sind durch eine Krisenkaskade erschüttert worden, die mit Putins Angriff auf die Ukraine ihre Klimax erreicht hat. Vor diesem Hintergrund identifiziert der renommierte Politikwissenschaftler Ulrich Menzel die Wendepunkte einer Welt in Aufruhr. Die Globalisierung ist entzaubert, die USA und China ringen um die Hegemonie. Wir erleben eine Rückkehr alter Grenzen, der Anarchie der Staatenwelt, des Autoritären (weltweit und in den liberalen Gesellschaften), ja sogar des Krieges in Europa. Stehen wir am Übergang vom liberalen amerikanischen zum autoritären chinesischen Jahrhundert? Wie soll sich Europa, wie soll sich Deutschland in dieser Übergangsphase positionieren?

Ulrich Menzel, geboren 1947, ist Politikwissenschaftler und war bis zu seiner Emeritierung Inhaber des Lehrstuhls für Internationale Beziehungen und Vergleichende Regierungslehre an der TU Braunschweig. Im Suhrkamp Verlag erschien zuletzt *Die Ordnung der Welt. Imperium oder Hegemonie in der Hierarchie der Staatenwelt* (2015).

Ulrich Menzel

Wendepunkte

Am Übergang zum autoritären Jahrhundert

Suhrkamp

Klimaneutral
Druckprodukt
ClimatePartner.com/14438-2110-1001

Erste Auflage 2023
edition suhrkamp 2795
Originalausgabe

Umschlag gestaltet nach einem Konzept
von Willy Fleckhaus: Rolf Staudt
Satz: Satz-Offizin Hümmer GmbH, Waldbüttelbrunn
Druck: C.H. Beck, Nördlingen
Printed in Germany
ISBN 978-3-518-12795-7

www.suhrkamp.de

Inhalt

III
Der doppelte Übergang

IV
Das Ende der großen Erzählung vom Segen der Globalisierung

V
Zeitenwende

Einleitung
Eine Wortmeldung aus gegebenem Anlaß

In seiner Regierungserklärung vom 27. Februar 2022 hat Olaf Scholz in Reaktion auf den Angriff russischer Truppen gegen die Ukraine mit dem viel zitierten Begriff »Zeitenwende« das Stichwort zur Kennzeichnung der Weltlage geliefert. »Wir erleben eine Zeitenwende. Und das bedeutet: Die Welt danach ist nicht mehr dieselbe wie die Welt davor. Im Kern geht es um die Frage, ob Macht das Recht brechen darf, ob wir es Putin gestatten, die Uhren zurückzudrehen in die Zeit der Großmächte des 19. Jahrhunderts, oder ob wir die Kraft aufbringen, Kriegstreibern wie Putin Grenzen zu setzen.«[1] Seitdem drehte sich die Debatte um die praktischen Konsequenzen des Begriffs und welche Zeit diese in Anspruch nehmen. Anfang des Jahres 2023 verengte sie sich immer wieder auf die Frage, welche Waffen die Bundesrepublik in welchem Zeitraum und in welcher Stückzahl bereit und vor allem in der Lage ist, an die Ukraine zu liefern, ohne damit in einen regelrechten Krieg mit Rußland hineingezogen zu werden. Ein echtes Dilemma, dessen scheinbare Auflösung immer neue »rote Linien«,

1 »Regierungserklärung von Bundeskanzler Olaf Scholz am 27. Februar 2022«; online verfügbar unter: {www.bundesregierung.de/breg-de/suche/regierungserklaerung-von-bundeskanzler-olaf-scholz-am-27-februar-2022-2008356} (alle Internetquellen Stand April 2023).

die nicht überschritten werden dürfen, verlangte. Die Gegenposition lautete, einen Verhandlungsprozeß in Gang zu setzen, ohne klarzumachen, wie Putin dazu bewegt werden könnte.

Dieses enge Verständnis des Begriffs »Zeitenwende« verschleiert leider, daß die Welt an einer viel epochaleren Wende steht. Es reduziert den Begriff auf das Kriegerische, verwendet ihn aus einer eurozentrischen Perspektive, weil es nur auf den Krieg in Europa fokussiert ist, es unterschlägt, daß es in den letzten Jahren nicht nur einen, sondern eine ganze Kette von Anlässen gegeben hat, von einer Zeitenwende zu sprechen, und es macht sie vor allem an einem Ereignis, gar an einem Tag, nämlich dem 24. Februar 2022, fest. Demgegenüber läßt sich anführen, daß auch 9/11, der Tag des Angriffs auf das World Trade Center in New York im Jahr 2001 und der anschließende weltweite Kampf gegen den Terror eine Zeitenwende markiert hat. Der Terror ist dadurch nicht weniger geworden, sondern hat eine neue Konfrontation zwischen der westlichen und der muslimischen Welt befördert. Oder die Insolvenz der Investmentbank Lehman Brothers am 15. September 2008 mit der anschließenden globalen Finanzkrise, die etliche Staaten an den Rand des Staatsbankrotts getrieben hat und trotz einer bis vor Kurzem von den Zentralbanken rund um den Globus verfolgten Null-Zins-Politik noch keineswegs überwunden ist. Oder die Flüchtlingskrise des Jahres 2015, die sich zu einer neuen Völkerwanderung und einer Abschottung des Nordens gegenüber dem Süden ausgewachsen hat. Oder die Coronakrise 2020/21 mit den weltweiten Lockdowns und Unterbrechungen der Lieferketten und und und. Kriege gibt und gab es nicht nur in der Ukraine, sondern auch im Komplex Irak/Syrien, im Komplex Äthiopien/Eritrea, in Afghanistan, im Jemen, in Libyen, im Sudan, in der Sahelzone und und und, wobei jeweils die Grenzen zwischen klassischem Krieg und Bürgerkrieg mit oder ohne Intervention von dritter Seite, ob staatlich oder durch private Söldner exekutiert, verschwimmen. Gerade Letzteres ist auch in der Ukraine der Fall. Wie lassen sich Putins Krieg und dessen leidvolle Folgen gewichten gegenüber der Finanzkrise, der Flüchtlingskrise, der Coronakrise und vor allem der Klimakrise und deren Folgen? Wie kommt es, daß sich in den letzten Jahren die Krisen mit globalen Folgen so sehr häufen, sie in immer dichterer Abfolge auftreten mit dramatischen Wechselwirkungen, die ihre Handhabbarkeit immer schwerer machen? Besonders fatal ist der Effekt, daß der eigentlich prioritär zu führende Kampf gegen den Klimawandel immer wieder aus aktuellem Anlaß in den Hintergrund rückt, manchmal wie im Falle der Energiekrise sogar Maßnahmen verlangt, die kontraproduktiv für die Eindämmung des Klimawandels sind. Nicht zuletzt muß die Frage gestellt werden, warum sich Putin stark genug gefühlt hat, diesen Krieg vom Zaun zu brechen in der trügerischen Annahme, ihn nach wenigen Tagen siegreich beendet zu haben – widerspricht sein Verhalten doch allen empirisch gesättigten und argumentativ schlüssigen Gewißheiten, die die Lehre von den Internationalen Beziehungen mit ihren konkurrierenden Paradigmen Idealismus, Institutionalismus und Realismus anbietet, warum so ein Krieg im Herzen von Europa im 21. Jahrhundert nicht mehr stattfinden kann. Die Antwort auf alle diese Fragen liefert das vierte Paradigma, der Strukturalismus.[2] Der Begriff »Wende« muß demnach in dem Sinne verstanden werden, daß wir uns in einer Welt des Übergangs befinden, der zudem in mehreren Dimensionen stattfindet. Insofern ist es präziser, von Wendepunkten in einer Übergangsphase zu sprechen, wie der Titel dieses Bandes annonciert.

Der erste Übergang ist politischer Natur und liegt begründet im relativen Abstieg der USA als globale Führungsmacht gemessen an dem Zenit, in dem sie nach dem Zusammenbruch des sowjetischen Imperiums und der Auflösung der Sowjetunion in den Jahren 1989/90 gestanden haben. Auch dieses Ereignis wurde damals und wird immer noch, gerade im Hinblick auf die Konsequenzen für die DDR, als »Wende« bezeichnet. Er liegt ferner begründet im relativen Aufstieg Chinas als künftige globale Führungsmacht. Xi Jinping hat angekündigt, die Volksrepublik werde diese Rolle bis zum Jahr 2049, dem Jubiläum zum hundertsten Geburtstag ihrer Gründung, übernehmen. Aus der Perspektive der Hegemonietheorie befinden wir uns also in der kritischen Phase des hegemonialen Übergangs, in der die alte Führungsmacht immer weniger bereit und in der Lage ist, ihre ordnungsstiftende Führungsrolle zu spielen, und die potentielle neue Führungsmacht dazu noch nicht willens ist, weil ihr noch das nötige Fundament fehlt. Deshalb kehrt in der Übergangsphase die Anar-

2 Eine überblickhafte Zusammenschau der vier Paradigmen bei Ulrich Menzel, *Zwischen Idealismus und Realismus. Die Lehre von den Internationalen Beziehungen*, Frankfurt am Main 2001, S. 53.

chie der Staatenwelt zurück, wie sie sich in den skizzierten und vielen weiteren Konflikten offenbart. Das Moment der relativen Schwäche der USA, das sich sowohl in der politischen Spaltung des Landes wie den Konflikten mit Europa offenbart, dürfte bei Putins Entscheidung eine Rolle gespielt haben.

Die zweite Dimension des Übergangs ist wirtschaftlicher Natur und betrifft das Thema Globalisierung in gleich doppelter Hinsicht. Die Finanzkrise, die Coronakrise und die Energiekrise als Folge von Putins Krieg haben eindrucksvoll demonstriert, daß die Globalisierung mittlerweile ein Ausmaß erreicht hat, das die Welt bei jeder Störung der Lieferketten an den Rand einer Weltwirtschaftskrise bringt, die nicht mehr mit den Mitteln des Marktes, sondern nur durch massive Staatsinterventionen abgewendet werden kann. Der Neoliberalismus als die große Erzählung vom Segen der Globalisierung ist diskreditiert und der Staat mit seinen Steuerungsfunktionen auf allen Ebenen zurückgekehrt mit der Folge, daß wir an der Wende zur Deglobalisierung stehen, die ein *slow and ethical living* verlangt.

Mit dieser Wende ist allerdings nur eine Variante der Globalisierung gemeint, nämlich diejenige, die darunter die Durchkapitalisierung der ganzen Welt bis in den letzten Winkel versteht.[3] Es gibt aber noch eine andere

3 Diese haben wir vor rund dreißig Jahren in einem von mir maßgeblich verantworteten Forschungsprojekt mit dem Titel »Strukturveränderungen in der Weltwirtschaft seit Ende der sechziger Jahre und ihre Konsequenzen für die internationale Ordnung« mit großem empirischem Aufwand bearbeitet. Das Ergebnis ist dokumentiert in Mathias Albert, Lothar Brock, Stephan Hessler, Ulrich

Form von Globalisierung, die nicht der Logik des Profits, sondern der Logik der Rente entspricht. Letztere ist weiterhin auf dem Vormarsch, hat paradoxerweise durch die genannten Krisen sogar noch weiteren Auftrieb bekommen. Dabei geht es einerseits um die wachsende Zahl rentenbasierter Staaten, wie sie klassischerweise am Persischen Golf mit seinem Ölreichtum zu finden sind. Putins Rußland und seine Oligarchenclique gehören mit seinem Rohstoffreichtum ebenso dazu wie die »Volksrepublik« China, die keineswegs ein Land ist, wo das Kapital oder gar das Volk regiert, sondern die Partei. Deshalb können dort selbst Milliardäre jederzeit kaltgestellt oder verhaftet werden. Andererseits geht es um die vielen neuen rententrächtigen »Geschäftsfelder« – nämlich um Drogen, Waffen, Diamanten, Coltan, die Katastrophenhilfe, das Schleusergeschäft mit den Flüchtlingen, den Handel mit Müll und abgewrackten Schiffen, Schutzgeld, Piraterie, Geldwäsche, Briefkastenfirmen, Cyberkriminalität etc. Der Unterschied zwischen der Logik des Profits und der Logik der Rente besteht kurz gefaßt darin, daß im ersten Fall Einkommen aus unternehmerischer Tätigkeit und im zweiten Fall aus der politischen Kontrolle einkommensträchtiger Ressourcen entstehen, zu denen selbst Notlagen gehören können. Im ersten Fall muß man investieren, um wettbewerbsfähig zu bleiben, im zweiten Fall muß man in die Organe der Macht aus Armee, Polizei, Präsidentengarde, Geheimdiensten, Sitten-

Menzel und Jürgen Neyer, *Die Neue Weltwirtschaft. Entstofflichung und Entgrenzung der Ökonomie*, Frankfurt am Main 1999.

wächter und ggf. privaten Söldnertruppen »investieren«, um die Kontrolle zu behaupten. Viele Konflikte auf der Welt, auch wenn sie ethnisch oder religiös aufgeladen werden, sind Kämpfe um die Rente. Der immer wieder verwendete Begriff »Korruption« verschleiert nur die kategoriale Bedeutung des dahinterstehenden Verhaltens.

Im 15. Kapitel meines Buches *Die Ordnung der Welt* habe ich den zweiten amerikanischen Hegemoniezyklus über den Zeitraum 1990-2035 behandelt. Es endet mit dem zweiten *American decline*, der chinesischen Herausforderung und der Zukunft der internationalen Ordnung, soweit sie durch die Bereitstellung der internationalen öffentlichen Güter gewährleistet ist.[4] Das Buch ist nach einer fast zehnjährigen Entstehungszeit 2015 erschienen. Wäre es 2023 veröffentlicht worden, hätte es sicher noch ein weiteres Kapitel über den chinesischen Aufstieg enthalten unter der Fragestellung, was den Aufstieg Chinas erklärt und ob und wann das Land in der Lage ist, die internationale Rolle der USA zu übernehmen.

Die Kapitel der hier identifizierten »Wendepunkte am Übergang zum autoritären Jahrhundert« verstehen sich deshalb als eine Art Fortsetzung von *Die Ordnung der Welt* und liefern einen strukturellen Zugang zu den eingangs aufgeworfenen Fragen. Dabei bedienen sie sich wieder der historisch-komparativen Methode als des Königswegs zur Erkenntnis. Sie greifen auf Aufsät-

4 Ulrich Menzel, *Die Ordnung der Welt. Imperium oder Hegemonie in der Hierarchie der Staatenwelt*, Berlin 2015, S. 995 ff.

ze zurück, die seit 2015 verstreut erschienen sind. Insofern handelt es ich nicht um einen Schnellschuß wie Carlo Masalas *Weltunordnung*, Peter R. Neumanns *Die neue Weltunordnung* oder Peter Rudolfs *Welt im Alarmzustand*, die bei genauerem Hinsehen überarbeitete Neuauflagen bzw. montierte Aufsätze sind, die den Erkenntnisstand des Jahres 2015 wiedergeben. Die genannten Bücher wurden unter dem Eindruck von Putins Krieg aktualisiert, wiederholen aber lediglich Grundpositionen, die die Autoren schon immer vertreten haben. Für den englischsprachigen Raum sei exemplarisch auf das Schwerpunktheft von *Foreign Affairs* mit dem Titel »The Age of Uncertainty« und darin auf den Beitrag von Richard Haass, Präsident des Council on Foreign Relations, »The Dangerous Decade: A Foreign Policy for a World in Crisis« verwiesen.[5]

Bei dem vorliegenden Band handelt es sich nicht um ein reines Best-of-Album, die Zusammenstellung meiner wichtigsten Aufsätze der letzten Jahre. Vielmehr wurden alle Kapitel gründlich überarbeitet, ergänzt und, wo nötig, aktualisiert. Um Überschneidungen zu vermeiden, sind nicht alle Aufsätze, die zur Wahl standen, in das Buch aufgenommen worden.[6] Statt dessen wur-

5 Carlo Masala, *Weltunordnung. Die globalen Krisen und die Illusionen des Westens*, München, 5. Aufl. 2022 [2016]; Peter R. Neumann, *Die neue Weltunordnung. Wie sich der Westen selbst zerstört*, Berlin 2022; Peter Rudolf, *Welt im Alarmzustand. Die Wiederkehr nuklearer Abschreckung*, Bonn 2022, und die Ausgabe »The Age of Uncertainty« der Zeitschrift *Foreign Affairs* 101/5 (2022).

6 Z.B. Ulrich Menzel, »Welt am Kipppunkt. Die neue Unregierbarkeit und der Vormarsch der Anarchie«, in: *Blätter für deutsche und internationale Politik* 61/1 (2016), S. 35-45.

den auch »Bootlegs« berücksichtigt.[7] Gemeint sind unveröffentlichte Aufsätze, die aber demselben Prozedere wie die bereits veröffentlichten unterzogen wurden.

Kapitel 1 über alte und neue Grenzen mit dem Beitrag »Das Eigene und das Fremde Revisited« ist in der unveröffentlichten Urfassung vor 25 Jahren entstanden und bezog sich damals auf das Ende des Ost-West-Konflikts, das auch einen Wandel im Verständnis vom Eigenen und Fremden bedeutete. In der Revisited-Version geht es um einen neuerlichen Wandel, der die Wende-Sicht der Jahre 1989/90 nicht nur im Hinblick auf Osteuropa wieder in Frage stellt.

Im Kapitel 2 über den Wiederaufstieg Asiens geht es in drei Beiträgen um die Frage, wie dieser, namentlich der von China, zu erklären ist. Wenn man von Wiederaufstieg spricht, muß es zuvor einen Niedergang gegeben haben und davor einen ersten Aufstieg, für den sich die Theorie der asiatischen Produktionsweise als Erklärung anbietet. Heute reüssiert sie modifiziert mit der Theorie des bürokratischen Entwicklungsstaates. Auch dieser Aufsatz beruht auf einer im Vorfeld meiner Dissertation zu *Theorie und Praxis des chinesischen Entwicklungsmodells* 1975 verfaßten unveröffentlichten Studie, mit der ich damals die Stagnation Chinas im Vergleich zu dem aufstrebenden kapitalistischen Westen erklären wollte.[8] Ein schönes Beispiel, wie durch

7 In Anspielung an die Bootleg-Series von Bob Dylan, in der mit *Fragments* 2022 bereits die Nr. 17 erschienen ist.

8 Ulrich Menzel, *Theorie und Praxis des chinesischen Entwicklungsmodells. Ein Beitrag zum Konzept autozentrierter Entwicklung*, Opladen 1978.

die neue Kontextualisierung eines alten Textes neue Erkenntnisse gewonnen werden können. In den siebziger Jahren, die in der Entwicklungstheorie durch die Debatte zwischen Modernisierungs- und Dependenztheorie geprägt wurden, lieferte die Theorie der asiatischen Produktionsweise die Erklärung für die Stagnation der alten Hochkulturen im Vergleich zum westlichen Kapitalismus, heute unter dem Eindruck Chinas, Japans, Koreas, Vietnams etc. die Erklärung für ihren Wiederaufstieg! Wenn aber China zwar im Wiederaufstieg begriffen ist, aber noch nicht an der Spitze steht, wie geht das Land selbst mit der Übergangsphase um? Meine Antwort lautet: Die »Neue Seidenstraße« soll eine »eurasische Weltordnung« unter chinesischer Führung begründen wie seinerzeit das Tributsystem, bis China als Land der Mitte diesen Platz und den damit verbundenen Anspruch wieder für die ganze Welt erheben kann.

In Kapitel 3, »Der doppelte Übergang«, werden der politische Übergang vom amerikanischen zum chinesischen Jahrhundert und der wirtschaftliche von der profitbasierten zur rentenbasierten Globalisierung thematisiert. Das amerikanische Jahrhundert wurde am 17. Februar 1941 von Henry Luce im *Life Magazin* ausgerufen, das chinesische am 18. Oktober 2017 von Xi Jinping auf dem XIX. Parteitag der Kommunistischen Partei Chinas. Allein der Vergleich der beiden Foren ist bereits aussagekräftig. Der Aufstieg und Niedergang des kapitalistischen Weltsystems aus der Logik des Profits und der Logik der Rente wird hier anhand der Sechs-Bücher-Pläne von drei Großtheoretikern, nämlich Karl

Marx, Immanuel Wallerstein und Hartmut Elsenhans, beleuchtet.

In Kapitel 4 geht es um das Ende der großen Erzählung vom Segen der Globalisierung. Bevor es zur Deglobalisierung in der Sache kommen kann, bedarf es der Dekonstruktion ihrer Erzählung, die durch die genannten Krisen und insbesondere die Coronakrise zu Grabe getragen wurde. Deshalb der Titel »Corona und andere Totengräber der Globalisierung«. Erst wenn eine Erzählung nicht mehr hegemonial ist im öffentlichen Diskurs, dann ist auch die Politik bereit, einen wirtschaftspolitischen Kurswechsel einzuleiten, wie wir gerade auf vielen Feldern, nicht nur im Energiesektor, erleben. Der Diskurswandel hat auch gravierende innenpolitische Konsequenzen, wie sich am Strukturwandel des Parteiensystems in der Bundesrepublik verfolgen läßt, der in anderen Ländern schon viel früher eingesetzt hat und viel radikaler verlaufen ist. Die These lautet, daß die Gewinner und Verlierer der Globalisierung neue Milieus gebildet haben, in die die neuen Parteien der Kosmopoliten und Populisten eingebettet sind.

Damit kommen wir zum Schlußkapitel, der Zeitenwende, wie sie hier verstanden wird, die sich am »Strukturwandel des internationalen Systems in Richtung Ost-West-Konflikt 2.0« festmachen läßt. Die Begrifflichkeit von Ost und West hat nicht mehr die frühere ideologische Konnotation, sondern folgt dem Verständnis des alten Orients und Okzidents mit China und den USA als Zentralmächten. Damit sind wir wieder bei der Eingangsthematik vom Eigenen und Fremden. Die Gegenwart holt der Band im zehnten und letzten Beitrag über

»Putins Krieg und die Zukunft der liberalen Weltordnung« ein, in dem herausgearbeitet wird, inwiefern der Krieg in der Ukraine mitsamt seinen direkten und indirekten westlichen und östlichen Unterstützern auch ein Stellvertreterkrieg um die Zukunft einer Welt nach autoritärem oder liberalem Muster ist.

Da ich nicht mehr im aktiven Dienst stehe, erübrigen sich die Danksagungen an meine früheren Mitarbeiterinnen und Mitarbeiter im Institut für Sozialwissenschaften der TU Braunschweig. Danken möchte ich nur meiner Tochter Marie Menzel, die mich tatkräftig und zuverlässig bei der Materialrecherche und der technischen Bearbeitung der Manuskripte unterstützt hat.

Vechelde, März 2023

I
Alte und neue Grenzen

1. Das Eigene und das Fremde Revisited

Vor gut 25 Jahren, im Frühjahr 1997, habe ich einen Essay verfaßt mit dem Titel »Das Eigene und das Fremde«. Der Text wurde nicht publiziert, sondern ist in mein Archiv in die Abteilung »unveröffentlichte Manuskripte« gewandert. Aus gegebenem Anlaß habe ich ihn wieder hervorgeholt und festgestellt, daß vieles darin zwar immer noch aktuell ist, manches aber der radikalen Revision bedarf. Deshalb habe ich den Titel umbenannt in »Das Eigene und das Fremde Revisited« in Anspielung auf das berühmteste aller Bob-Dylan-Alben.[1] Anlaß meines ursprünglichen Essays waren die vermeintlich so radikalen Umbrüche der Jahre 1989/90, Anlaß der Revisited-Version meines *Highway 61* sind die aktuellen Umbrüche, die viel tiefgreifender sind als das, was wir damals mit dem Fall der Berliner Mauer wahrgenommen haben. Für den alten Westen, gerade auch die alte Bunderepublik, hatte sich grundsätzlich doch kaum etwas verändert. Das Phänomen des irrlichternden Donald Trump ist nur der Auslöser, nicht aber die Ursache, warum mittlerweile weltweit eine neue Debatte geführt

1 Bob Dylan, *Highway 61 Revisited*, CBS 1967. In der Rangliste »Die 500 besten Alben aller Zeiten« des Magazins *Rolling Stone* steht es unverständlicherweise nur auf Platz 4; siehe: {https://www.rollingstone.com/music/music-lists/500-greatest-albums-of-all-time-156826/chuck-berry-the-great-twenty-eight-170132/}. Dylan zitiert mit dem Titel möglicherweise Evelyn Waugh, *Brideshead Revisited* von 1945.

wird über die Frage, was gemeint ist, wenn man von dem Eigenen und dem Fremden spricht. Die korrespondierenden Begriffe im Englischen lauten »them« und »us«, wobei Letzteres in Versalien zugleich das Akronym für »United States« ist.[2]

Grenzziehungen zur Definition des Eigenen und des Fremden, zur Bildung lokaler, regionaler, nationaler oder auch Nationalstaaten übergreifender geopolitischer Identitäten durch die Bildung von Wertegemeinschaften, politischen Unionen, Wirtschaftsgemeinschaften oder Sicherheitspartnerschaften, sind zugleich immer Ausgrenzungen gegenüber denen, die nicht dazugehören bzw. nicht dazugehören sollen, sind immer Konstrukte, da ihr jeweiliger Verlauf und ihre Reichweite entsprechend dem gegebenen Anlaß variabel sind: Asien gegen Europa, Islam gegen Christentum, Sunniten gegen Schiiten, Islamischer Staat gegen Taliban auf der einen und Protestanten gegen Katholiken, Lutheraner gegen Calvinisten auf der anderen Seite, ferner Neue Welt gegen Alte Welt, Osteuropa gegen Westeuropa, Deutschland gegen Frankreich, Bayern gegen Preußen, Hannover (96) gegen (BTSV Eintracht) Braunschweig.[3]

Die älteste dieser Grenzziehungen mit der größten Reichweite, soweit die damals bekannte Welt als Gan-

2 Vgl. dazu Rob Kroes, *Them & US: Questions of Citizenship in a Globalising World*, Urbana 2000; ferner den gleichnamigen Song der Band Bad Religion.

3 Brage bei der Wieden, »Über regionale Identität im Allgemeinen und die braunschweigische im Speziellen«, in: *Braunschweigisches Jahrbuch für Landesgeschichte* 102 (2021), S. 11-22.

zes ins Blickfeld genommen wurde, war die zwischen Asien und Europa, zwischen Morgenland und Abendland, zwischen Orient und Okzident, zwischen Osten und Westen. Sie geht zurück bis in die Antike, als bereits Aristoteles den Gegensatz zwischen der Demokratie der griechischen Polis und der Despotie des persischen Königs herausstellte. Die Kriege zwischen den Griechen und den Persern und später den Römern und den Parthern waren der militärische Ausdruck dieser Grenzziehung.

Seit der europäischen Aufklärung wurde dieser Gegensatz festgeschrieben – etwa bei Montesquieu in den *Persischen Briefen* (*Lettres persanes*), die zwei fiktive Perser, Usbek und Rica, anläßlich eines Paris-Aufenthaltes in die Heimat senden und darin in einer Mischung aus Staunen, Verständnislosigkeit, Spott und Mißbilligung die kulturellen und politischen Verhältnisse des zeitgenössischen Frankreichs schildern. Dieses zentrale Werk der Aufklärung wurde gleichsam über Bande gespielt. Obwohl es den Kulturrelativismus propagierte, konnte es nur anonym in Amsterdam erscheinen und wurde in Frankreich verboten. In diese Reihe gehört auch Hegel mit seine Philosophie der Geschichte, in der die stagnierende orientalische Welt der fortschreitenden griechischen, römischen und germanischen Welt gegenübergestellt wird, oder die von Marx popularisierte »asiatische Produktionsweise«, die nur bürokratische Systeme und Stagnation hervorbringe, sich aber nicht in den fortschrittsfördernden Kapitalismus transformiere wie der europäische Feudalismus. Engels sprach in diesem Zusammenhang sogar im Kontext der Revolutionen von 1848/49 im Hinblick auf Osteuropa von den »geschichtslosen Völkern«.[4]

Einflußreicher als Marx' entwicklungstheoretische Schriften über die nichteuropäische Welt (Indien, China und Rußland) waren Webers religionssoziologische Studien über die Ethik der Hochreligionen, in denen er die den Geist des Kapitalismus fördernde protestantische Ethik in ihrer puritanischen Variante der die Entwicklung blockierenden mystischen Weltflucht von Hinduismus und Buddhismus oder dem die fatalistische Schickung in die Welt fordernden Islam gegenübergestellte.

In der Frühphase des Ost-West-Konflikts diente Karl August Wittfogels Studie über *Die orientalische Despotie* auf der Grundlage von hydraulischen Gesellschaften zur Erklärung von Maoismus in China und Stalinismus im »halbasiatischen« Rußland, das durch die Mongolenherrschaft von Renaissance und Aufklärung abgeschnitten worden sei. Selbst Barrington Moores komparative Studie über die *Sozialen Ursprünge von Diktatur und Demokratie*, die er an der Frage festmacht, welche Rolle Grundbesitzer und Bauern im Westen und im Osten bei der Entstehung der modernen Welt gespielt haben, gehört in diese Reihe. Die amerikanische Modernisierungstheorie und ihre Zwillings-

4 Friedrich Engels, »Der magyarische Kampf«, in: *Marx-Engels-Werke* (*MEW*), Berlin 1956-2018, Bd. 6, S. 165-173. Kritisch dazu Roman Rosdolsky, »Zur nationalen Frage. Friedrich Engels und das Problem der geschichtslosen Völker (Die Nationalitätenfrage in der Revolution 1848-1849 im Lichte der ›Neuen Rheinischen Zeitung‹)«, in: *Archiv für Sozialgeschichte* 4 (1964), S. 87-282.

schwester, die »Comparative Politics«, wurden in den fünfziger und sechziger Jahren zur theoretischen Folie eines ganz neuen Politikfeldes: der Entwicklungshilfe. Hier die modernen westlichen, dort die vormodernen nichtwestlichen Gesellschaften.

In all diesen Schriften wurde ein idealtypischer Gegensatz konstruiert: Auf der einen Seite der sich aufklärende, das finstere Mittelalter (*the Dark Ages*) verlassende, die Welt entzaubernde Okzident, in dem es gelingt, mit Hilfe von Wissenschaft und Technik, Bildung und Ausbildung alle Lebensbereiche dem Rationalitätsprinzip zu unterwerfen. René Descartes, Isaac Newton oder David Ricardo sind einige der Leuchttürme auf dem Weg zur rationalen Durchdringung der Welt und der Beherrschung der Natur durch die Erkennung ihrer Gesetze.

Im Verlauf eines langen Prozesses, als dessen Fixpunkte wahlweise die Magna Charta, die Goldene Bulle, der Reichstag zu Worms, der Augsburger Religionsfrieden, der Westfälische Frieden, die Bill of Rights, die Declaration of Independence und die Unterzeichnung der Constitution, der Ballhausschwur und die Deklaration der Menschenrechte, der Slogan »Make the World Save for Democracy« von Woodrow Wilson, die »Four Freedoms« von Franklin D. Roosevelt und zuletzt die Charta der Vereinten Nationen gelten, wurden im Okzident bzw. im Westen in unsortierter Reihenfolge Privateigentum, Gewaltenteilung, Föderalismus, Herrschaft des Rechts, Demokratisierung, Säkularisierung, Trennung von Kirche und Staat, Puritanismus, Emanzipation von Sklaven und Leibeigenen, Modernisierung, Leistungs- statt Abstammungsprinzip, Logik des Profits statt Logik der Rente, Wachstum, Liberalismus, Gleichberechtigung, Bekenntnisfreiheit und Menschenrechte, im weitesten Sinne eine Zivilgesellschaft, etabliert und verfassungsmäßig garantiert. Dem wird der Orient gegenübergestellt, wo in allen Dimensionen das glatte Gegenteil herrsche, also Zentralismus, Bürokratismus, Klientelismus, Despotie, Einheit von Kirche und Staat, Unaufgeklärtheit, Fanatismus, Hedonismus, Traditionalismus, Renten- statt Profitorientierung und Stagnation.

Das Material für dieses Bild des Orients lieferten neben den zitierten Schriften der abendländischen Großtheoretiker die Reisebeschreibungen, Tagebücher, Autobiographien, aber auch wissenschaftliche Abhandlungen und nicht zuletzt die fiktive Literatur von Abenteuerschriftstellern, Seefahrern und Entdeckern, Kaufleuten, Missionaren, Forschungs- und Gesandtschaftsreisenden, im 19. Jahrhundert auch die zahlreichen Berichte privater Reisender. Karl May, der nie im Orient war, haben in Deutschland alle gelesen. Der in den USA lebende Palästinenser Edward Said hat dieses Konstrukt des Orients in seinem gleichnamigen Buch »Orientalismus« genannt.[5] Die *Persischen Briefe* waren das Gegenstück zu den *Geschichten aus tausendundeiner Nacht*. Absicht der genannten Autoren war es entweder, einen dauerhaften Kulturrelativismus und damit den Bestand

5 Edward Said, *Orientalismus*, Frankfurt am Main 1981 [1978]; vgl. dazu Michael Sprinker (Hg.), *Edward Said: A Critical Reader*, Oxford 1992, sowie Edward Said, *Culture and Imperialism*, New York 1993.

der Grenzen und Gegensätze zu propagieren oder einen Universalismus, der diese Grenzen perspektivisch aufhebt.

Geographisch wurde im Zuge von »Entdeckungsfahrten«, auch so ein distanzierender Begriff, und europäischer Welteroberung der Orient immer weiter ausgedehnt. Er erstreckte sich schließlich vom Osmanischen Reich über Persien, Indien, Indochina und die indonesische Inselwelt bis nach China und Japan, wobei ggf. auch das »halbasiatische« Rußland dem Orient zugeschlagen wurde. Während die Portugiesen, die noch pauschal von »Indien« bzw. der Welt des »Indischen Ozeans« gesprochen hatten, aufgebrochen waren, den Seeweg nach Indien zu finden und den Estado da Índia zu gründen, wurde die Begrifflichkeit mit dem Aufkreuzen der Holländer und Engländer differenzierter, sprach man seitdem von Britisch-Indien, Niederländisch-Indien und später dem französischen Indochina. Der »Ferne Osten« begann jenseits von Aden. Die immer noch gebräuchliche Unterscheidung zwischen dem Nahen, dem Mittleren und dem Fernen Osten, die selbst in den USA verwendet wird, obwohl von dort aus diese Regionen im Westen liegen, unterstreicht die eurozentrische, mehr als nur geographisch gemeinte, Grenzziehung. Der Nullmeridian verlief zu Zeiten des Estado da Índia durch die westlichste der Kanarischen Inseln – El Hierro – und seit der Internationalen Meridiankonferenz im Jahr 1884 durch die Sternwarte von Greenwich bei London.

Sogar die Unterteilung der zusammenhängenden Landmasse der Östlichen Hemisphäre in die drei Erdtei-

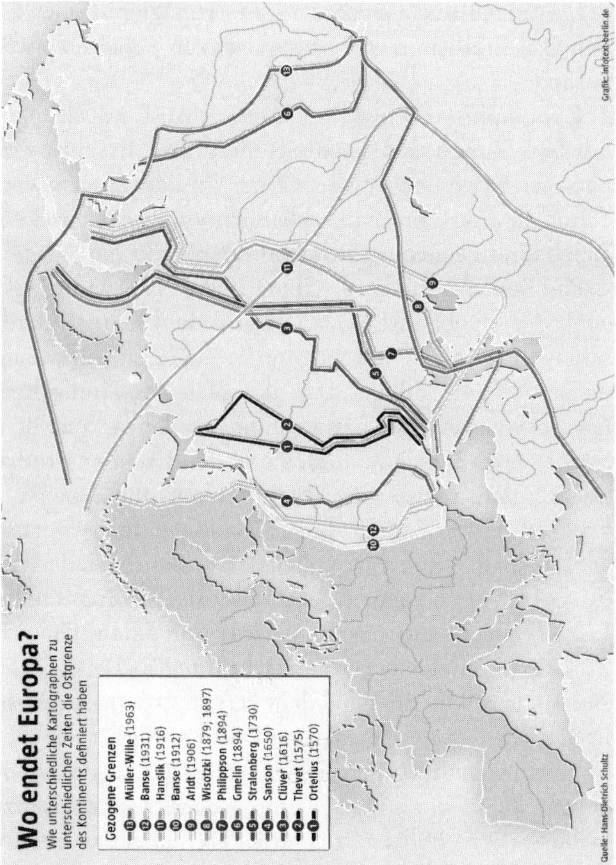

Abbildung 1: Die Ostgrenzen Europas von Abraham Ortelius 1570 bis Wilhelm Müller-Wille
Quelle: © infotext-berlin.de.

le Europa, Asien und Afrika ist eine solche Konstruktion, da jene nicht mit kongruenten Kulturräumen identisch sind. So erstreckt sich der Kulturraum des Islam von Marokko ganz im Westen Nordafrikas bis in den fernen Westen von China und die indonesische Inselwelt hat als Erbe des Osmanischen Reiches Spuren auf dem Balkan und im Kaukasus hinterlassen. Umgekehrt diente ein kaum weniger idealtypisches Konstrukt des Westens seit Ende des 19. Jahrhunderts den intellektuellen Oppositionsbewegungen in orientalischen Ländern zur programmatischen Folie ihrer Modernisierungsbestrebungen. Diese gab es nicht nur in Rußland unter dem Begriff »Westler« bzw. »Okzidentalisten«,[6] sondern gleichermaßen auch in der Türkei, in Ägypten, in China, in Japan, in Siam und anderen asiatischen Ländern. Selbst die Eliten der afrikanischen Befreiungsbewegungen der fünfziger und sechziger Jahre bezogen sich noch auf ein Gedankengut, das sie während des Studiums in Paris oder London erfahren hatten.

Auch die Grenze zwischen Europa und Asien ist ein Konstrukt, ist Europa im geographischen Sinne doch kein eigener Kontinent, sondern nur der westliche Appendix der eurasischen Landmasse. Zwischen 1570 (Abraham Ortelius) und 1963 (Wilhelm Müller-Wille) lassen sich 13 von Geographen gezeichnete Grenzen zwischen Europa und Asien identifizieren. Am prominentesten ist die des Schweden Philipp Johann von Strahlenberg (1730), der auf der Suche nach einer ver-

6 Vgl. dazu aus der kritischen Gegenposition Ian Buruma und Avishai Margalit, *Okzidentalismus: Der Westen in den Augen seiner Feinde*, München 2005.

meintlich natürlichen Grenze im Auftrag des Zaren den Ural bestimmte, obwohl die Birkenwälder hinter dem Ural genauso aussehen wie jene vor dem Ural. Ein delikates Problem liegt im Südosten, wo es keinen Ural gibt. Manche Geographen bestimmen deshalb die Wasserscheide im Kaukasus als Grenze. Demnach liegt das christliche Georgien in Asien, das muslimische Tschetschenien in Europa. Die am weitesten im Westen liegende Grenze zog 1912 Ewald Banse. Sie verläuft von St. Petersburg bis zur Mündung der Donau ins Schwarze Meer, schließt gerade noch die baltischen Staaten ein, definiert aber bereits Belarus und die Ukraine aus Europa heraus. Die eigentliche Logik der Grenzziehungen entsprach den Interessen des jeweiligen Auftraggebers. Der russische Zar wollte eine Grenze weit im Osten, um möglichst viel von Rußland nach Europa zu verlagern, ein westeuropäischer Machthaber eine Grenze möglichst weit im Westen, um Rußland herauszudefinieren. Wir nähern uns der Gegenwart, möchte doch auch Putin sich im Verbund mit der orthodoxen Kirche vom Westen abgrenzen.

Auch innerhalb Europas führen alte Grenzen ein zähes Leben – etwa die Grenze zwischen West- und Ostrom bzw. der römisch-katholischen und der griechisch-orthodoxen Kirche, die Grenze zwischen dem Habsburger Reich und dem Osmanischen Reich auf dem Balkan oder die Grenzen des Reichs Karls des Großen, das in etwa identisch ist mit dem, was man unter »Kerneuropa« versteht.

Seit dem Zweiten Weltkrieg lieferte die Geographie erneut die Begrifflichkeit für großräumige Grenzziehungen, wenn auch die Verwendung der Begriffe »Westen« und »Osten« nicht mehr der alten von »Okzident« und »Orient« entsprach. Gemeint waren im engeren Sinne die Verteidigungsgemeinschaften des Westens und des Ostens mit ihrem organisatorischen Ausdruck von NATO und Warschauer Pakt. Der Ost-West-Konflikt war demzufolge sicherheitspolitisch bestimmt. Erst in zweiter Linie war er auch ein Gegensatz von Marktwirtschaft und Planwirtschaft, von Liberalismus und Sozialismus oder von Demokratie und sogenannter Diktatur des Proletariats. In der angeblichen »Stunde Null« im Mai 1945 wußte jeder Deutsche sofort, ob er zu den eigentlichen Verlierern oder Gewinnern des Krieges gehörte. Eine Kurzfassung der Jahre 1939 bis 1945 im Westen lautete: »Erst kam der Krieg, dann kam der Zusammenbruch, und dann kamen die Amerikaner.« Im Osten lautete es am Ende des Dreisatzes: »und dann kam der Russe«, wobei selbst die Verwendung von Plural und Singular bereits eine latente Wertung zum Ausdruck brachte.

Das im Westen gebräuchliche Begriffspaar »freier Westen« und »Ostblock« korrespondierte im Osten mit den Begriffen »Lager des Imperialismus« und »Weltfriedenslager«. Auf diese Weise war es möglich, auch solche Länder als dem westlichen oder östlichen »Lager« zugehörig zu definieren, die über Militärbündnisse und/oder eine verwandte ordnungspolitische oder ideologische Grundorientierung der einen oder anderen Seite verpflichtet waren. Der »Osten« begann an der Elbe, da, wo zuvor in Preußen die Gutswirtschaft angefangen und das freie Bauerntum aufgehört hatte, auch so eine alte Grenze, die womöglich die DDR-Zeit überlebt hat. Sie endete am 38. Breitengrad, der Demarkationslinie zwischen Nord- und Südkorea mit isolierten Ablegern in Südostasien, der Karibik und Afrika. Umgekehrt konnten Länder des »Fernen Ostens« wie Japan oder Taiwan, manchmal auch muslimische Länder wie der Iran zu Zeiten des Schahs zum Westen gezählt werden.

Auch die Begriffe »Norden« und »Süden« dienten einer solchen Grenzziehung. Der »Norden«, das waren die modernen Industriegesellschaften der Organisation für wirtschaftliche Zusammenarbeit und Entwicklung (OECD), am einfachsten meß- und damit abgrenzbar über ein Mindest-pro-Kopf-Einkommen oder andere quantifizierbare Entwicklungsindikatoren wie Alphabetisierungsrate oder durchschnittliche Lebenserwartung. Der »Süden«, das waren die vormodernen oder nur teilmodernisierten Agrargesellschaften in Asien, Afrika und Lateinamerika, die bestimmte Ausprägungen und damit Grenzwerte dieser Indikatoren nicht erreichten. Die jährlichen Ranglisten des seit 1978 erscheinenden *Weltentwicklungsberichts* der Weltbank mit ihren zusammenfassenden Gruppierungen sind ein schönes Beispiel für eine statistische Art der Grenzziehung, wobei die Weltbank immer neue Akronyme kreierte, um den Süden begrifflich zu differenzieren. Zum Norden konnten so ohne weiteres Australien, Neuseeland und ggf. auch Südafrika zur Zeit der Apartheid, obwohl alle auf der südlichen Halbkugel gelegen, gehören, nicht aber die europäischen Siedlerkolonien Argentinien, Chile und Uruguay, während Mexiko oder das NATO-

Land Türkei zum Süden gezählt wurden, auch wenn beide geographisch auf der nördlichen Halbkugel liegen.

Der französische Demograph Alfred Sauvy hat 1952 die Begriffe »tiers monde« (Dritte Welt) und »tiers mondisme« im Sinne von Dritte-Welt-Bewegung geprägt.[7] Die Begriffe waren emanzipatorisch gemeint, da an den »Dritten Stand« der Französischen Revolution erinnernd. Es handelte sich um ein strukturalistisches Konstrukt der Nachkriegsordnung, indem Sauvy unterstellte, daß die Länder Asiens, Afrikas und Lateinamerikas strukturelle Gemeinsamkeiten aufweisen und insofern, wie der Dritte Stand in der Französischen Revolution, auch zu gemeinsamen Aktivitäten im Sinne des Tiers mondisme zur Durchsetzung ihrer Interessen gegen die Erste und Zweite Welt fähig seien. Die im indonesischen Bandung 1955 gegründete Bewegung der Blockfreien Staaten unter Beteiligung Chinas, das offenbar nicht zum »Ostblock« gehören wollte, war der politische Ausdruck dieses Denkens. Später hat der Begriff eine Umdeutung im Sinne von arm, rückständig, unterentwickelt, sogar eine abwertende Konnotation im Sinne von drittklassig erhalten. Auch wenn er heute keinen Sinn mehr hat, führt er ein zähes Eigenleben. Seit einiger Zeit wird er durch den angeblich politisch korrekteren Begriff »Globaler Süden« ersetzt, um die abwertende Konnotation der Reihung zu vermeiden. Sie scheint aber immer noch durch, wenn man den Glo-

7 Alfred Sauvy, »Trois mondes, une planète«, in: *L'Observateur* 118 (1952), S. 14; ferner ders., *Le »Tiersmonde«. Sous-développement et développement*, Paris 1961.

balen Süden dem Globalen Norden gegenüberstellt. Was bei Sauvy positiv besetzt war, hatte und hat sich in sein Gegenteil verwandelt.

Der harte Kern des Westens war jedenfalls seit Anfang der fünfziger Jahre die Schnittmenge aus der Sicherheitsgemeinschaft der NATO, der Industriegemeinschaft der OECD, der Wertegemeinschaft der durch die Aufklärung geprägten Länder und der Glaubensgemeinschaft des Christentums, bestehend aus den Ländern beiderseits des Nordatlantiks. »Atlantizismus« lautete der korrespondierende, aber unkorrekte politische Begriff, lagen doch Brasilien und Angola auch beiderseits des Atlantiks, nur daß diese keine britischen, sondern portugiesische Kolonien gewesen waren. Also spielte auch die Identität der früheren Kolonialmacht eine Rolle bei der Semantik des Begriffs. Je nach Problemlage konnten dennoch neutrale Staaten wie die Schweiz, Schweden, Österreich und Finnland, ferner Israel, Japan, Südkorea, Südvietnam, Taiwan, Hongkong, Australien, Südafrika oder die Türkei, selbst arabische Feudalstaaten wie Saudi-Arabien durchaus dem Westen zugeschlagen werden. Dieser ging dann in der weiter gefaßten begrifflichen Entität der »freien Welt« auf. Daß gerade die Ölstaaten am Persischen Golf weit entfernt waren von dem, was man im Westen unter Freiheit verstand, wurde geflissentlich ausgeblendet.

Geopolitische Identitäten stehen aber nicht für alle Zeiten fest, sondern bedürfen der dauernden Rekonstruktion bzw. Anpassung an neue Gegebenheiten. Sie müssen immer wieder durch intellektuelle Anstrengungen, durch politische Praxis und die darum geführte

Auseinandersetzung im Bewußtsein der Menschen verankert werden. Genau diese Situation schien nach 1990 wie nach 1945 wieder gegeben, weil die vertraute Identität des Westens brüchig geworden war. Dafür habe ich in der Urfassung des Manuskripts von 1997 fünf Ursachen genannt:

1. Der Zusammenbruch des Sozialismus, die Auflösung des Warschauer Pakts und des Rates für gegenseitige Wirtschaftshilfe, die Auflösung der Sowjetunion und der Untergang des sowjetischen Imperiums hatten nicht nur das alte sicherheitspolitische Verständnis von Westen und Osten erschüttert, sondern zudem neue bzw. ganz alte Grundsatzfragen aufgeworfen, weil auch das ordnungspolitische und das ideologische Gegenstück des Westens weggebrochen war. Bedeutete die doppelte Transformation der ehemaligen Länder des »Ostblocks« in Richtung Marktwirtschaft und Demokratie, zwischenzeitlich sogar Transformationsgesellschaften genannt und von der neuen Teildisziplin Transformationsforschung bzw. »Transition Theory« eines Philippe Schmitter, Guillermo O'Donnell und Juan Linz analysiert,[8] daß damit auch die anderen Facetten des Ost-West-Gegensatzes aufgehoben waren, daß diese Länder seitdem gar in toto zum Westen gehörten? Reichte damit der Westen im Osten bis zum Ural oder gar bis Wladiwostok und im Süden bis zum Kaukasus? Wenn man berück-

8 Guillermo O'Donnell, Philippe Schmitter und Laurence Whitehead (Hg.), *Transitions from Authoritarian Rule: Prospects for Democracy*, Baltimore 1986.

sichtigt, wer mittlerweile alles beim Eurovision Song Contest oder bei der Fußballeuropameisterschaft der UEFA mitsingen oder mitspielen darf, dann scheint einiges für diese These zu sprechen. Sollten bzw. durften demnach all die Länder zum Westen gehören, die wollten oder nur diejenigen, die in diesem Transformationsprozeß erfolgreich waren?

Wenn Letzteres galt, worin maß sich der Erfolg? Die Kopenhagener Kriterien, die erfüllt sein müssen, wenn ein Land Mitglied der Europäischen Union werden will, sind ein prominentes und wirkungsmächtiges Beispiel für dieses Denken. Die nicht enden wollenden Beitrittsverhandlungen mit der Türkei gehen auf die Nichterfüllung dieser Kriterien zurück. Wie groß der Ermessensspielraum ist, zeigte sich bei den Verhandlungen mit Bulgarien und Rumänien, die die wirtschaftlichen Kriterien viel weniger erfüllten als die Türkei. Die Schweiz hätte, wenn sie nur wollte, im Handumdrehen Mitglied der EU werden können. Oder trat nach 1990 an die Stelle sicherheits- und ordnungspolitischer Kriterien wieder die alte Vorstellung einer christlich-weströmischen Kultur- und Wertegemeinschaft, die die orthodoxen Nachfolgestaaten Ostroms, also die Glaubensgemeinschaft der russisch-orthodoxen, der serbisch-orthodoxen, der bulgarisch-orthodoxen Kirche ausschließt? Wurde womöglich das erste Kirchenschisma auf dem Konzil von Nicaea aus dem Jahre 325 wieder aktuell? Hätte man aus dieser Logik nicht Griechenland und Zypern aus der Gemeinschaft des Westens herausdefinieren müssen? Aber auch das Erbe des europäischen Teils des Osmanischen Reiches, das in Bosnien, in Albanien, in Nord-Makedonien fortlebt, meldete sich zurück und ließ sich zur Grenzziehung nutzen. Jugoslawien war nur der grandios gescheiterte Versuch, die alten Grenzen auf dem Westbalkan zu überwinden. Oder war das Abgrenzungskriterium zwischen Ost und West in Europa gar ein ethnisches, nämlich der lateinischen und germanischen Länder im Westen gegenüber den slawischen im Osten? Während der NS-Zeit wurde durchaus mit diesen Kategorien hantiert. Selbst bei Hegel oder Marx und explizit bei Engels, ganz zu schweigen von Wittfogel, lassen sich dafür Belege finden.

2. Der Industrialisierungsprozeß in Ost- und Südostasien, der aus den früheren »Ländern der Dritten Welt« Schwellenländer gemacht hatte, die wiederum in solche der ersten, zweiten und dritten Generation unterteilt wurden. Nach den vier Tigerstaaten Südkorea, Taiwan, Hongkong und Singapur wurden die meisten Länder des Verbands Südostasiatischer Nationen (Association of Southeast Asian Nations, ASEAN) dazu gezählt und zu potentiellen OECD-Kandidaten. Solange sich die asiatische OECD-Mitgliedschaft auf Japan beschränkt hatte, war das Land, zumal es in enger Sicherheitspartnerschaft mit den USA verbunden war, ohne Umschweife als eine Art Ehrenmitglied dem Westen zugeschlagen worden, hatte es sich doch durch seine bereitwillige Imitation westlicher Institutionen und Adaption westlicher Technik seit der Meiji-Restauration als gelehriger Schüler

erwiesen. Die »Verwestlichung« der kemalistischen Türkei oder Rußlands seit Peter dem Großen, der Zar und Zimmermann sein wollte, ist demgegenüber nie so richtig als solche akzeptiert worden. Gehörten jetzt auch Südkorea und Taiwan, Singapur und Hongkong, demnächst Malaysia, Thailand und Indonesien zum Westen? Und vor allem: Welchen Einfluß auf diese Frage hatte die sich beschleunigende Industrialisierung Chinas nach der Öffnung des Landes 1978? Daß es in China nach dem »Pekinger Frühling« nicht zur Abdankung der Kommunistischen Partei, sondern zur militärisch erzwungenen Restauration ihrer Herrschaft kam, war so gesehen sogar hilfreich, weil man die Frage unbeantwortet lassen konnte. Es blieb allerdings der Zweifel, ob angesichts des anhaltenden wirtschaftlichen Reformprozesses Industrialisierung nicht doch mit einem autoritären System vereinbar sei, das zwar westliche Konsummuster übernimmt, aber westliche Werte explizit nicht akzeptiert.

Zumindest die Kriterien »moderne Industriegesellschaft« und »marktwirtschaftliche Grundorientierung« (in den meisten) und »Demokratisierung« (in manchen) der genannten Fälle waren gegeben. Umgekehrt nahmen in Asien mit wachsendem wirtschaftlichem Erfolg auch das kulturelle Selbstbewußtsein und die Bereitschaft zu, diesen Erfolg unter Rückgriff auf traditionelle Werte wie den Konfuzianismus und gerade nicht durch »Verwestlichung« zu erklären. Das stellte nicht nur die Weber-These auf den Kopf, sondern brachte auch die »Westler« in den Schwellenländern in die Defensive. Statt dessen wurde versucht, eine asiatische Identität im Sinne eines »Asianismus« zu konstruieren, die positiv besetzt ist und nicht das Gegenbild einer westlichen Identität.[9] Ob es diese übergreifende Identität angesichts hinduistischer, buddhistischer, muslimischer, konfuzianischer, shintoistischer und sogar christlicher Traditionen in Asien tatsächlich gibt oder sie nur das kontrafaktische Gegenkonstrukt zur Identität des Westens ist, blieb eine offene Frage. Wenn aber alle diese Länder nicht zum Westen gehören sollen oder wollen, mußte dann nicht auch die japanische Mitgliedschaft in Frage gestellt werden?

3. Die demographische Entwicklung in vielen Ländern, die zum eigentlichen Kern des alten Westens gehörten, hatte Anlaß zu der These von der sich abzeichnenden »Versüdlichung« des Nordens und damit der »Dekonstruktion« des Westens im Faktischen gegeben. Aufgrund von Migration und unterschiedlichem generativen Verhalten der zugewanderten bzw. zwangsweise verschleppten nichtweißen Ethnien wurde z.B. für die USA prognostiziert, daß dort etwa im Jahre 2050 Latinos, Asiaten und Afroamerikaner zusammen einen größeren Anteil an der Bevölkerung als die Abkömmlinge europäischer Einwanderer stellen werden. Würden dann die USA, insbesondere deren südliche und westliche Bundesstaaten, noch zum Westen gehören? Ähnliche Überlegungen gab es in

9 Vgl. dazu u.a. Lucian W. Pye, *Asian Power and Politics: The Cultural Dimensions of Authority*, Cambridge/Mass. 1985.

Australien hinsichtlich der dortigen beträchtlichen asiatischen Einwanderung. In Europa wurde diese Debatte insbesondere in Frankreich mit seiner nordafrikanischen Einwanderung geführt, die Autoren wie Gilles Kepel von Frankreich als der »Banlieue des Islam« sprechen ließen.[10] In Deutschland riefen die türkischen, in Großbritannien die indischen und pakistanischen, in den Niederlanden die Einwanderer aus Surinam und den Molukken, in Italien die albanischen und rumänischen Einwanderer ähnliche Reaktionen hervor. Der Migrationsdiskurs trug jedenfalls zu neuen Grenzziehungen innerhalb des Westens bei, die manchmal quer durch die großen Städte verliefen und sich auch im Straßenbild wiederfinden lassen, sobald die angestammten Bewohner die von Migranten bewohnten Viertel verlassen.

4. Die Refundamentalisierung in etlichen islamischen Ländern, die auch vormals explizit laizistische Staaten wie die Türkei, Ägypten oder Algerien erfaßt hatte, ließ auch die Südgrenze des Westens in Europa plastischer werden. Das Mittelmeer, das nicht nur während des Römischen Reiches, sondern bis in die Frühe Neuzeit zu Zeiten der italienischen Fernhandelsstädte Genua, Pisa und Venedig ein integrierter Raum war, in Shakespeares *Kaufmann von Venedig* sogar literarisch verarbeitet, wurde zur Grenze. Die Türkei, als NATO- und OECD-Mitglied eigentlich dazu prädestiniert, zum alten Westen zu gehören, stieß auf

10 Gilles Kepel, *Les banlieues de l'Islam*, Paris 1991.

anschwellende Ablehnung ihres Beitrittsgesuchs zur EU bis tief in bürgerliche Kreise. Würde umgekehrt die Türkei künftig selber noch zum Westen gehören wollen, wenn sie alte kulturelle Bindungen in Richtung Kaukasus und zu den Turkvölkern Zentralasiens, die aus dem sowjetischen Imperium ausgeschieden waren und sich auf ihre vorsowjetischen Wurzeln besannen, wiederbelebt? Die Aufnahme von Slowenien und Kroatien, bis 1918 zum Habsburger Reich gehörend, in EU und NATO war 1997 wahrscheinlich, diejenige von Bosnien oder Albanien, einstmals zum Osmanischen Reich gehörend, kaum denkbar. Die wenige Jahre zuvor noch gerade in Frankreich und Italien diskutierten Aussichten der Mittelmeeranrainerstaaten für eine wirtschaftliche Integration verfinsterten sich.

5. Und schließlich schien damals auch eine Auflösung des atlantischen Kerns des Westens denkbar. Die europäische Integration, die schon lange über eine bloße Wirtschaftsgemeinschaft hinausging, wurde in dem Maße, wie sie politische und militärische Formen annahm, auch von einem neuen Diskurs über europäische Identität begleitet, der zur Verabschiedung der vorgesehenen Verfassung der Vereinigten Staaten von Europa unweigerlich dazugehörte. Daß der Verfassungskonvent scheiterte, war ein Vorbote, daß hier womöglich eine Grenze der Integration erreicht war. Umgekehrt fand die wirtschaftliche Orientierung der USA nach Lateinamerika und Asien ihren organisatorischen Ausdruck in Gebilden wie dem

Nordamerikanischen Freihandelsabkommen NAFTA (unter Einschluß Mexikos) und der Asia-Pacific Economic Partnership (APEC), die nicht nur dem demographischen Wandel in den USA Rechnung trugen, sondern auch von Diskussionen um eine »pazifische Identität« begleitet wurden. In den neunziger Jahren konnte man zumindest spekulieren, daß diese Tendenzen und Überlegungen zur Reduzierung des alten Westens auf die EU oder gar ein noch enger gefaßtes »Kerneuropa«, damals ein populärer, aber umstrittener Begriff, führen würden, während sein nordamerikanischer Teil in der Identität einer Westlichen Hemisphäre oder eines Pazifischen Beckens aufgehen würde.

Alle diese Fragen machen deutlich, daß in den neunziger Jahren eine Debatte über eine Definition dessen, was unter dem »Westen« zu verstehen ist, auf der Tagesordnung stand.[11] Dabei ging es um grundsätzliche Fragen einer neuen Identitätsstiftung und deren Begründung, weil die daraus womöglich resultierende neue Konstruktion des Westens benötigt wurde, um einen normativen Maßstab für politische Entscheidungen zu gewinnen, selbst wenn dieser Maßstab im Prozeß der Entscheidungsfindung nicht immer explizit gemacht wird, sich vielmehr hinter diversen Sachzwängen oder realpolitischen Erwägungen verbirgt. Solche Fragen waren die Zugehörigkeit zu Militärbündnissen (NATO),

11 Vgl. dazu Hartwig Hummel, *Der neue Westen. Der Handelskonflikt zwischen den USA und Japan und die Integration der westlichen Gemeinschaft*, Münster 2000.

zu politischen (EU) oder wirtschaftlichen (NAFTA, APEC, Asia-Europe Meeting, kurz: ASEM) Gemeinschaften oder die Einräumung von Präferenzen für einzelne Länder, waren Assoziationsabkommen, die Bereitschaft, Finanzhilfen zu gewähren, oder Entscheidungen, ob, wann, wie, wo und vor allem wie legitimiert eine politische oder militärische Intervention in Krisengebieten stattfinden sollte. Insbesondere die Konstruktion des Begriffs »Humanitäre Intervention« und die daraus resultierende »Responsibility to Protect« (R2P), nämlich der Schutz als neue völkerrechtliche Norm, hat jahrelang die Debatte in den Vereinten Nationen bestimmt.[12] Beeinflußt durch implizite normative Grundsätze wurden aber auch eher innenpolitische Fragen wie die der doppelten Staatsbürgerschaft, des Einwanderungsrechts, des Asylrechts, der Arbeitserlaubnis für Ausländer oder der Mitgliedschaft im Schengenraum. Selbst die vielen Facetten der Debatte um politische Korrektheit gehören noch in diesen Kontext. In der Tendenz konnten sich in den neunziger Jahren die liberalen Positionen durchsetzen.

Eine Sichtung der damals aktuellen Literatur, die sich mit der hier aufgeworfenen Thematik befaßt, kommt zu dem Ergebnis, daß sich die Diskussion zwischen den Polen Francis Fukuyama und Samuel Huntington, zwischen Universalismus und Kulturrelativismus wie zu Zeiten der Aufklärung, zwischen einer Ausweitung und neuer Ab- oder sogar Eingrenzung des Westens be-

12 Vgl. dazu Bastian Loges, *Schutz als neue Norm in den internationalen Beziehungen. Der UN-Sicherheitsrat und die Etablierung der Responsibility to Protect*, Wiesbaden 2013.

wegte.[13] Fukuyama verband mit seiner von Hegels Geschichtsphilosophie inspirierten These vom Ende der Geschichte die Annahme, daß nach dem Zusammenbruch des Sozialismus nicht nur Marktwirtschaft und Demokratie, sondern auch das westliche rationale Denken ebenso wie universalistische Prinzipien der Menschenrechte sich ausbreiten würden, mithin die ganze Welt schrittweise verwestlicht werde. Später hat man das Globalisierung genannt. Eine populäre Version dieser These lautete, daß mit dem weltweiten Siegeszug der amerikanischen Massenkultur (Fast Food, Film, Popmusik, Mode, Internet etc.) auch eine Amerikanisierung, sprich Verwestlichung, der Welt einhergehe.

Diese Annahme wurde von Huntington mit seiner These vom »clash of civilisations«, dem »Kampf der Kulturen«, so die nicht ganz deckungsgleiche deutsche Übersetzung, scharf zurückgewiesen. Die Essenz des Westens sei nicht der Big Mac, sondern die Magna Charta, ein Wortspiel, das im Englischen noch ausdrücklicher ist. »The West: Unique, not Universal«, so der Titel eines nachgeschobenen Aufsatzes.[14] Wer den Big Mac konsumiert, muß nicht zwangsläufig auch das Gedankengut der Magna Charta verinnerlichen. Modernisierung sei nicht gleichzusetzen mit Verwestlichung. Sowenig vormoderne Gesellschaften unterschiedlicher Kulturräume gleich waren, weil sie vormo-

13 Francis Fukuyama, *Das Ende der Geschichte. Wo stehen wir?*, München 1992; Samuel P. Huntington, *Der Kampf der Kulturen. Die Neugestaltung der Weltpolitik im 21. Jahrhundert*, München 1996.

14 In: *Foreign Affairs* (Nov.-Dez. 1996), S. 28-46.

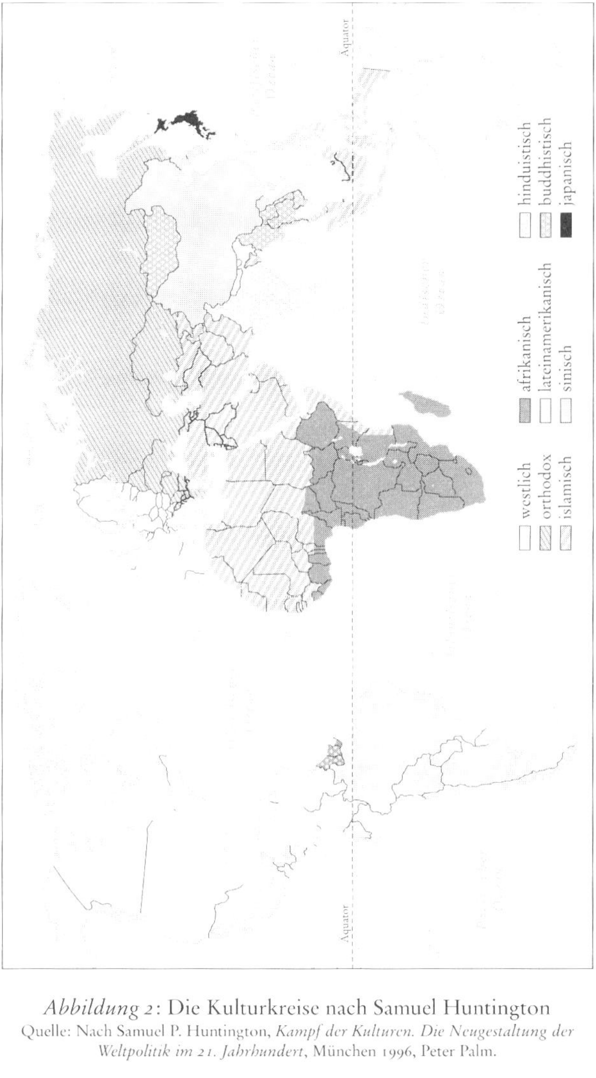

Abbildung 2: Die Kulturkreise nach Samuel Huntington
Quelle: Nach Samuel P. Huntington, *Kampf der Kulturen. Die Neugestaltung der Weltpolitik im 21. Jahrhundert*, München 1996, Peter Palm.

dern waren, so wenig sind es moderne Gesellschaften. Insofern ist auch die Vorstellung einer asiatischen Identität, die auf asiatischen Werten beruht, ein Trugschluß. Das, was den Westen essentiell aus- und damit einzigartig macht, sei älter als die Modernisierung. Aufgezählt werden das klassische Erbe der Antike, das Christentum, die Verwandtschaft der europäischen Sprachen, die Trennung von Staat und Kirche, die auf die römische Rechtstradition zurückgehende Herrschaft des Gesetzes, repräsentative Organe auf der Basis von Verfassungen, sozialer Pluralismus, Individualismus, die Herausbildung einer Zivilgesellschaft, also alles Elemente, die sich im eingangs skizzierten despotischen Orientbild der europäischen Geistesgeschichte nicht finden lassen. So gesehen, steht Huntington nicht in der Tradition der Modernisierungstheorie der fünfziger Jahre, weil sich die ganze Welt eben gerade nicht nach westlichem Muster modernisiert, sondern jedes ihrer Teile nach eigener Façon.

Folglich zog er scharfe, durch Kulturräume markierte, Linien auf der Weltkarte, die in Europa den Osten, nämlich die christlich-orthodoxe Welt, und den Süden, den islamischen Teil Europas vom katholisch/protestantischen Westen trennen. In Amerika wurde eine ähnliche Linie im Süden von Nordamerika zum lateinamerikanischen Kulturraum gezogen, der aufgrund seiner Vermischung von westlicher mit indianischer und afrikanischer Kultur eine Besonderheit darstelle. Während das 19. Jahrhundert durch den Konflikt der Nationalismen und das 20. Jahrhundert durch den Konflikt der Ideologien geprägt wurde, prognostizierte er für das 21. Jahrhundert den Konflikt der Kulturen. Kulturen bilden für Huntington den äußersten Rahmen, innerhalb dessen sich noch Identitätsbildung vollziehen kann. Alles, was darüber hinausgeht, gehört definitiv zum Fremden. Deshalb plädierte er für eine Wiederbelebung des Atlantizismus und gegen eine pazifische Integration der USA bzw. eine Ausdehnung von NAFTA auf Lateinamerika. Dessen Kern sei die NATO, die einerseits nach Osten um die nichtorthodoxen christlichen Staaten wie Polen erweitert, gleichzeitig aber von Griechenland und der Türkei gesäubert werden müsse.

Varianten dazu lieferten die Plädoyers für eine Transatlantic Free Trade Area und eine Atlantische Union (AU), die als Dach für NATO, EU und Westeuropäische Union dienen sollte. Eine Osterweiterung von EU und NATO wurde ebenso vehement abgelehnt wie eine weitere Vertiefung der EU à la Maastricht, die als Spaltung des Westens und damit als eine Wiederbelebung des Gaullismus verstanden wurde. Statt dessen sollten der EU-Binnenmarkt und Nordamerika zu einem atlantischen Binnenmarkt erweitert werden, um so die Dekkungsgleichheit mit der NATO herzustellen. Die AU, und damit der Westen, wurden auf diese Weise definiert als eine Gemeinschaft demokratischer Nationalstaaten, die gleichermaßen der Marktwirtschaft wie einer liberalen Gesellschaft verpflichtet sind. Das sei die eigentliche Logik des Westens.

Eine dritte Position in der Debatte nahm Benjamin Barber ein mit »Jihad vs. McWorld«, indem er die sich ausbreitende neue Welt von »McWorld« der alten rückwärtsgewandten des »Jihad« gegenüberstellte.[15] Ich habe das in meinem Debattenbeitrag *Globalisierung versus Fragmentierung* als zwei parallel ablaufende Prozesse bezeichnet.[16]

Während die Idee der Wiederbelebung des Atlantizismus vor allem von amerikanischen Autoren beschworen wurde, gab es in Europa eine breite Diskussion um eine europäische Identität. Wie weit reicht Europa in Richtung Osten nach dem Ende des Ost-West-Konflikts? Was sind seine Wurzeln und worin besteht seine Identität unter den neuen politischen Vorzeichen? Hier wurden historische, geistesgeschichtliche und kulturelle Argumente bemüht. Institutioneller Ausdruck dieses »alten Westens« sei die EU, deren Vertiefung zur politischen Union immer weiter vorangetrieben werden müsse, deren Erweiterung nach Osten aber nicht grenzenlos sein könne. Das war das Projekt der alten europäischen Elite, die in Brüssel den Diskurs bestimmte. Implizit stand dahinter auch eine Absage an den Atlantizismus à la Huntington, die europäische Arroganz über die kulturlosen USA und in Frankreich speziell die Abneigung gegen einen angelsächsisch dominierten Westen.

Eine extreme Gegenposition hierzu formulierte Sibylle Tönnies, Enkelin des Soziologen Ferdinand Tön-

15 Benjamin R. Barber, *Coca Cola und heiliger Krieg: Der grundlegende Konflikt unserer Zeit*, Frankfurt am Main 2001. Der Titel des Originals lautet: *Jihad vs. McWorld: How Globalism and Tribalism Are Reshaping the World*, New York 1995.

16 Ulrich Menzel, *Globalisierung versus Fragmentierung*, Frankfurt am Main 1998.

nies, in ihrem Buch *Der westliche Universalismus*.[17] Nicht Europa, sondern Amerika sei der Westen – nicht aufgrund der Geographie, weil es aus europäischer Perspektive im Westen liegt, sondern, weil Amerika mit seiner *manifest destiny* und der immer weiter vorgeschobenen *frontier*, die längst die Küste Kaliforniens hinter sich gelassen habe, das universalistische Projekt anleite. Europäische Identität sei so gesehen nur der rückwärtsgewandte Ausdruck des Wunsches, sich gegen den amerikanischen Universalismus abzuschotten. Die in Deutschland so populäre Mitteleuropa-Diskussion, die Frage des deutschen »Sonderwegs«, eine mehr in der Romantik, bei den Gebrüdern Grimm, Heinrich Heine und Robert Schumann, an den Ufern des Rheins und im deutschen Wald als im französischen oder britischen Rationalismus vermutete deutsche Identität sind nur Facetten dieser Diskussion. Bereits Europa würde demnach aus einer universalistisch-amerikanischen Perspektive in drei Konstrukte von Identität zerfallen: das »rationalistische« Westeuropa, das »romantische« Mitteleuropa und das »despotische« Osteuropa.

So weit die Debatte der neunziger Jahre. 25 Jahre später revisited – ist das alles Ideengeschichte. Ganz andere Konstruktionen des Eigenen und des Fremden sind angesagt. @realDonaldTrump und seine Wähler, Boris Johnson und die Brexiteers, Marine Le Pen und der Rassemblement National, Giorgia Meloni und die Fratelli d'Italia, die Schwedendemokraten, die Wahren Finnen, der Flams Belang, die Freiheitlichen oder die sich im-

17 Sybille Tönnies, *Der westliche Universalismus*, Opladen 1995.

mer weiter radikalisierende Alternative für Deutschland (AfD) haben ein reduziertes Verständnis von Identität, in dem der Westen, der Okzident, der Universalismus, der Atlantizismus, die EU, der Freihandel, die Freizügigkeit, das Schengener Abkommen, die Deklaration der Menschenrechte und besonders die Flüchtlingskonvention nur in Teilen oder gar nicht mehr vorkommen. Die Chancen der EU-Kritiker, bei der Wahl zum Europäischen Parlament 2024 die stärkste Fraktion zu stellen, dürften nicht schlecht stehen. Identität wird bei Populisten und ihren Anhängern wie im 19. Jahrhundert als eine nationale definiert, in der Einwanderungsnation USA sogar noch enger im Sinne der ersten Einwanderungsgeneration. Die »city upon a hill in God's own country« soll nur von denen bewohnt werden, die mit dem Akronym WASP (*white*, *anglo-saxon*, *protestant*) gemeint sind.

Wenn man 25 Jahre später die fünf Punkte rekapituliert, die Anfang der neunziger Jahre Anlaß waren, geopolitische Identitäten neu zu justieren, ergeben sich die folgenden Befunde:

1. Obwohl es keine Restauration des Sozialismus nach sowjetischem Muster gab, hat der alte Ost-West-Gegensatz in Europa wieder an Kontur gewonnen. An die Stelle des Stalinismus oder Bolschewismus ist der Putinismus getreten. Gestützt auf den Rohstoffreichtum des Landes hat es Wladimir Putin vermocht, Rußland nach den chaotischen Jahren der Jelzin-Ära neue Stabilität zu verleihen und einen erheblichen Teil der Bevölkerung an den Erträgen aus

den Rohstoffexporten teilhaben zu lassen, hat nicht nur Parteibonzen zu Oligarchen gemacht, sondern auch eine konsumorientierte Mittelschicht entstehen lassen, die es zuvor in Rußland nie gegeben hatte. Hieraus ziehen die Putin-Versteher hierzulande ihre Argumente. Hinzu kommt ein sorgfältig inszenierter und medial verbreiteter Personenkult, der an Stalin erinnert. Putin trägt den Schwarzen Gürtel, posiert im Eishockey-Dress, in schwarzen Klamotten und Sonnenbrille mit Rockern oder als gläubiger Christ mit Patriarch Kyrill I., reitet mit nacktem Oberkörper durch die Taiga und fängt immer den dicksten Fisch. Trotz der fundamentalen Unterschiede gegenüber den Zeiten der Sowjetunion hat sich in der westlichen Wahrnehmung die Überzeugung breitgemacht, daß der doppelte Transformationsprozeß in Richtung Marktwirtschaft und Demokratie nur unzulänglich vollzogen wurde. Seit Rußland dabei ist, den alten Herrschafts- und Einflußbereich in der Ukraine, in Belarus, im Kaukasus, aber auch in Syrien, in Mali und anderswo zu restaurieren, kehrt im Westen das Gefühl der russischen Bedrohung zurück, auch wenn die Russen bislang nur als Touristen gekommen sind. In dem Maße, wie sich Rußland als neue Ordnungsmacht präsentiert, die sich mit der »schiitischen Achse« vom Iran bis in den Libanon arrangiert, wird es auch wieder attraktiv für solche Länder, die ehemals zum Ostblock gehörten und heute Mitglied der EU sind bzw. mit der Mitgliedschaft geliebäugelt haben. Man denke nur an Ungarn, das weiter auf russisches Gas setzt, oder Serbien. Damit erweist sich, daß die Grenze zwischen West- und Osteuropa zwar variabel, aber immer noch da ist und sehr viel älter ist als die des Ost-West-Konflikts. Lange als überwunden geglaubte Faktoren wie die Zugehörigkeit zur orthodoxen Kirche, die Nichtteilnahme an Renaissance und Aufklärung, die ausgebliebene Verbürgerlichung der Gesellschaft und vor allem die nicht erfolgte Emanzipation der Bauern, die nur von der Leibeigenschaft in die Kolchose gewechselt waren, erscheinen wieder relevant. Würde noch einmal über die Osterweiterung der EU verhandelt, würden die Kopenhagener Beitrittskriterien sehr viel restriktiver ausgelegt werden. Ob Rumänien und Bulgarien heute noch aufgenommen würden, darf bezweifelt werden. Daß es auf absehbare Zeit tatsächlich weitere Mitglieder auf dem Westbalkan (Albanien, Bosnien, Serbien, Montenegro, Nord-Makedonien), in Osteuropa (Ukraine, Moldawien) oder im Kaukasus (Georgien, Armenien) gibt, ist nicht vorstellbar, auch wenn man aus aktuellem Anlaß der Ukraine die Mitgliedschaft in ferner Zukunft in Aussicht stellt.

2. Wenn in den neunziger Jahren der Industrialisierungsprozeß in Ost- und Südostasien noch begrüßt wurde, weil ein Teil der Entwicklungsländer dabei war, es zu schaffen, weil sich neue Absatzmärkte eröffneten, weil von dort preiswerte und zugleich qualitativ hochwertige Produkte bezogen wurden, man denke nur an die Unterhaltungselektronik oder den Bekleidungssektor, und weil die kritischen Stimmen vor lauter China-Euphorie noch in der Unterzahl waren,

hat sich heute das Bild radikal gewandelt. An die Stelle des Mythos vom China als dem neuen Land der unbegrenzten Möglichkeiten, der Alternative für alles und jedes, der Faszination für die alte Kulturnation ist die neuerliche Furcht vor der »gelben Gefahr« getreten, auch wenn damit nicht mehr der Furor der mordbrennenden mongolischen Reiterheere, sondern die Niederkonkurierung der westlichen Industrie mit Hilfe von Produktpiraterie und unfairen Handelspraktiken, die Arbeitsplatzverluste als Folge der Deindustrialisierung gemeint sind.

Auch wenn sich die »japanische Herausforderung« der siebziger und achtziger Jahre als Schimäre erwiesen hat und Japan jetzt selbst unter dem Druck des asiatischen Nachbarn steht, so bestimmt das Argument der großen Zahl die Wahrnehmung. China und demnächst Indien stellen zusammen mehr als ein Drittel der Weltbevölkerung und sind mit ihren Exportindustrien in der Lage, einen globalen Strukturwandel der Weltwirtschaft zu erzwingen, an dessen Ende die Industrie und die arbeitsintensiven Dienstleistungen in Asien versammelt sind. Hinduismus, Buddhismus und Konfuzianismus erscheinen auf einmal nicht mehr als modernisierungshemmende Faktoren. Ganz im Gegenteil, gerade der Konfuzianismus dient als Erklärung für hohe Bildungsorientierung, Autoritätshörigkeit gegenüber staatlichen Vorgaben und hohe Arbeitsmotivation, erklärt, warum das Modell des bürokratischen Entwicklungsstaates funktioniert und in den kulturell von China beeinflußten Ländern kopiert wird. An die Stelle des neoliberalen

Washington-Konsens tritt der bürokratisch-autoritäre Beijing-Konsens. In Frage gestellt wird auch das Dogma der Modernisierungstheorie, dem zufolge Industrialisierung, sozialer Wandel und Demokratisierung Hand in Hand gehen, am Ende die ganze Welt zwangsläufig verwestlicht wird. China demonstriert als »Werkbank der Welt«, daß sich ein autoritäres politisches System und eine leistungsfähige Industriegesellschaft durchaus vereinbaren lassen. Indien demonstriert als »Callcenter der Welt«, daß sich die Weltflucht des Hinduismus mit technischen Höchstleistungen, gerade auf dem EDV-Sektor, vereinbaren läßt. Die Vorstellung, daß in absehbarer Zeit nicht mehr die USA, sondern China die globale Führungsmacht sein könnte, stößt selbst bei früheren radikalen USA-Kritikern auf eine neue Nachdenklichkeit. Es ist schon eine paradoxe Welt, in der sich Donald Trump an die Spitze der Kritik am Transatlantischen Freihandelsabkommen gestellt und der chinesische Staatspräsident Xi Jinping in Davos die liberale Weltwirtschaft beschworen hat.

3. Die Wahrnehmung, daß der Norden bzw. der Westen »versüdlicht«, hat mit dem Aufbruch zur neuen Völkerwanderung des Jahres 2015 eine andere Qualität bekommen. Früher ging es, zumindest in Europa, nur um den Umgang mit dem kolonialen Erbe, weil die europäischen Kolonialmächte der Anziehungspunkt von Migranten aus ihren früheren Kolonien waren. Deutschland als nur kurzzeitige Minikolonialmacht war dabei fein raus und dazu noch von

Schengenstaaten umgeben. Das jüngste exponentielle Wachstum der Migration, das viele Ursachen hat, aber vor allem das Resultat des exponentiellen Bevölkerungswachstums der letzten dreißig Jahre ist, hat zu sozialen Verwerfungen und zu einer ganz radikalen Grenzziehung in den Köpfen geführt, die sich in grassierender Fremdenfeindlichkeit weltweit, nicht nur in Europa und den USA, äußert. Dabei spielt es keine Rolle, wie viele Migranten tatsächlich ins Land gekommen sind und wie viele vor Ort sichtbar sind. Wie viel Fremdenfeindlichkeit es in afrikanischen und asiatischen Ländern gibt, erfahren wir nur sporadisch, wenn einzelne Fälle von den Medien aufgespießt werden. In Osteuropa, wo der Anteil der Migranten sehr viel geringer und kaum wahrnehmbar ist, ist die Fremdenfeindlichkeit höher als in Westeuropa. Selbst in Deutschland gibt es in dieser Hinsicht ein neues West-Ost-Gefälle. Das Phänomen ist ein schöner Beleg für die These, daß wir im postfaktischen Zeitalter leben. Nicht das, was ist, sondern wie das, was ist oder gerade nicht ist, wahrgenommen wird, bestimmt das Denken und das Handeln der Menschen. Die Umverteilung der Flüchtlinge in Europa funktioniert genauso wenig wie innerhalb von Deutschland, weil diese andere Wahrnehmungen haben als die, die die Verteilung organisieren wollen. In der Demographie nennt man das die Wirkung von Pull- und Push-Faktoren.

4. Während in den neunziger Jahren die Debatte zwischen Fukuyama und Huntington eher unentschie-

den ausgegangen war, so dürfte bei einer Neuauflage heute Huntington ganz eindeutig als Sieger hervorgehen. Seinen damals so heftig kritisierten Satz, daß der Islam »blutige Grenzen« habe, würden heute viele unterschreiben. Auch wenn es »den Islam« gar nicht gibt und der Islam wie das Christentum viele Richtungen und Auslegungen kennt, wird er derzeit im Westen als ein Gebräu aus Islamismus, Terrorismus und Fanatismus gepaart mit allen Zutaten einer unaufgeklärten und traditionalistischen Gesellschaft wahrgenommen, die in makabrem Kontrast zum ölfinanzierten Luxus einer kleinen Elite am Golf steht. Das Orientalismusbild des 19. Jahrhunderts ist wieder präsent. Die neue Abgrenzung gegenüber Putins Osten oder den Chinesen, die uns unsere Arbeitsplätze wegnehmen, ist harmlos gemessen an der neuen Abgrenzung gegenüber den islamischen Ländern. Das Mittelmeer, damit sind wir bei der Tagespolitik, wird nicht mehr als ein gemeinsamer Raum wahrgenommen, an dessen Küsten und auf dessen Inseln sich die europäischen Touristen treffen und das von Kreuzfahrtschiffen durchpflügt wird, sondern als eine Grenze, die es zu verteidigen gilt. Malta bzw. die Malteser waren, nachdem die Johanniter Rhodos unter dem Druck der Osmanen räumen mußten, schon zu Zeiten Karls V. der westliche Vorposten gegen die Galeerenflotten Suleymans des Prächtigen, unterstützt von den Galeeren des genuesischen Admirals und Condottiere Andrea Doria. Heute trägt er den Namen Frontex. Selbst viele Botschafter der Willkommenskultur des Jahres 2015 haben sich mittlerweile stillschweigend in die Abwehrfront eingereiht, obwohl doch die tieferen Ursachen der neuen Völkerwanderung und das Ausmaß der weltweiten Flüchtlingsströme sich innerhalb so weniger Jahre nicht verändert haben. Die Responsibility to Protect und der Schutz als neue Norm des Völkerrechts haben ausgedient. Libyen ist über Nacht vom Failed-State zum sicheren Herkunftsland mutiert. Was sich verändert hat, ist die hiesige Wahrnehmung. Wieder gilt das Argument der großen Zahl.

5. Der radikalste Wandel, den selbst Huntington nicht für denkbar hielt, betrifft den atlantischen Kern der westlichen Identität. Vor 25 Jahren hatte er noch argumentiert, daß die fortschreitende europäische Integration zum Sprengsatz für die Einheit des Westens wird. Jetzt wird zu unserem Entsetzen die Einheit des Westens von der anderen Seite des Atlantiks herausgefordert, wenn die Trumpisten unter den Republikanern den Atlantizismus, die Sinnhaftigkeit der NATO, das liberale Welthandelsregime oder den kooperativen Ansatz der EU in Frage stellen. Mit diesem Programm war Trump 2016 angetreten und gewählt worden. Europa reagiert darauf keineswegs mit mehr Geschlossenheit, sondern driftet selbst auseinander. Nicht die gemeinsamen europäischen Werte, sondern die Furcht vor Putins Imperialismus hält die osteuropäischen Exit-Kandidaten bei der Stange. Europa à la carte lautet die Devise bzw. drastischer: Rosinenpicken, je nachdem, um was es geht, um den Euro, das Schengener Abkommen, den Agrarfonds

oder die europäische Sicherheitspartnerschaft. Der Brexit wurde auch mit den polnischen und rumänischen Arbeitsmigranten begründet, die den Engländern ihre Arbeitsplätze wegnehmen, so wie die Mexikaner den weißen Amerikanern. Jedenfalls tun sich auch in Europa Grenzen auf zwischen Ost und West, Nord und Süd, die in Wirklichkeit die ganz alten sind. Nicht die Neukonstruktion westlicher Identität, sondern deren Auflösung steht auf der Agenda. Die alten westlichen Eliten in Brüssel wie an der amerikanischen Ostküste sind in der Defensive und werden von den Populisten beiderseits des Atlantiks vor sich hergetrieben. An die Stelle der Idee, daß durch Kooperation alle gewinnen können, tritt das realistische Nullsummendenken, das auf die Selbsthilfe setzt. Was das Eigene gewinnt, muß das Fremde verlieren. Them vs. US. »Make America great again« ging in Trumps Logik nur auf Kosten der anderen. Biden ist in seiner Rhetorik zwar gemäßigt, in der Sache verfolgt er aber dieselbe Linie, wie die europäischen Irritationen über den 369 Milliarden Dollar schweren Inflation Reduction Act, ein gigantisches Subventionspaket für Investitionen in Klimaschutz, Energiesicherheit und Umwelttechnik, demonstrieren. Das Programm klingt begrüßenswert und zukunftsorientiert, ist allerdings mit dem Pferdefuß versehen, daß es sich nur an amerikanische Produzenten in den USA richtet, die so gegenüber den europäischen Konkurrenten im Land einen massiven Wettbewerbsvorteil erhalten. Das Programm wirkt indirekt sogar wie ein Sprengsatz für die EU, da nur die großen Mitglieder mit vergleichbaren Subventionspaketen reagieren können.

Fazit: Die Rückkehr des Eigenen und des Fremden bedeutet, daß wir das Ende der idealistischen Nachkriegsordnung erleben, die auf Entgrenzung und Kooperation gesetzt hatte, bedeutet die Rückkehr der Selbsthilfe in den internationalen Beziehungen. Das Eigene wird nicht nur enger gefaßt, es ist dabei, sich neu zu definieren unter Rückgriff auf ganz alte Erzählungen.

II
Der Wiederaufstieg Asiens

2. Der doppelte Einfluß Europas
Der langsame Abstieg und der rasche Wiederaufstieg Asiens

Die Klärung des Titels verlangt die Definition der verwendeten Begriffe. Europa als eigener Kontinent ist ein Konstrukt, ist es doch nur der westliche Appendix der eurasischen Landmasse. Die Ostgrenze Europas ist demnach eine Frage der Definition, je nachdem, ob man Europa geographisch, politisch, wirtschaftlich oder kulturell versteht, in welcher historischen Epoche man sich befindet und wer der Auftraggeber der Grenzziehung war. Hier wird unter Europa das maritime Europa verstanden. Seit dem Mittelalter handelte es sich jeweils um die am weitesten entwickelten Teile, die sich alle als Seemächte verstanden – zuerst Oberitalien mit Genua und Venedig (etwa 1250-1500), dann Portugal und Kastilien/Spanien (etwa 1500-1650), insbesondere Lissabon und Sevilla bzw. Cádiz, und daran anschließend die Nordsee mit den Niederlanden, insbesondere den Provinzen Holland und Seeland in ihrem »Goldenen Zeitalter« (1600-1700) sowie England bzw. Großbritannien (etwa 1700-1950).[1] Rußland als Teil des kontinentalen Europas, das sich seit den Eroberungen unter Katharina der Großen weit nach Sibirien ausdehnte, ist

1 Geoffrey V. Scammell, *The World Encompassed. The First Maritime Empires c. 800-1650*, London 1981.

hier nicht gemeint, obwohl ein großer Teil ihrer Eroberungen immer noch zu Rußland gehört und obwohl zu Zeiten der Sowjetunion der russische Einflußbereich seit den fünfziger Jahren auf die Mongolei, Nordkorea, China und später Nordvietnam ausgedehnt wurde.

Der asiatische Teil der eurasischen Landmasse entzieht sich erst recht einer klaren Definition, weil er in nahezu jeder Hinsicht noch viel heterogener als Europa ist. Grundsätzlich sollte man zwischen einem maritimen und einem kontinentalen Asien unterscheiden. Ersteres beginnt am Ostrand des Mittelmeers, teilt sich in den Arm des Roten Meers und des Persischen Golfs, setzt sich jenseits der Arabischen Halbinsel im Arabischen Meer an der Westküste und im Golf von Bengalen an der Ostküste Indiens fort, mündet durch die Malakka-Straße ins Südchinesische Meer, breitet sich in der indonesischen Inselwelt aus, verläuft an der chinesischen Küste entlang, um im Gelben Meer bzw. noch weiter östlich in der Japan-See zu enden. In diesem Asien auf den alten Seewegen nach Europa gab es über mindestens 1000 Jahre hinweg zahlreiche Akteure, vor allem arabische, indische (gujaratische) und chinesische Fernhändler. Das maritime Asien stand seit dem Mittelalter unter europäischem Einfluß, wobei die Italiener seit etwa 1250 die ersten Berichte lieferten, die Portugiesen seit etwa 1500 als Türöffner wirkten, die Niederländer ab 1600 eine starke Position einnahmen und die Briten nach 1850 imperial wurden, während die Franzosen nur eine späte und die deutschen nur eine marginale Nebenrolle spielten.

Das kontinentale Asien stand zwischen 1230 und

1350 von Korea bis zum Schwarzen Meer unter der Herrschaft der Mongolen. Danach wurde die eurasische Landmasse im dichter besiedelten Süden von vier Großreichen, den Osmanen, den Safawiden (Persien), den Moguln (Indien) und den Ming (China) beherrscht. Selbst der Begriff »Indien« ist ein westliches Konstrukt. Im Norden umfasste er das muslimische Mogulreich, das in vieler Hinsicht mit dem heutigen Pakistan und Afghanistan, dem Kern des kontinentalen Asiens, identifiziert werden kann, und den hinduistischen Süden, der eng mit dem maritimen Asien verflochten war. Wenn man sich mit den wechselhaften Bezügen zwischen Europa und Asien im Verlauf der Geschichte befasst, hat es demnach wenig Sinn, ein geographisch definiertes »Europa« einem geographisch definierten »Asien« gegenüberzustellen. Beziehungen und Einflußnahmen gab es zwischen dem maritimen Europa und dem maritimen Asien bzw. dem kontinentalen Europa (Rußland) und dem kontinentalen Asien, während die Versuche des maritimen Europas, mit dem kontinentalen Asien Kontakte aufzunehmen, immer wieder verweigert wurden, allenfalls randständiger Natur waren. Das galt selbst noch für Japan bis zur Mitte des 19. Jahrhunderts.

Der Begriff Wiederaufstieg setzt voraus, daß es einen Niedergang und zuvor bereits einen Aufstieg gegeben hat, der womöglich vor 4000 Jahren begonnen hat.[2] Sind die Begriffe absolut oder relativ gemeint? Wenn sie relativ gemeint sind, dann haben sie nur Sinn, wenn

2 Warren I. Cohen, *East Asia at the Center. Four Thousand Years of Engagement with the World*, New York 2000.

man analog zu Europa die zu ihrer Zeit am weitesten entwickelten Teile Asiens berücksichtigt. Das Entwicklungsgefälle innerhalb Asiens war vermutlich größer als das innerhalb Europas. So gesehen verengt sich »Asien« auf die Küstenregionen Indiens und Chinas, wenngleich beide vielfältige Ausstrahlungskraft hatten. Der indische Einfluss reichte im Becken des Indiks von der ostafrikanischen Küste bis Bali, der chinesische von Korea und Japan bis zur Malakka-Straße und in die indonesische Inselwelt. Als die ersten Europäer in den Hafenstädten aufkreuzten, trafen sie auf lange existierende Chinatowns.

So definiert waren die asiatischen Kerngebiete entlang der alten Seewege nach Europa um das Jahr 1500 viel weiter entwickelt als die frühen europäischen Zentren in Oberitalien und den Niederlanden. Der Vorsprung nahm zwar bis 1800 allmählich ab, von einem relativen Niedergang Asiens kann aber erst gesprochen werden, seit die industrielle Revolution in Europa breitenwirksam wurde und einen Verdrängungswettbewerb insbesondere in Indien auslöste. Mitte des 19. Jahrhunderts dürften sich die Entwicklungskurven gekreuzt, dürfte die Schere sich mit vertauschten Klingen bis zum Ersten Weltkrieg immer weiter aufgetan haben. Spätestens um 1950 setzte der Wiederaufstieg Asiens ein, der aber nicht nur die Kernländer Indien und China erfaßte. Japan nimmt eine Sonderstellung ein, da es nie einen Niedergang, sondern seit dem letzten Viertel des 19. Jahrhunderts einen nachholenden Aufstieg zu verzeichnen hatte. Demnächst wird Asien wieder an der Spitze stehen. Der Ökonom André Gunder Frank hat diesen Prozeß »ReOrient« genannt, wobei er sowohl die Sache selbst wie den Perspektivwechsel weg von einer eurozentrischen zu einer asienzentrischen Sichtweise meinte.[3]

Damit kommen wir zu einer letzten Begriffsklärung. Wir sind es gewohnt, Entwicklungsprozesse aus einer eurozentrischen Perspektive zu analysieren.[4] Im Positiven wie im Negativen ist Europa der Maßstab. Auf europäischen Weltkarten liegt Europa immer in der Mitte und China immer am östlichen Rand. Die alten Begriffe »Westindien«, auf den Irrtum des Kolumbus zurückgehend, und »Ostindien« sind genauso eurozentrisch wie »Indischer Ozean«, »Amerika« oder »Neue Welt«, die von »Indianern« bewohnt wird. Der Anthropologe und Geograph James Blaut hat dies *The Colonizer's Model of the World* genannt.[5]

Auf einer chinesischen Weltkarte liegt China in der Mitte und Europa am westlichen Rand als ferne Peripherie eines sinozentrischen Weltbilds. China ist umgeben von Zonen, die nach dem Grad der kulturellen Beeinflussung unterschieden werden.[6] Die Europäer

3 André Gunder Frank, *ReOrient. Global Economy in the Asian Age*, Berkeley 1998.

4 Eric Lionel Jones, *Das Wunder Europa: Umwelt, Wirtschaft und Geopolitik in der Geschichte Europas und Asiens*, Tübingen 1991; David Landes, *Wohlstand und Armut der Nationen. Warum die einen reich und die anderen arm sind*, Berlin 1998.

5 James M. Blaut, *The Colonizer's Model of the World. Geographical Diffusionism and Eurocentric History*, New York 1993.

6 John King Fairbank (Hg.), *The Chinese World Order: Traditional China's Foreign Relations*, Cambridge/Mass. 1968; Gang Deng, *Maritime Sector, Institutions, and Sea Power of Premodern China*, Westport 1999, S. 148.

gehörten zusammen mit den zentralasiatischen Nomadenvölkern zu den Barbaren, die von der chinesischen Kultur gänzlich unbeeinflußt und China nicht tributpflichtig waren. Im Zentrum der Welt stand der Thron des Kaisers in der Verbotenen Stadt, der das Mandat des Himmels empfangen hat, die Welt zu regieren, aber nicht zu beherrschen. Diplomatische Beziehungen zu anderen Herrschern waren nicht vorgesehen. Deren Abgesandte hatten den Kotau zu leisten. Deshalb war das Amt für die Riten für die Außenbeziehungen zuständig. Ein Auswärtiges Amt hatte keinen Platz im chinesischen Weltbild. Das Tributsystem war der politische und wirtschaftliche Ausdruck des Sinozentrismus. Dieser lebt heute fort in der strikten Weigerung der chinesischen Regierung, sich den Regeln internationaler Organisationen zu unterwerfen. Auch verbittet sie sich jede Einmischung in die inneren Angelegenheiten Chinas.

Das alte Weltsystem

Der beste Indikator, der das frühere Entwicklungsgefälle zwischen Asien und Europa anzeigt, ist der asymmetrische Handel. Seit die Beziehungen in der Ära der Pax Mongolica auf der Überlandroute der Seiden- und Gewürzstraßen[7] und dem alten Seeweg nach Indien dichter wurden, lieferte Asien neben Pfeffer, Gewür-

7 John Keay, *The Spice Route. A History*, Berkeley 2006; Xinru Liu, *The Silk Road in World History*, Oxford 2010.

zen und diversen Exotika Fabrikate, nämlich kostbare Textilien aus Seide und Baumwolle. Es handelte sich um Waren mit einem hohen spezifischen Wert, da nur so die enormen Transportkosten auf den langen Routen zu rechtfertigen waren. Die Zwischenhandelsprofite und Durchgangszölle auf den vielen Etappen trieben die Preise in die Höhe, die am Ende das Zwanzig- bis Vierzigfache der Ursprungspreise betragen mochten. Europa lieferte im Gegenzug nichts, weil Rohstoffe auf den langen Routen aufgrund der Transportkosten nicht handelbar und weil europäische Fabrikate in Asien nicht wettbewerbsfähig waren.

Die negative Handelsbilanz mußte mit Edelmetall ausgeglichen werden, das in Indien und China mangels eigener Förderung hoch begehrt war. Ein großer Teil des in Europa geförderten Silbers und des aus dem Sudan und Guinea im Transsaharahandel bezogenen Goldes dürfte so nach Asien gelangt sein. Die Expansion im Asienhandel wurde erst im 16. Jahrhundert möglich, seit die Spanier in Mexiko und Peru die Silberminen entdeckt hatten und das amerikanische Silber über viele Zwischenstationen als Zahlungsmittel in Asien landete bzw. auf dem direkten Weg über den Pazifik von Acapulco (Mexiko) nach Manila (Philippinen) verschifft wurde, um dort gegen Tee, Seide und Porzellan getauscht zu werden.[8] Insofern sind die Beziehungen zwischen »Europa« und »Asien« gar nicht darstellbar ohne die Einbeziehung des spanischen »Amerikas«. Die Asym-

8 Carlo M. Cipolla, *Die Odyssee des spanischen Silbers. Conquistadores, Piraten, Kaufleute*, Berlin 1998.

metrie änderte sich erst gegen Ende des 19. Jahrhunderts, als europäische Investitionsgüter in Asien einen Markt fanden. Heute nehmen Luxusgüter diesen Weg, zum Teil allerdings nur virtuell, wenn sie unter westlichen Labels in Asien hergestellt werden. Nur das europäische Handelsdefizit mit Asien ist geblieben, das heute mit Devisen ausgeglichen wird.

Die chinesische Überlegenheit geht auf die Zeit der Song-Dynastie (960-1279) zurück, in der China die erste wirtschaftliche Revolution weltweit erlebte.[9] Herausragend war die Erfindung der Naßreiskultur, die die Anbaufläche weit nach Süden ausdehnte und aufgrund der hohen Flächenerträge bei zwei bis drei Ernten pro Jahr eine wachsende Bevölkerung und dennoch hohe Überschüsse zuließ, die besteuert werden konnten. Hier liegt die Erklärung, warum alle asiatischen Länder mit künstlicher Bewässerung eine hohe Bevölkerungsdichte aufweisen. Die Agrarsteuer war die Grundlage des chinesischen Staates und diente dem Unterhalt von Bürokratie und Militär und finanzierte den luxuriösen Aufwand, den der kaiserliche Hof in der Hauptstadt betrieb. Frühe Höchstleistungen erzielte China im Wasserbau, im Binnentransport, in Schiffsbau und Navigation, in Bergbau und Eisenverarbeitung. Schießpulver, Papier, bewegliche Lettern, Kompaß und andere nautische Instrumente, selbst eine wassergetriebene Hanfspinnmaschine (etwa 1313) sind belegt. China war in der Song-Dynastie reif für die industrielle Revolution.

9 Mark Elvin, *The Pattern of the Chinese Past. A Social and Economic Interpretation*, Stanford 1992.

Daß sie dort nicht stattfand, wird mit dem hohen Arbeitskräftepotential begründet, das keine arbeitssparenden Erfindungen wirtschaftlich sinnvoll erscheinen ließ. Chinesische Fernhändler aus Quanzhou belieferten nicht nur das Südchinesische Meer,[10] sondern befuhren auch die langen Routen durch die Malakka-Straße nach Südindien und bis zum Persischen Golf.[11] Welchen Beitrag der Fernhandel zum Volkseinkommen geleistet hat, bleibt Spekulation. Jedenfalls rangierten die Bauern gesellschaftlich weit oberhalb der Händler. Während in China die Seidenindustrie die textile Leitbranche war, war dies in Indien, insbesondere in Bengalen, die Baumwollindustrie. Nicht zufällig ist die Textilsprache indischen Ursprungs.

Überwölbt wurde das alte Weltsystem,[12] das sich von Korea und Japan ganz im Osten bis in die Niederlande ganz im Westen erstreckte, im kontinentalen Asien zwischen 1230 und 1350 durch die Pax Mongolica.[13] Die Mongolen eroberten mit ihrer überlegenen Kavallerie den asiatischen Steppengürtel von ihrem mongolischen

10 Angela Schottenhammer (Hg.), *The Emporium of the World. Maritime Quanzhou, 1000-1400*, Leiden 2001.

11 Gang Deng, *Chinese Maritime Activities and Socioeconomic Development, ca. 2100 B. C.-1900 A. D.*, London 1997.

12 Janet Abu-Lughod, *Before European Hegemony. The World System A. D. 1250-1350*, New York 1989; Kirti N. Chaudhuri, *Trade and Civilisation in the Indian Ocean. An Economic History from the Rise of Islam to 1750*, Cambridge 1985; ders., *Asia Before Europe. Economy and Civilisation of the Indian Ocean from the Rise of Islam to 1750*, Cambridge 2000.

13 Thomas Allsen, *Mongol Imperialism. The Policies of the Grand Qan Möngke in China, Russia, and the Islamic Lands, 1251-1259*, Berkeley 1987.

Kernland bis zum Schwarzen Meer, dazu China und Persien, und vermochten, Rußland tributpflichtig zu machen. Nur der Durchbruch zum Mittelmeer wurde 1260 durch die Mameluken in Palästina abgewehrt. Nach der Konsolidierung des Reiches und der Untergliederung in vier Khanate, von denen die Goldene Horde ganz im Westen lag, die Krimtartaren zeugen noch heute davon, sorgten sie für inneren Frieden, Rechtssicherheit (Ausgabe von Pässen) und Infrastruktur (z. B. Poststationen, Wasserstellen, Karawansereien). Auf den Seerouten kontrollierten die Mongolen nur das östliche Ende. Der arabisch-indische Seehandel auf der maritimen Seidenstraße[14] verblieb außerhalb der Pax Mongolica. Ihre See-Expeditionen zur Eroberung von Japan und Java waren gescheitert. Die Niederlande waren nur die ferne westliche Peripherie dieses Weltsystems, die oberitalienischen Fernhandelsstädte dessen Zwischenhändler im Mittelmeer, im Schwarzen Meer und auf den Landrouten, die von Tana am Asowschen Meer bis nach Peking führten. Dort galten genuesische Maße, Gewichte, Münzen und sogar Kreditbriefe. Insofern läßt sich argumentieren, daß die ersten direkten Kontakte zwischen Europa und Asien der Symbiose der oberitalienischen Seerepubliken und der mongolischen Militärmacht bedurften.

Der abrupte Untergang des Mongolischen Reiches um 1350, der von der Ausbreitung der Pest von Zentralchina über die Land- und Seerouten bis nach Europa

14 Roderich Ptak, *Die maritime Seidenstraße. Küstenräume, Seefahrt und Handel in vorkolonialer Zeit*, München 2007.

ausgelöst wurde, führte zwar zu einem massiven Einbruch, aber nicht zum Untergang des ersten Weltsystems. Auf den Trümmern des Mongolischen Reiches entstand im Westen das Osmanische Reich und in der Mitte das Safawidenreich. Die Osmanen waren anders als die Mongolen in der Lage, das Reich der Mameluken in Syrien und Ägypten zu erobern und so auf beiden Seerouten von Asien nach Europa den Zwischenhandel im Nildelta bzw. an der syrischen Küste zu besteuern. Hier lag einer der Gründe, warum sich im 15. Jahrhundert kommerzielle und religiöse Gründe für die Suche des »Seewegs nach Indien« auf der Atlantikroute mischten.

Im Osten hatte die Vertreibung der Mongolen durch die Ming zur kurzzeitigen Restauration des alten Weltsystems bis in das Becken des Indiks geführt. Kaiser Yongle (reg. 1402-1424) war der große Expansionist auf dem »Seeweg nach Arabien«. Zwischen 1405 und 1433 wurden sieben große See-Expeditionen unter dem Kommando des Admirals Zheng He ausgesandt, die die Küsten des Südchinesischen Meers, die Straße von Malakka, die südindische Küste, Bengalen, Hormus am Eingang des Persischen Golfs, die Küsten der Arabischen Halbinsel und Ostafrikas bis auf die Höhe von Madagaskar befuhren.[15] Die Zahl und Größe der eingesetzten Schiffe, deren Bewaffnung, das nautische Wis-

15 Edward L. Dreyer, *Zheng He. China and the Oceans in the Early Ming Dynasty, 1405-1433*, New York 2007; Louise Levathes, *When China Ruled the Seas. The Treasure Fleet of the Dragon Throne 1405-1433*, New York 1994.

sen, die mitgeführten Soldaten, Wissenschaftler, Dolmetscher und Musterkollektionen von Waren stellten alles in den Schatten, was Europa im 15. Jahrhundert hätte aufbieten können. Die Drachenfluß-Werft in Nanking war die größte der Welt. Bereits 90 Jahre vor Vasco da Gama war Zheng He in Calicut gelandet. Ein Abstecher führte ins Rote Meer bis nach Mekka, also fast bis an den Rand des Mittelmeers. Der Kontakt mit Venedig wurde wieder denkbar. Eine Theorie besagt, daß die Italiener, die auf dem Landweg nach Indien reisten, so in den Besitz der ersten Seekarten über das maritime Asien gelangten. Daß die Chinesen das Kap umrundet haben und in den Südatlantik eingefahren sind, ist nicht zweifelsfrei belegt.[16] Wären die chinesischen Kriegsdschunken auf die portugiesischen Galeonen getroffen, die 70 Jahre später im Indik aufkreuzten, hätten Letztere keine Chance gehabt.

Über die Motive der chinesischen Expeditionen, die von den mit dem konfuzianischen Mandarinat konkurrierenden Eunuchen geleitet wurden, läßt sich streiten. Jedenfalls ging es um die Restauration des Tributsystems und die Errichtung einer Pax Sinica im maritimen Asien. Die vielen Akteure unterschiedlicher Nationalitäten sollten von einer chinesischen Hegemonie in Form des Tributsystems überwölbt werden. Die Ming waren im Unterschied zu den Portugiesen keine Entdecker, sondern nutzten lange aus der Song-Zeit bekannte Routen. Nur sollte das System ausgebaut und

16 Gavin Menzies, *1421. Als China die Welt entdeckte*, München 2004.

ein als Tribut kaschierter Staatshandel etabliert werden, der mit Gegengeschenken vergolten wurde. China lieferte Fertigwaren aller Art und bezog Pferde, tierische Produkte, Rohstoffe und Exotika. Insofern begann hier die auf den Außenhandel orientierte Seite des bürokratischen Entwicklungsstaates, wie wir ihn heute kennen. Alles in allem dürfte der Aufwand den Ertrag bei weitem übertroffen haben, was den konservativen konfuzianischen Kritikern Auftrieb gab. Jedenfalls wurden die Unternehmen 1433 abrupt beendet, die Flotten abgewrackt, die Baupläne vernichtet und der Außenhandel auch für private Händler verboten.[17] Statt dessen wurde der Bau der Großen Mauer wieder aufgenommen, die in der Ming-Zeit ihre größte Ausdehnung erfuhr. Die eigentliche Bedrohung wurde nicht im Süden gesehen, wo China keine Gegner zu fürchten hatte, sondern in der zentralasiatischen Steppe. Für rund 400 Jahre begab sich China seitdem in eine freiwillige Selbstisolation und entzog sich allen Kontaktversuchen westlicher Gesandtschaften.[18] Das kontinentale isolationistische Asien hatte über das maritime weltoffene gesiegt. Die Selbstisolation und die daraus resultierende Stagnation, in Schiffbau und Fernhandel sogar der selbstinszenierte Rückschritt, haben zumindest für die anschließende Entwicklung Chinas mehr Erklärungskraft als das seit der Frühen Neuzeit einsetzende Aufholen Europas.

17 Bodo Wiethoff, *Die chinesische Seeverbotspolitik und der private Überseehandel von 1368 bis 1567*, Hamburg 1963.

18 Julia Lovell, *Die große Mauer. China gegen den Rest der Welt 1000 v. Chr.-2000 n. Chr.*, Stuttgart 2007.

Für das westliche Ende des alten Weltsystems lautete die Konsequenz, daß nicht mehr Genua, das auf die mongolische Karte und die Route durch das Schwarze Meer gesetzt hatte, sondern Venedig, das mit den Mameluken und später den Osmanen kooperierte und sich auf die Route durch das Rote Meer konzentrierte, zum wichtigsten Zwischenhändler aufstieg. Genua wurde auf das westliche Mittelmeer abgedrängt und reüssierte als Finanzier Portugals, als sich dieses 1415 anschickte, an der afrikanischen Küste entlang den Atlantik zu erkunden. Genua hoffte so, im Westen die Position zurückzugewinnen, die es im Osten verloren hatte. Nicht zufällig waren viele der Entdecker, allen voran Kolumbus, Genuesen, mindestens aber Italiener. Allerdings: Ohne das über arabische Zwischenhändler in den Mittelmeerraum gelangte asiatische Wissen über Navigation, Astronomie und Kartenkunde hätte die von Portugal forcierte maritime Revolution nicht stattfinden können.[19]

Damit kommen wir zu den Beziehungen aus europäischer Perspektive.[20] Die Ersten, die bis tief nach Asien vordrangen, waren die Italiener, allen voran die Fernhandelskaufleute aus Genua und Venedig.[21] Marco Polo

19 John M. Hobson, *The Eastern Origins of Western Civilisation*, Cambridge 2004.

20 Jürgen Osterhammel, *Die Entzauberung Asiens. Europa und die asiatischen Reiche im 18. Jahrhundert*, München 1998; Wolfgang Reinhard, *Geschichte der europäischen Expansion*, Bd. 1: *Die Alte Welt bis 1818* und Bd. 3: *Die alte Welt seit 1818*, Stuttgart 1983 und 1988.

21 Nigel Cameron, *Barbarians and Mandarins. Thirteen Centuries of Western Travellers in China*, Hongkong 1989.

war nur der berühmteste, der ab 1271 auf seinen Reisen bis an den Hof des mongolischen Großkhans in Karakorum gelangte. Bereits 1254/55 hatte der Flame Wilhelm von Rubruk, im Auftrag des Papstes ausgestattet mit einem regelrechten Fragebogen, für erste seriöse Berichte über »Asien« gesorgt. Das Schwarze Meer war die eigentliche Grenze, die Krim der Umschlagplatz, auf dem die Mongolen der Goldenen Horde mit ihrem Zentrum Sarai an der Wolga den Italienern Kolonien eingeräumt hatten.[22] Das Asowsche Meer war ein genuesisches Meer. Der Venezianer Francesco B. Pegolotti lieferte mit seinem Handbuch *La practica della mercatura* (1335-1343) die erste komplette Beschreibung wichtiger Fernhandelsrouten quer durch Asien. Italienische Kaufleute ließen sich in den Hafenstädten entlang der Seerouten nieder und sollen bis in das südchinesische Zayton gelangt sein, damals der wichtigste chinesische Ausfuhrhafen mit Niederlassungen von Kaufleuten aus aller Welt. Italiener waren es auch, die in Europa das Treaty-Port-System erfanden, das zunächst im Mittelmeer und im Schwarzen Meer etabliert wurde.[23] Als die Europäer es in das Becken des Indiks und darüber hinaus ausdehnen wollten, trafen sie auf ein verwandtes und lange existierendes System.[24] Auch

22 Charles King, *The Black Sea. A History*, Oxford 2004.

23 Frederic C. Lane, *Seerepublik Venedig*, München 1980; Peter Feldbauer und John Morrissey, *Venedig 800-1600. Wasservögel als Weltmacht*, Wien 2002; Georg Caro, *Genua und die Mächte am Mittelmeer 1257-1311. Ein Beitrag zur Geschichte des XIII. Jahrhunderts*, Aalen 1967.

24 Dilip K. Basu (Hg.), *The Rise and Growth of the Colonial Port Cities in Asia*, Berkeley 1985; Frank Broeze (Hg.), *Brides of the*

die Eroberung und Bewirtschaftung von Kolonien war eine italienische, vor allem venezianische Erfindung, die vom Mittelmeer (Zypern, Kreta) auf die Atlantik-Inseln (Madeira, Kanaren), von dort in die Karibik und das maritime Asien exportiert wurde.

Die »Teilung« der Welt in Tordesillas und die Gründung des Estado da Índia

Auf die Italiener folgten die Portugiesen, die aber mehr sein wollten als bloß Zwischenhändler.[25] Seit die Osmanen das östliche Mittelmeer kontrollierten, wurde, angefeuert durch die Erstürmung Konstantinopels 1453, die Idee verfolgt, auf einer neuen Route um Afrika herum den direkten Kontakt zu den asiatischen Produzenten zu suchen und so die Osmanen und den italienischen Zwischenhandel zu umgehen. Die rund 100 Jahre dauernde Suche des »Seewegs nach Indien« und der Herkunftsorte des Pfeffers (Südindien), des Zimts (Ceylon), der Nelken und der Muskatnuß (Molukken) und der sonstigen Reichtümer Asiens, dieser große Aufwand, den das arme Portugal allein gar nicht schultern konnte, wird nur verständlich, wenn man unterstellt, daß im Bewußtsein der Zeitgenossen »Indien« viel wohl-

Sea. Port Cities of Asia from the 16th-20th Centuries, Honolulu 1989.

25 Charles A. Boxer, *The Portuguese Seaborne Empire 1415-1825*, Harmondsworth 1973; António H. de Oliveira Marques, *Geschichte Portugals und des portugiesischen Weltreichs*, Stuttgart 2001.

habender war als Europa. Der direkte Zugang zu den Reichtümern Asiens, ohne mit den Osmanen und Venedig teilen zu müssen, sollte der Lohn für diesen Aufwand sein.

Weil zunächst die Suche des Seewegs nach »Guinea« im Vordergrund stand, um die arabischen Zwischenhändler im Transsaharagoldhandel zu umgehen, brachte erst der Vertrag von Tordesillas zwischen Kastilien und Portugal die auch für Asien epochale Wendung. Nachdem portugiesische Entdecker die Windverhältnisse im Südatlantik erkundet und verstanden hatten, daß man jenseits des Äquators weit nach Westen ausgreifen muß – so wurde vermutlich im Vorbeifahren Brasilien entdeckt –, um dann tief im Süden nach Osten bis zum Kap zu segeln, hatte der Portugiese Bartolomeu Dias 1487/88 als erster Europäer die Südspitze Afrikas umrundet. Parallel wurden zwei Expeditionen auf der alten Landroute nach Indien geschickt, um das noch fehlende Zwischenglied zu erkunden. 1492 konstruierte Martin Behaim aus Nürnberg in portugiesischen Diensten den ersten Globus, auf dem auch die Herkunftsorte verschiedener Handelsgüter vermerkt waren, um die süddeutschen Fernhändler als Finanziers für das Asiengeschäft zu motivieren – wenn man so will, der symbolische Beginn der Globalisierung.[26] Die Portugiesen waren sich sicher, den Seeweg nach Indien gefunden zu haben, als Kolumbus 1492 von seiner in kastilischen Diensten unternommenen Reise mit der

26 Geoffrey C. Gunn, *First Globalization. The Eurasian Exchange, 1500-1800*, Lanham 2003.

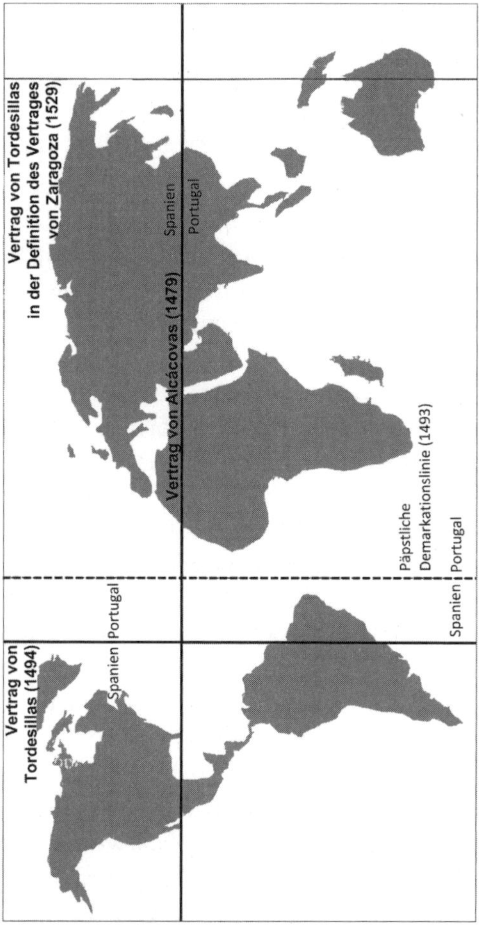

Abbildung 3: Aufteilung der Welt zwischen Spanien und Portugal nach den Verträgen von Alcácovas (1479), Tordesillas (1949) und Zaragossa (1529)
Quelle: António H. de Oliveira Marques, *Geschichte Portugals und des portugiesischen Weltreichs*, Stuttgart 2001, S. 140.

Behauptung zurückkehrte, auf der Westroute in Indien gelandet zu sein. Ohne auf die Details des Konflikts einzugehen, wer Besitzanspruch auf die bereits »entdeckten« oder nur vermuteten Länder im Westen und Osten erheben konnte, nur so viel: In Tordesillas wurde am 7. Juni 1494 auf Vermittlung des Papstes ein Kompromiß gefunden, der eine imaginäre Linie 1184 Seemeilen westlich der Kapverden von Pol zu Pol zog. Westlich dieser Linie sollte die kastilische bzw. spanische, östlich davon die portugiesische Hemisphäre liegen. Auf diese Weise war die westliche Ausbuchtung Südamerikas in die portugiesische Hälfte gerückt, die Keimzelle des heutigen Brasiliens. Brasilien war anfänglich aber nur eine Zwischenstation auf dem langen Weg nach Indien. Der Vertrag war der erste in der Weltgeschichte mit globaler Reichweite, der Lateinamerika bis heute prägt, während seine Prägung in Afrika und Asien nur noch punktuell zu erfahren ist. 1529 wurde in Zaragossa ein zweiter Vertrag geschlossen, der auch im Pazifik eine imaginäre Grenze zwischen der portugiesischen und spanischen Hemisphäre zog, jedoch viel geringere Bedeutung hatte. Auf den zweiten Vertrag ist aber, nachdem Portugal seinen Anspruch gegen eine finanzielle Entschädigung abgetreten hatte, die spanische Inbesitznahme der Philippinen, benannt nach Philipp II., zurückzuführen, während die begehrten Molukken in die portugiesische Hälfte gefallen waren und dort auch verblieben.

Gemeinsam war den Vertragspartnern das Motiv feudaler Expansion auf der Suche nach neuen Renteneinkommen. Stark vereinfacht gesagt, waren die Spanier auf der Suche nach Edelmetallen, also einer Bergwerksrente. Als die Silberminen in Zacatecas (heute Mexiko) und Potosí (heute Bolivien) gefunden waren, bildete das Silber für nahezu 200 Jahre die Grundlage der spanischen Militärmacht in Europa und wurde zum Schmiermittel des Welthandels. Auf ebenbürtige Gegner trafen die Conquistadoren nicht. Mit geringem militärischem Aufwand konnten sie die altamerikanischen Großreiche zerstören und die »indianische« Bevölkerung weitgehend ausrotten, so daß afrikanische Sklaven zum Ersatz herangeschafft werden mußten. Da Spanien im Vergleich zu Portugal das viel größere Land war, wanderten nicht nur Mitglieder der feudalen Oberschicht, sondern auch spanische Siedler und viele Kleriker aus. Auf diese Weise wurde der spanische Feudalismus nach Amerika exportiert. Der Kontinent wurde christianisiert, weil er auf keine konkurrierende Hochreligion traf. Da Westafrika als Herkunftsregion der Sklaven in die portugiesische Hemisphäre fiel, konnten die Portugiesen aus dem einträglichen Sklavenhandel (*asiento*) eine Monopolrente erzielen.

Portugal war zwar auch eine Feudalgesellschaft, aber viel kleiner und ärmer als Spanien, so daß die portugiesischen Expeditionen der Finanzierung durch italienische und oberdeutsche Fernhandelskaufleute bedurften. Deshalb mischte sich das feudale Interesse, eine Rente aus der Besteuerung des Asienhandels zu erzielen, mit dem kommerziellen Interesse, das Zwischenhandelsmonopol auf den alten Routen zu brechen. Die Handelsgewinne der Venezianer und die Durchgangszölle der Osmanen bestimmten die Marge, bis zu der die hohen Transaktionskosten auf der Route um Afrika herum noch zu rechtfertigten waren. Manuel I., in dessen Regierungszeit der Seeweg nach Indien gefunden wurde, nannte sich ab 1501 »König von Portugal und der Algarve, diesseits und jenseits des Meeres, Herr von Guinea und der Eroberung, der Navigation und des Handels von Äthiopien, Indien, Arabien und Persien«. Dieser hypotrophe Titel ist gleichermaßen anspruchsvoll wie doppeldeutig, weil er die Herrschaft über zwei Kontinente, Subsahara-Afrika (= Guinea) und große Teile Asiens, sowie die nichteuropäische Christenheit der Kopten in Äthiopien und Nestorianer in Indien reklamiert und weil er den Genitiv verwendet. Wollte Portugal die genannten Länder tatsächlich erobern, wie die spanischen Conquistadoren in Amerika, ging es nur um die Kontrolle der maritimen Verbindungswege, oder ging es um beides?

Als Vasco da Gama 1498 als erster Europäer die gesamte Route um Afrika herum befuhr und in Calicut, dem Zentrum des südindischen Pfefferhandels, landete, mußte er gleich mehrere ernüchternde Erfahrungen machen. Bereits an der ostafrikanischen Küste war er in ein etabliertes Handelsnetz eingetaucht, bei dem es nichts mehr zu entdecken gab, mußte er sich sogar eines arabischen Lotsen bedienen, der ihn vom ostafrikanischen Malindi, einem arabischen Sultanat, direkt nach Calicut führte.[27] Für Portugal konnte es nur noch dar-

27 Anthony Reid, *Southeast Asia in the Age of Commerce, 1450-1680*, Bd. 1: *The Lands Below the Winds* und Bd. 2: *Expansion and Crisis*, New Haven 1988 und 1993; Roderich Ptak und Dietmar Rothermund (Hg.), *Emporia, Commodities and En-*

um gehen, diese etablierte Welt mit seinen Herkunftsregionen der Gewürze, deren Umschlagplätze und vor allem die herrschenden Wind- und Strömungsverhältnisse zu verstehen, die die Abfahrts- und Liegezeiten der Schiffe bestimmten. Zweitens mußte er die Erfahrung machen, daß die von ihm mitgeführten europäischen Waren in Asien nicht konkurrenzfähig waren. Eine Teilnahme am Handel bedurfte wieder des Edelmetalls als Zahlungsmittel, das diesmal auf dem langen Weg um Afrika herum heranzuschaffen war, oder die Teilnahme am Handel mußte militärisch erzwungen werden durch die Blockade der Umschlaghäfen oder der Einfahrten in den Persischen Golf und das Rote Meer. Drittens mußten die Portugiesen feststellen, daß sie in den indischen Häfen auf die Konkurrenz arabischer und italienischer Händler stießen, die auf den alten Routen reisten. Und schließlich fand man im Rücken der Muslime nicht das sagenumwobene Reich des Priesterkönigs Johannes. Das christliche Äthiopien wurde rasch als Last empfunden und die nestorianischen Christen in Indien als Ketzer abgelehnt. Daß es jenseits des Islam weitere Hochreligionen geben könnte, hatten die Portugiesen gar nicht auf ihrer Rechnung. Dem Hinduismus in Südindien standen sie anfänglich völlig verständnislos gegenüber.

Positiv war lediglich die Erkenntnis, daß trotz des regen Schiffsverkehrs keine Seemacht vorhanden war, die ihren mit Kanonen bestückten Galeonen ebenbürtig

trepreneurs in Asian Maritime Trade, c. 1400-1750, Stuttgart 1991.

war.[28] In der militärischen Überlegenheit, der »militärischen Revolution«, die seit 1500 in Europa stattfand, liegt der eigentliche Grund, warum Europa in Asien eindringen konnte.[29] Die chinesischen Kriegsdschunken, die das hätten verwehren können, hatten 70 Jahre zuvor das Feld geräumt. Die indischen Moguln, die persischen Safawiden und die chinesischen Ming (nach 1433) waren als Teil des kontinentalen Asiens keine Seemächte, konnten von der Seemacht Portugal aber auch nicht erobert werden. Dennoch wurde rasch klar, welcher Aufwand notwendig war, um wenigstens im maritimen Asien eine Umleitung des Fernhandels auf die neue Route, die Carreira da Índia, zu erzwingen.

Allerdings bot sich eine Alternative, die erklärt, warum Tordesillas auch im Osten Konsequenzen hatte. Wenn man die Länder nicht erobern konnte und auch nicht wettbewerbsfähig war, um sich kommerziell durchzusetzen, dann war man vielleicht stark genug, das Meer, die vom Monsun bestimmten Routen und Liegeplätze, zu kontrollieren, die einheimischen Händler zu besteuern und so die erhoffte Rente zu erzielen. Aus dieser Überlegung resultierte 1504 die Gründung des Estado da Índia mit der Hauptstadt Goa (1510) auf einer Insel vor der Westküste Indiens.[30] Dem Anspruch nach sollte er vom Kap an der Südspitze Afrikas bis

28 Carlo M. Cipolla, *Segel und Kanonen. Die europäische Expansion zur See*, Berlin 1999.

29 Geoffrey Parker, *Die militärische Revolution. Die Kriegskunst und der Aufstieg des Westens 1500-1800*, Frankfurt 1990.

30 Peter Feldbauer, *Estado da India. Die Portugiesen in Asien 1498-1620*, Wien 2003.

Japan reichen. Das portugiesische Verständnis von »Indien« schloß das Becken des Indiks und das gesamte maritime Asien ein! Zug um Zug wurden unter Führung des zweiten Vizekönigs, Alfonso de Albuquerque (reg. 1509-1515) entlang der ostafrikanischen Küste und von Hormus im Westen bis Malakka im Osten Forts und Hafenkolonien errichtet. Mindestens an der westindischen Küste war man so erfolgreich, daß sich der Handel durch die Ausgabe von Pässen (Cartaz-System) besteuern ließ, um die hohen Beherrschungskosten vor Ort zu finanzieren. Das andere Ziel, die Blockade der Route durch den Persischen Golf, gelang mit safawidischer Hilfe so halbwegs, während die Sperrung des Roten Meers mißlang, nachdem man mehrfach vergeblich versucht hatte, Aden zu erobern.

Den Estado jenseits der Malakka-Straße auszudehnen scheiterte vollends. China weigerte sich 1520/21 gegenüber dem Kaufmann und Diplomaten Fernão Pires, mit Portugal Handelsbeziehungen aufzunehmen, und duldete lediglich seit 1522 die winzige Enklave Macau im Perlflußdelta, über die ein spärlicher Außenhandel abgewickelt wurde. In Japan faßten die Portugiesen ab 1543 Fuß, durften aber lediglich eine Karacke pro Jahr von Macau nach Nagasaki entsenden, bis sie 1639 aus Japan vertrieben wurden, weil die Jesuiten sich zu sehr in die Innenpolitik eingemischt hatten. Der Kontakt dieser einen Karacke prägte mehr als 100 Jahre lang das europäische Bild von Japan. Jedenfalls tat sich rasch ein Gegensatz zwischen der Zentrale in Lissabon und den Machthabern in Goa auf. Die Krone wollte möglichst viel Handel auf die Carreira da Índia umlenken, der als reiner Staatshandel die Einnahmen des armen Landes erhöhen sollte. Goa wollte das innerasiatische Handelsnetz und damit klammheimlich auch die alten Routen erhalten, um es besteuern zu können und so die Kosten für Staat und Kirche im Estado da Índia zu decken.

Im Unterschied zu Amerika blieb die Durchdringung Asiens auf dessen maritimen Teil begrenzt, waren die Portugiesen nur Teilnehmer am innerasiatischen Seehandel, ohne ihn zu beherrschen.[31] Die Hochkulturen des kontinentalen Asiens blieben nahezu unberührt. Es gab keine nennenswerte christliche Missionierung, auch keine starken christlichen Bündnispartner gegen die Muslime, keine portugiesische Siedlungsauswanderung, keine Plantagenwirtschaft und keinen Edelmetallbergbau, keine Veränderung der internationalen Arbeitsteilung. Selbst das ursprüngliche Ziel wurde verfehlt, den Fernhandel von den alten auf die neue Route umzuleiten. Insofern irren sich Immanuel Wallerstein und der frühe André Gunder Frank grandios, wenn sie den Beginn des modernen Weltsystems auf die erste Kolumbus-Reise 1492 datieren und hier den Beginn des Kapitalismus verorten.[32] Feststellen mußten die Portugiesen auch, daß der Islam sich erst kurz zuvor im Gefolge arabischer Fernhändler auf der Malaiischen Halbinsel und in der indonesischen Inselwelt bis zu

31 Michael N. Pearson, *Merchants and Rulers in Gujarat. The Response to the Portuguese in the Sixteenth Century*, Berkeley 1976.

32 James M. Blaut (Hg.), *1492. The Debate on Colonialism, Eurocentrism and History*, Trenton 1992.

den südlichen Philippinen ausgedehnt hatte, so daß man auch hier auf harte kommerzielle und sogar religiöse Konkurrenz traf. Im Rücken der Muslime gab es weitere Muslime, war der Islam dem Christentum zuvorgekommen. Festzuhalten bleibt allerdings, daß Portugal mit seinen Forts, Hafenkolonien, Werften und Faktoreien das existierende Handelsnetz ausbaute und vor allem schützte. Die Gegenleistung für die Besteuerung war Ordnung, so daß die asiatischen Händler womöglich gern zahlten. In den Hafenstädten des Estado wurde immerhin das Portugiesische zur neuen Lingua franca. Insofern hatte Portugal doch das Vakuum gefüllt, das die Ming-Flotten hinterlassen hatten.

Wieso konnte Portugal zur See überlegen sein? China hatte das Feld freiwillig geräumt. Hätte es seine Präsenz behauptet, hätte es keinen Estado da Índia gegeben. Daß man den arabischen Dhaus, die auf indischen Werften gebaut wurden, überlegen war, lag daran, daß Portugal in Europa der maritime Vorreiter war, der die geruderte Galeere durch das Segel ablöste.[33] Bis zur Frühen Neuzeit war die im Mittelmeer gebaute Kriegsgaleere das Hauptkampfschiff, deren Bauprinzipien sich seit der Antike kaum verändert hatten. Segelschiffe wurden im Mittelmeer nur als Fracht-, aber nicht als Kriegsschiffe genutzt. Portugal, durch seine Fischerei mit dem viel raueren Atlantik vertraut, hatte die Schiffsbaulinie von Nord- und Ostsee mit der mediterranen ver-

33 John Francis Guilmartin Jr., *Gunpowder and Galleys. Changing Technology and Mediterranean Warfare at Sea in the Sixteenth Century*, Cambridge 1974.

einigt und die jeweiligen Vorzüge kombiniert.[34] So wurden erst die Karavelle, das Entdeckerschiff, und später die Galeone, das Erobererschiff, kreiert. Die Galeone hatte zwei Kastelle, Lateinbeseglung am Heckmast, die das Kreuzen gegen den Wind erlaubte, Heckruder und hohe Bordwände, so daß viele Kanonen postiert werden konnten. Dies war wegen der Ruder auf der Galeere nur an Bug und Heck möglich. Die Galeerentaktik bestand darin, eine feindliche Galeere zu rammen, längsseits zu gehen und Mann gegen Mann auf Deck zu kämpfen. Da jeder Ruderer zugleich Kämpfer sein konnte, war eine Kriegsgaleere mit 300 bis 400 Mann eine beträchtliche Streitmacht. Die Taktik der Galeone bestand darin, ein gegnerisches Schiff aus der Distanz zu beschießen, also statt des Kampfes Mann gegen Mann den Kampf Schiff gegen Schiff zu suchen. Auf den hohen Kastellen gingen Bogenschützen in Stellung. Hinzu kam der viel weitere Einsatzradius. Mit einer Galeere konnte man schwerlich um Afrika herum nach Asien gelangen, weil die Mannschaft viel Platz beanspruchte. Mit der Galeone konnte man als schwimmende Festung jeden Hafen der Welt ansteuern, ihn blockieren, Ziele an Land beschießen ggf. auch Landeunternehmen durchführen und zur See feindliche Schiffe bekämpfen oder Frachtschiffe kapern. Einen vergleichbaren Schiffstyp gab es in Asien nicht mehr, seit die chinesische Kriegsflotte abgewrackt worden war. Eine einzige Seeschlacht vor Diu hatte 1509 den durch-

34 Carlo M. Cipolla, *Guns, Sails and Empires. Technological Innovation and the Early Phases of European Expansion 1400-1700*, o. O. 1965.

schlagenden Erfolg der Galeone für die nächsten 100 Jahre demonstriert.

Nur die Osmanen suchten ab 1517 den Portugiesen die Seeherrschaft im Indik streitig zu machen.[35] Dabei vertrauten sie weiter auf die Galeerentechnik, als sie von Suez aus das Rote Meer befuhren, an der ostafrikanischen Küste vordrangen bzw. um die Arabische Halbinsel herum bis in den Persischen Golf und zur nordindischen Küste gelangten. Dort waren sie aber den portugiesischen Galeonen nicht gewachsen, wie umgekehrt die osmanischen Galeeren in den seichten Küstengewässern des Roten Meeres den Galeonen überlegen waren. Dieses Patt ist eine weitere Erklärung für die Beharrungsfähigkeit des alten Weltsystems. Es macht aber deutlich, daß es nicht nur den europäischen, sondern auch den osmanischen wie zuvor den arabischen Aufbruch nach Asien gegeben hat. Die Osmanen wollten ihre muslimischen Brüder gegen die christlichen Eindringlinge schützen und die alten Handelsrouten behaupten, womöglich eine Pax Osmanica im Indik errichten. Der weiteste osmanische Hilfskonvoi ging bis Aceh auf Sumatra. Am Ende zogen sich die Osmanen freiwillig zurück, weil sich auch bei ihnen wie bei den Ming 150 Jahre zuvor die Landmacht- gegen die Seemacht-Fraktion durchsetzte und statt dessen der Vormarsch auf dem Balkan forciert wurde.

35 Palmira Brummet, *Ottoman Seapower and Levantine Diplomacy in the Age of Discovery*, Albany 1994; Abbas Hamdani, »Ottoman Response to the Discovery of America and the New Route to India«, in: *Journal of the American Oriental Society* 101/3 (1981), S. 323-330.

Die Konstellation des osmanisch-portugiesischen Patts änderte sich erst Ende des 16. Jahrhunderts, als mit den Niederländern eine neue europäische Macht in den asiatischen Gewässern aufkreuzte,[36] der wenig später die ersten englischen Schiffe folgten. Im Unterschied zu Portugal war aber nicht die Krone, sondern waren zwei private Aktiengesellschaften, die niederländische Vereenigde Oost-Indische Compagnie (VOC), gegründet 1602, und die englische East India Company (EIC), gegründet 1600, die Akteure.[37] Beide waren mit Privilegien ausgestattet, durften politische und militärische Aufgaben bis hin zum Abschluss völkerrechtlicher Verträge mit lokalen Fürsten wahrnehmen. Ihre Charta verlieh der VOC das Handelsmonopol vom Kap der Guten Hoffnung bis zur Magellan-Straße, während die West-Indische Compagnie (WIC), 1621 gegründet, das Monopol für den Atlantik und damit den Afrika- und Amerikahandel hatte. Im Verständnis der Niederländer bezog sich »Ostindien« auf den gesamten Indik und Pazifik, übertraf also das portugiesische Verständnis des Estado um das Doppelte. VOC und WIC hatten die Welt genauso untereinander aufgeteilt wie Portugal und Kastilien rund 100 Jahre zuvor. Allerdings hatten die

36 Charles A. Boxer, *The Dutch Seaborne Empire 1600-1800*, Harmondsworth 1973.

37 Kirti N. Chaudhuri, *The Trading World of Asia and the English East India Company 1660-1760*, Cambridge 1978; James D. Tracy (Hg.), *The Rise of the Merchant Empires. Long-distance Trade in the Early Modern World*, Cambridge 1993.

Niederländer und Engländer kapitalistische, auf Handelsprofit ausgerichtete Interessen und keine feudalen, auf Renten orientierte wie die Iberer. Entsandt wurden auch nicht nachgeborene Adlige, die zu Hause zu kurz gekommen waren und in Asien ihren feudalen Lebensstil fortsetzten, aber von Kommerz keine Ahnung hatten, auch keine katholischen Priester und Mönche, die missionieren und prunkvolle Kirchen und Klöster bauen wollten, um die einheimische Bevölkerung zu beeindrucken, sondern protestantische Kaufleute, die eine möglichst hohe Rendite für ihre Aktionäre in Amsterdam und London zu erzielen hatten.

Ferner hatten sie als »Freerider« die hohen Transaktionskosten nicht zu zahlen, die Portugal als Entdeckernation aufbringen mußte, bis der Seeweg nach Indien gefunden war. Und schließlich vermochten sie aus den Fehlern der Portugiesen zu lernen. Der Niederländer Jan Huyghen van Linschoten, 1581-1587 Sekretär des Erzbischofs von Goa, hatte 1595/96 mit seinem *Itinerario* einen umfassenden Bericht über den Estado geliefert. Cornelis de Houtman hatte seit 1592 heimlich Asien-Karten in Lissabon gekauft. Eine Erkenntnis lautete, sich zuerst nach Indonesien und nicht nach Indien zu wenden, nicht das Pfeffer-, sondern das Gewürzgeschäft unter Kontrolle zu bringen. Der Vorteil war, daß man vom Kap quer durch den Indik nach Java fuhr, keine Forts an der ostafrikanischen Küste unterhalten mußte und vor allem, daß man von den Perioden des Monsuns im Arabischen Meer unabhängig wurde. So konnte man ganzjährig segeln, was die Umschlagzeit der Schiffe und damit die Profitabilität der Route deutlich erhöhte. Auch wußte man, daß die militärische Position Portugals in Indien vergleichsweise stark, in Indonesien aber nur schwach war, ging es doch erstmals nicht nur darum, sich in Asien durchzusetzen, sondern zugleich eine andere europäische Macht zu verdrängen. Auch gab es in Indonesien kein mächtiges Reich wie in Indien. Aus diesen Überlegungen resultierte 1652 die Gründung der Kapkolonie an der südlichen Spitze Afrikas, auf die Portugal verzichtet hatte.

Möglich war der innereuropäische Verdrängungswettbewerb, weil die Niederlande zur führenden Schiffbaunation in Europa aufgestiegen waren. Die militärische Version der Fleute, das Linienschiff, war den portugiesischen Galeonen in vieler Hinsicht überlegen. Deshalb vermochten die Niederländer, Portugal den Estado Stück um Stück zu entreißen und sich sowohl in Ceylon (Zimthandel) wie in der Malakka-Straße (Zwischenhandel mit China) festzusetzen. Da ihre Schiffe so wettbewerbsfähig waren, daß die Marge zwischen Ankaufspreis in Asien und den Abgabepreisen auf den europäischen Märkten nicht mehr durch die Transaktionskosten um Afrika herum kompensiert wurden, gelang es im 17. Jahrhundert tatsächlich, den Fernhandel von den alten auf die neue Route umzuleiten.[38] Nicht mehr Venedig, Lissabon und Antwerpen (Spanische Niederlande), sondern Amsterdam wurde zum europäischen Zentrum des Asienhandels. Dem hatten weder die Osmanen noch die Venezianer viel entgegenzuset-

38 Niels Steensgard, *The Asian Trade Revolution of the Seventeenth Century. The East India Companies and the Decline of the Caravan Trade*, Chicago 1974.

zen, während es den asiatischen Produzenten gleichgültig sein konnte, wer ihre Abnehmer waren, solange diese nur mit Silber bezahlten. Die Niederlande waren als das größere und wohlhabendere Land in der Lage, mehr Schiffe und mehr Menschen nach Asien zu schikken, so daß sie sich zumindest auf Java, Sumatra und den Molukken festsetzen konnten. Das arme Portugal wollte durch den Asienhandel reich werden, die Niederlande waren in Europa, nachdem sie die Hanse verdrängt hatten, durch den Nord- und Ostseehandel bereits reich geworden, bevor sie in den Asienhandel eindrangen.

Von besonderer Tragweite war ein ordnungspolitischer Konflikt mit Portugal/Spanien, die seit 1580 in Personalunion vereinigt waren, ohne die portugiesischen Rechte im Estado anzutasten. Die Niederländer waren nämlich nicht nur Freerider der Portugiesen, sondern sie stellten auch das Konzept des Mare clausum, das in Tordesillas vereinbart worden war, und dessen Renteneinkünfte in Frage. Anlaß war die Kaperung einer portugiesischen Karacke durch einen niederländischen Freibeuter in der Straße von Malakka 1603, die als St.-Catarina-Zwischenfall in die Geschichte der Internationalen Politischen Ökonomie eingehen sollte.[39] Die Prise wurde in Emden versteigert und erbrachte so außer-

39 Marine Julia van Ittersum, »Hugo Grotius in Context. Van Heemskerk's Capture of the Santa Catarina and Its Justification in De Jure Praédae (1604-1606)«, in: *Asian Journal of Social Science* 31/3 (2003), S. 511-548, dies., *Profit and Principle. Hugo Grotius, Natural Rights Theories and the Rise of Dutch Power in the East Indies (1595-1615)*, Leiden 2006; Mónica Brito Viera, »Mare Liberum vs. Mare Clausum. Grotius, Freitas, and Selden's

ordentliche Einnahmen für die VOC, daß den calvinistischen Aktionären Skrupel kamen, ob die Kaperung ethisch vertretbar sei. Der damals noch junge Jurist Hugo Grotius bekam den Auftrag, ein Gutachten über deren Rechtmäßigkeit zu verfassen.[40] Das Ergebnis, *De jure praedae* (Über das Prisenrecht), wurde unter Verschluß gehalten und nur ein Kapitel unter dem Titel *Mare liberum* (Von der Freiheit des Meeres) 1609 zunächst anonym veröffentlicht. Darin lieferte Grotius eine naturrechtliche Begründung, der das Freihandelsprinzip des 19. Jahrhunderts vorwegnahm. Besitz könne nur das Resultat von Arbeit sein. Da man das Meer aber schwerlich bearbeiten könne, könne es auch niemandem gehören, sondern stehe jedermann zur freien Nutzung offen. Insofern sei jeder Akt legitim, der der Durchsetzung des Prinzips »Freiheit der Meere« diene. Da die finanzielle Grundlage zur Durchsetzung des illegitimen Mare-clausum-Anspruchs der Handel mit und in Asien sei, sei auch die Kaperung einer portugiesischen Karacke zulässig, da sie diesen Anspruch schwäche. Diese Argumentation galt implizit auch für die Kaperung der spanischen Silberflotte in der Karibik.

Die spanische Krone war alarmiert, nicht nur wegen des außerordentlichen wirtschaftlichen Verlustes, sondern auch, weil ihr dämmerte, daß hier ein grundsätzlicher Angriff auf den Tordesillas-Vertrag vorgetragen

Debate on Dominion over the Seas«, in: *Journal of the History of Ideas* 64/3 (2003), S. 361-377.

40 Eric Wilson, *The Savage Republic. De Indis of Hugo Grotius, Republicanism, and Dutch Hegemony in the Early Modern World-System (c. 1600-1619)*, Leiden 2008.

wurde. Seraphim de Freitas, ein spanischer Kleriker, wurde 1625 mit einem Gegengutachten beauftragt, das alle Argumente zusammentrug, um den spanisch-portugiesischen Anspruch zu verteidigen: Schiedsspruch des Papstes; Recht des Entdeckers, der auch die Entdekkungskosten getragen habe; Niederlande als Teil des spanischen Imperiums an den Tordesillas-Vertrag gebunden und andere.[41]

Die Teilung des Estado da Índia zwischen VOC und EIC

Während der Streit völkerrechtlich unentschieden blieb, wurde er faktisch entschieden, weil weder Portugiesen noch Spanier in ihren jeweiligen Welthälften dauerhaft in der Lage waren, den Mare-clausum-Anspruch gegen Niederländer, Engländer und Franzosen durchzusetzen. Der englische Geograph und Schriftsteller Richard Hakluyt hatte bereits 1589 bzw. 1598-1600 mit seinem Werk *The Principal Navigations, Voyages and Discoveries of the English Nation* den Monopolanspruch der Iberer auf die nichteuropäische Welt in Frage gestellt. Ungeklärt blieb lediglich zwischen VOC und EIC, wer sich in Asien durchsetzen würde. Nach drei Kolonialkonferenzen und etlichen Seegefechten in asiatischen Gewässern wurde 1619 in London schließlich ein Kom-

41 Seraphim de Freitas, *Über die rechtmäßige Herrschaft der Portugiesen in Asien. Freitas gegen Grotius im Kampf um die Freiheit der Meere*, übersetzt und eingeleitet von Jörg P. Hardegen, Dissertationsschrift Kiel 1976.

promiß, das »protestantische Tordesillas«, gefunden, der den Estado da Índia in zwei Zonen aufteilte.[42] »Britisch-Indien« wurde zum Geschäftsfeld der EIC und »Niederländisch-Indien« zum Geschäftsfeld der VOC. Das europäische Konstrukt »Indien« fächerte sich auf.

Während es für die Niederländer ein Leichtes war, die östliche Hälfte des Estado den Portugiesen abzuringen, da diese jenseits von Malakka bis auf Macau, das faktisch unter chinesischem Schutz stand, militärisch zu schwach waren, war der Widerstand in Indien härter. Ein englisch-persisches Bündnis (1622) schwächte die portugiesische Position in Hormus am Eingang des Persischen Golfes, der seitdem nicht mehr zu kontrollieren war. 1635 kam es schließlich zum Vertrag von Goa, der den Estado für englische Schiffe öffnete. Mit Ende der Personalunion 1640 wurde Portugal wieder souverän und suchte ohne den spanischen Beistand die Anlehnung an England, um den Rest seines Kolonialreichs zu behaupten. 1642 akzeptierte es auch juristisch das Prinzip des Mare liberum und ließ England am lukrativen Sklavenhandel zwischen Westafrika und der Karibik teilnehmen. Im Zuge der Verhandlungen von Münster und Osnabrück, die 1648 zur völkerrechtlichen Souveränität der sieben niederländischen Provinzen geführt hatten, wurde 1641 der Präliminarfrieden von Hamburg geschlossen, in dem Spanien den Niederlanden die Schlüsselstellung Malakka und diverse Stützpunkte in Asien und Afrika überließ. Seitdem war ein

42 George N. Clark und Willem J. M. Eysinga, »The Colonial Conferences between England and the Netherlands 1613 and 1615«, in: Bibliotheka Visseriana 15 1940.

englisch-niederländisches Kondominium an die Stelle des Estado in Asien getreten.

Trotz aller Gemeinsamkeiten zwischen VOC und EIC sind die Unterschiede zu betonen.[43] Während die Niederlande im 17. Jahrhundert als weltweit führende Handelsmacht und in Europa als führende Manufakturmacht trotz der Monopole von VOC und WIC eine liberale bzw. gar keine Wirtschaftspolitik betrieben, verfolgte das noch unterlegene England seit 1651 mit der Navigationsakte einen merkantilistischen Kurs, der sich in der Debatte mit Grotius schon angedeutet hatte. Ein Ziel war, den Asienhandel auf englischen Schiffen abzuwickeln und, gestützt auf den Staple Act von 1663, London anstelle von Amsterdam zum europäischen Handelszentrum zu machen. Klassische Kolonialgesellschaften handelten mit »Kolonialwaren«, die im Mutterland verarbeitet wurden. Dazu gehörten neben Pfeffer und anderen Gewürzen Farbstoffe, Pelze, Zucker, Tabak, Kaffee und Tee, um nur die wichtigsten zu nennen. Das eigentliche Kerngeschäft der EIC bestand hingegen in der Produktion und im Handel mit Baumwolltextilien, also Fabrikaten, die in Konkurrenz zur wichtigsten heimischen Manufakturbranche, der Wollindustrie, standen. Die VOC handelte mit Produkten, die in den Niederlanden konkurrenzlos waren. Lediglich die Delfter Kachelindustrie war eine Branche, die auf den Porzellanimport aus China reagierte.

Das Interesse der VOC war demzufolge, die Handels-

43 Bob Moore und Henk van Nierop (Hg.), *Colonial Empires Compared. Britain and the Netherlands, 1750-1850*, Aldershot 2003.

zentren zu kontrollieren. Nach Gründung von Batavia (1613) als Verwaltungssitz und Stapelplatz von Niederländisch-Indien, das dem Anspruch nach von Ceylon bis Japan reichte, offenbarte sich derselbe Grundkonflikt wie 100 Jahre zuvor bei der Gründung des Estado in Goa. Die Amsterdamer Direktoren der VOC hatten das vorrangige Interesse, für ihre Aktionäre eine möglichst hohe Rendite zu erzielen. Jan Pieterszoon Coen, Eroberer und erster Generalgouverneur in Batavia, wollte wie zuvor Albuquerque regelrechte Kolonisierung betreiben durch Ansiedlung von Niederländern und durch den Ausbau von Flotte und Forts. Der Handelsprofit sollte vor Ort investiert werden und nicht nach Amsterdam abfließen. Was er nicht wollte, war die Mission. Den großen baulichen Aufwand der Jesuiten in Asien ersparten sich die calvinistischen Niederländer. Insofern haben sie kulturell viel weniger Spuren als Portugal hinterlassen.[44] Insbesondere gelang es nicht, das Portugiesische im Handel als Lingua franca durch das Niederländische zu ersetzen. Das sollte erst im 18./19. Jahrhundert den Engländern mit dem Englischen gelingen. Coen war wie Albuquerque nur bedingt erfolgreich. Den Höhepunkt ihres Einflusses erreichte die VOC zwischen 1650 und 1670. Erst seitdem ging der Asienhandel auf den alten Routen wirklich dem Ende entgegen und war die Macht Venedigs in Europa dahin. Nur gegenüber China und Japan war selbst die VOC machtlos. Nach der Vertreibung der Jesuiten

44 Kees Zandvliet, *The Dutch Encounter with Asia 1600-1950*, Amsterdam 2002.

(1639) verfolgte Japan einen noch radikaleren Isolationismus als China. Lediglich die Niederländer wurden als einzige »Westler« auf der künstlichen Insel Deshima in der Bucht von Nagasaki mit ihrer Faktorei geduldet. Immerhin war sie Japans Tor zur Welt, durch das Informationen politischer und technischer Art ins Land kamen. Westliche Wissenschaft firmierte in Japan als »Holländische Wissenschaft«.[45]

Mit China war man noch erfolgloser.[46] 1656 war die erste Mission nach Peking entsandt worden, die ohne Ergebnis zurückkehrte. Immerhin konnte die VOC 1624 auf Taiwan (portugiesisch: Formosa) das Fort Zeelandia gründen. Nach dem Dynastiewechsel von den Ming auf die Ching war die niederländische Position 1662 nicht mehr zu halten, weil sich die Ming-Loyalisten auf die Insel zurückzogen. Der Handel mit China bedurfte immer chinesischer Mittelsmänner. Deren Dschunken segelten nach Manila, über das Spanien weiter im Asienhandel aktiv blieb, oder nach Batavia, das bereits über eine Chinatown verfügte, bevor es auf den Resten des alten javanischen Djakarta gegründet worden war.

Ganz anders als die VOC operierte die EIC. Auch hier gab es den Interessenkonflikt zwischen der Londoner Zentrale und den Gouverneuren vor Ort, der aber zugunsten der Gouverneure in Indien entschieden wurde. Die EIC setzte sich zunächst an der indischen Ost-

45 Doris Croissant und Lothar Ledderose (Hg.), *Japan und Europa 1543-1929*, Berlin 1993.

46 Jürgen Osterhammel, *China und die Weltgesellschaft. Vom 18. Jahrhundert bis in unsere Zeit*, München 1989.

küste fest, weil dort die portugiesische Position schwächer war, und verfolgte in Bengalen, dem Zentrum der indischen Baumwollindustrie, eine territoriale Eroberungspolitik. Erst jetzt begann der Angriff auf das kontinentale Asien. Hauptsitze der EIC waren das 1639 eroberte Madras, Bombay, 1661 als Mitgift der Portugiesin Katharina von Braganza in die Ehe mit Charles II. eingebracht, und seit 1690 Kalkutta als Neugründung im Delta von Ganges und Brahmaputra. Die EIC beschäftigte in Bengalen nicht nur viele Weber und Spinnerinnen, sondern war über den Territorialbesitz auch in der Lage, sich einen beträchtlichen Teil der Grundrente anzueignen. Seit 1717 vermochte sie gegenüber dem Mogulkaiser die Zollbefreiung durchzusetzen.

Nach dem Kompromiß mit der VOC und der Unterordnung Portugals ging es um die Abwehr eines dritten europäischen Konkurrenten. Frankreich verfolgte, seit dort der Merkantilismus unter der Ägide von Richelieu und Colbert zum System entwickelt worden war, eine verspätete Flotten- und Kolonialpolitik in der spanischen (Kanada, Louisiana, Karibik) wie in der portugiesischen Hälfte (Indien) von Tordesillas. Der globale Konflikt zwischen den aufstrebenden Imperien England und Frankreich wurde im 18. Jahrhundert auf drei Kontinenten (Europa, Nordamerika, Indien) zu Lande und zu Wasser ausgetragen und endete mit einer französischen Niederlage, die im Frieden von Paris (1763) besiegelt wurde. Frankreich verlor sein erstes Empire, nahezu alle überseeischen Besitzungen, damit auch die indischen Faktoreien und Stützpunkte und die Teilnahme am Asienhandel. Während des zweiten Empires sollten die Franzosen im 19. Jahrhundert nochmals nach »Indochina« (bestehend aus Vietnam, Laos und Kambodscha), eine weitere Differenzierung des Begriffs »Indien«, zurückkehren. Für den Aufstieg Englands zur Weltmacht war 1763 das wichtigste Datum überhaupt. Seitdem wurde die englische Position in Indien von keiner europäischen Macht mehr in Frage gestellt, verlagerte sich der Schwerpunkt der überseeischen Besitzungen von Neuengland nach Indien, konnte der Verlust des ersten Empire durch die Unabhängigkeit der nordamerikanischen Kolonien mit dem indienzentrierten zweiten Empire kompensiert werden. Insofern war der wachsende englische Einfluß in Asien die Konsequenz des schwindenden Einflusses in Amerika, ein weiteres Beispiel, daß spätestens seit Tordesillas immer eine globale Perspektive zum Verständnis regionaler Ereignisse notwendig ist.

Der englische Merkantilismus und der Niedergang »Indiens«

Die eigentliche Herausforderung für die EIC kam von innenpolitischer Seite. 1696 begann in England eine protektionistische Debatte, die sich gegen den Import von Baumwolltextilien aus Indien zu Lasten der heimischen Wollindustrie richtete. 1776 arbeiteten allein in Dhaka 25 000 Weber und 800 000 Spinnerinnen für die EIC. Heute ist die Stadt wieder Zentrum der Textilindustrie. Konsequenz der Debatte waren die zwischen

1690 und 1721 immer weiter verschärften Calico Acts, abgeleitet vom indischen Calicut. Eine grobe Schätzung des Weltsozialprodukts für das Jahr 1700 besagt, daß etwa 22,3 Prozent auf Indien und 24,4 Prozent auf China bzw. 61,7 Prozent auf Asien insgesamt, aber nur 2,9 Prozent auf England bzw. 22,5 Prozent auf Westeuropa entfielen.[47] Dies unterstreicht auch quantitativ, daß noch 200 Jahre nach dem Aufkreuzen der Portugiesen und 100 Jahre nach dem Eindringen der Niederländer und Engländer Europa weit davon entfernt war, wirtschaftlich überlegen zu sein. Selbst pro Kopf war das Einkommen nur etwa doppelt so hoch wie in Asien. Lediglich die Niederlande und England dürften den dreifachen Wert von China und Indien erreicht haben. Der Mythos von den Schätzen Asiens, der bis zum Ende des 18. Jahrhunderts allegorische Darstellungen über die Beziehungen zwischen Europa und Asien beflügelte, hatte noch einen sehr realen Hintergrund. Auch wenn das asiatische Sozialprodukt vorrangig durch die Landwirtschaft erzeugt wurde, so dürfte doch ein ähnlich hoher Anteil Asiens auf das weltweite Industrieprodukt entfallen sein, wobei die Textilindustrie (Baumwolle in Indien, Seide in China) die mit Abstand wichtigste Branche war. Der seitdem einsetzende Niedergang der asiatischen Textilindustrie wurde also nicht durch die europäische Konkurrenz, so das dependenztheoretische Argument, sondern durch den Protektionismus des industriellen Vorreiters in Europa aus-

47 Angus Maddison, *The World Economy. A Millennial Perspective*, Paris 2001, S. 263f.

gelöst, der gegenüber Asien noch lange Nachzügler blieb.

Die EIC musste auf die hohen Einfuhrzölle für indische Baumwolltextilien reagieren. Seit etwa 1720 engagierte sie sich in der Spinnerei und Weberei von Lancashire, um Rohbaumwolle zu verarbeiten, die wegen der Transportkosten nicht aus Indien, sondern aus Ägypten und der Türkei stammte. Die Konsequenz für Indien war, daß das Geschäft mit Europa rückläufig wurde. Ferner suchte die EIC nach einem neuen Geschäftsfeld und fand dieses im Tee, der ursprünglich ausschließlich in China angebaut wurde. 1711 wurde die erste Faktorei der EIC in Kanton gegründet, das unter strikter bürokratischer Kontrolle neben Macau zu Chinas Tor zur Welt avancierte, ohne daß von einer Öffnung des Landes gesprochen werden konnte. Am Ende gab es außerhalb der Stadtmauer 13 Faktoreien diverser Nationalitäten, die aber nicht ganzjährig Handel treiben durften.

Dem zweiten Vorwurf der Merkantilisten, daß die EIC die englische Volkswirtschaft durch den aus dem Asienhandel resultierenden Silberabfluß schädige, war damit noch nicht begegnet. Auch der Tee mußte mit Silber bezahlt werden, weil in China wie in Indien englische Waren weiterhin nicht absetzbar waren. Dieses Problem wurde erst gelöst, seit die EIC Teepflanzen aus China herausgeschmuggelt hatte und begann, Tee (Darjeeling, Assam) in Indien anzubauen, statt in China zu kaufen. Ferner war man auf die Idee verfallen, in Bengalen Opium zu erzeugen, das in China einen rasch wachsenden Markt fand. Die von den chinesischen Behörden immer wieder verhängten Importverbote wurden durch Schmuggel unterlaufen. Der englisch-asiatische Handel wurde demnach bilanztechnisch durch den doppelten Schmuggel auf kriminelle Weise ausgeglichen. Erst ab 1772-74 übertraf das Teegeschäft der EIC das Baumwollgeschäft.

1757 (Schlacht bei Plassey) begann die territoriale Expansion der EIC über Bengalen hinaus, der das im Niedergang befindliche Mogulreich wegen der besseren Bewaffnung der englischen Armeen wenig entgegenzusetzen hatte. Die EIC mutierte vollends von einer Handels- zu einer Territorialmacht. Auch so ließ sich der nachlassende Einfluß im Mutterland kompensieren. Was Albuquerque und Coen nicht gelungen war, sollten Robert Clive und Warren Hastings als den großen englischen Conquistadoren gelingen. Im Zuge der Eroberung entstand das Konstrukt des modernen »Indiens« auf den Trümmern des Mogulreichs, das sich aus dem Territorialbesitz der EIC im hinduistischen Süden und im muslimischen Norden zusammensetzte und durchsetzt war von Inseln, in denen die Maharadschas sich unter britischer Oberhoheit behaupten durften. Dieses Konstrukt reichte am Ende weit über das heutige Indien hinaus und umfasste Pakistan im Westen, Bangladesch, Sri Lanka und Burma im Osten. Auch auf der Malaiischen Halbinsel wurde der Einfluß der Niederländer zurückgedrängt.

Der wirtschaftliche Niedergang setzte in Indien erst Ende des 18. Jahrhunderts ein. 1767 wurde in England ein Wettbewerb zur Konstruktion einer Maschine ausgeschrieben, die den Vorteil der höheren Arbeitsproduktivität der bengalischen Spinnerinnen aufgrund überlegener Feinmotorik brechen sollte. Das Resultat war die berühmte »Jenny«, der weitere verbesserte Spinnmaschinen folgen sollten. Wäre der Erfinder, James Hargreaves, Sinologe gewesen, hätte er sich am chinesischen Modell aus der Song-Zeit orientieren können. Die Mechanisierung der Baumwollspinnerei und der Baumwollweberei verdrängte die europäische Hausindustrie. Die Baumwollindustrie wanderte von Asien nach Europa und wurde neben der Montanindustrie zum zweiten Leitsektor der industriellen Revolution. Sie sorgte dafür, daß England nach 1780 von der Handels- auch zur Industriemacht aufstieg, der die asiatischen Manufakturländer wenig entgegenzusetzen hatten. Die indische Textilindustrie wurde niederkonkurriert, weil sie den Importen aus England schutzlos ausgeliefert war. Nur die chinesische Hausindustrie blieb vorerst erhalten, weil sie weiterhin unter dem Schutz des chinesischen Isolationismus stand. Auch diverse britische Gesandtschaften, so Lord McCartney (1792-1794), waren vom Kaiserhof unverrichteter Dinge zurückgekehrt. Das Ablehnungsschreiben war schon formuliert, bevor die Verhandlungen überhaupt begonnen hatten. Die mitgeführten Geschenke, die als Musterkollektion der technischen Leistungsfähigkeit Englands gedacht waren, wurden als Tributgeschenke gedeutet, für die man keinen Bedarf zu haben glaubte. Dieses interkulturelle Mißverständnis sollte fünfzig Jahre später mit Gewalt ausgeräumt werden.[48]

48 Robert A. Bickers (Hg.), *Ritual & Diplomacy. The Macartney Mission to China 1792-1794*, London 1993; Aubrey Singer, *The Lion and the Dragon. The Story of the First British Embassy to the*

Englands Aufstieg zur Industriemacht hatte auch eine ordnungspolitische Folge. Die alte Debatte über die Freiheit der Meere wurde mit verkehrten Vorzeichen wieder aufgenommen. Seit die Liberalen in den 1830er Jahren im britischen Unterhaus die Mehrheit errungen hatten, wurden Zug um Zug die Pfeiler des Merkantilismus (Navigationsakte, Stapelakte, Calico-Gesetze, Kornzölle etc.) niedergelegt. Das Land ging, gestützt auf die Außenhandels- und Rententheorie David Ricardos, seit Mitte der 1840er Jahre zunächst einseitig zum Freihandel über, um in der Folgezeit durch eine Kette bilateraler Freihandelsverträge, die durch die Meistbegünstigungsklausel miteinander verknüpft waren, den Freihandel zwischen den europäischen Ländern zum System auszubauen. Ricardos Argument lautete, daß internationale Arbeitsteilung nach Maßgabe komparativer Vorteile für alle von Vorteil sei, soweit nicht Zölle oder Handelsverbote deren Wirkung aufhöben. Da die noch souveränen asiatischen Länder Handelsverträge, gar die Aufnahme diplomatischer Beziehungen, immer wieder beharrlich verweigert hatten, wurde wie zu Zeiten der Portugiesen und Niederländer zur Gewalt gegriffen. Nur ging es diesmal nicht um die Schätze Asiens, sondern um den asiatischen Markt, der aufgrund der schieren Größe der Bevölkerung schon damals zum Mythos wurde. Die Engländer waren über-

Court of the Emperor Qianlong in Peking 1792-1794, London 1992.

zeugt, daß sie endlich wettbewerbsfähig waren und auch militärisch stark genug, das kontinentale Asien insgesamt zu bezwingen.

Erstes und attraktivstes Ziel war China. Das vom Sonderkommissar Lin Zexu beschlagnahmte und in Kanton verbrannte Opium wurde zum Anlaß für den Ersten Opiumkrieg (1839-1842). Die chinesischen Dschunken hatten den Kanonen der aus Indien entsandten britischen Linienschiffe nichts entgegenzusetzen. Im Vertrag von Nanking (1842) wurde China für den Außenhandel bei einem nominalen Zoll geöffnet, die Insel Hongkong abgetreten und in fünf Hafenstädten, darunter Shanghai, wurden ausländische Konzessionsgebiete mit weitgehenden exterritorialen Rechten vereinbart.[49] Amerikanischer Druck auf Japan führte 1858 zum Öffnungsvertrag von Kanagawa. Japan hatte von der erfolglosen chinesischen Gegenwehr gelernt und freiwillig eingelenkt. Das Treaty-Port-System wurde auf China und Japan ausgedehnt. Mit Siam (heute Thailand) wurde 1855 ein Öffnungsvertrag geschlossen.

Da die erhoffte Wirkung ausblieb, massenhaft europäische Fertigwaren in China abzusetzen, wurden in weiteren Kriegen (unter anderem dem Zweiten Opiumkrieg 1856-1860) und Verträgen immer neue Orte, auch im Landesinneren, dem Außenhandel geöffnet und immer mehr Konzessionsgebiete eingerichtet. Neben Großbritannien reklamierten auch Deutschland, Frankreich und Rußland Hafenkolonien in China. 1901 wurde das

49 John King Fairbank, *Trade and Diplomacy on the China Coast. The Opening of the Treaty Ports, 1842-1854*, Stanford 1969.

Land nach dem niedergeschlagenen Boxeraufstand gegen die wachsende ausländische Präsenz, die erst spät vom Kaiserhof unterstützt wurde, in sogenannte Interessenssphären unter den europäischen Mächten aufgeteilt.[50] Dagegen vertraten die USA das liberale Prinzip der »Open Door«, das sich in der Hochphase des Imperialismus, der neben Afrika in China seinen zweiten großen Schauplatz hatte, noch nicht durchsetzen konnte. Insofern waren die Europäer in Asien keineswegs grundsätzliche Verfechter des Liberalismus.

In Indien kam es 1857-1859 gegen die Präsenz der EIC zum Sepoy-Aufstand, der eine ähnliche Stoßrichtung wie der Boxeraufstand hatte. Die Sepoys waren indische Offiziere in der britischen Kolonialarmee und hatten eine Restauration der Mogulherrschaft zum Ziel. Der Aufstand wurde zwar niedergeschlagen, doch durch den zweiten India Act von 1858 die Herrschaft der EIC beendet. An ihre Stelle trat der British Raj, wurde Indien zu einer regelrechten britischen Kolonie unter der Herrschaft eines Vizekönigs. Queen Victoria wurde Kaiserin von Indien! In Reaktion auf den Aufstand begann die Modernisierung des Landes durch die britische Kolonialverwaltung, die sich vor allem im Bereich der Infrastruktur (Eisenbahnbau), der Verwaltung und des Schulwesens äußerte. Legitimiert wurde die neue Politik mit dem »white man's burden«, der Last des weißen Mannes, der die historische Aufgabe habe, den nichtwestlichen Völkern die Errungenschaften der west-

50 Nigel Cameron, *From Bondage to Liberation. East Asia 1860-1952*, Hongkong 1975.

lichen Zivilisation zu bringen – die ideologische Vorgeschichte der späteren Entwicklungshilfe. Karl Marx lieferte in seinen Indien-Schriften die modernisierungstheoretische Begründung, warum der Kolonialismus in asiatischen Gesellschaften ein notwendiges Durchgangsstadium sei, um die Wurzeln der »asiatischen Despotie« auszureißen und dem Kapitalismus den Weg zu bereiten, der schließlich im Sozialismus enden werde.

Transportrevolution und Treaty Ports

Die Eröffnung des Suezkanals 1869, von einer französischen Aktiengesellschaft gebaut, an der die Briten 1875 die Mehrheit erwarben, bedeutete aufgrund der kürzeren Fahrtzeit die Wiederinbetriebnahme der alten Route nach Asien. Wie zu Zeiten der Portugiesen mußte eine Kette von Stützpunkten nicht mehr um Afrika herum, sondern durch das Mittelmeer (Gibraltar, Malta, Zypern, Port Said) und das Rote Meer (Aden) nach Indien (Bombay, Madras, Kalkutta) und weiter nach Südostasien (Singapur) bis China (Hongkong, Shanghai u. a.) errichtet werden. Erstmals kontrollierte eine europäische Macht den kompletten Seeweg nach Indien und China allein. Die Wiedereröffnung der alten Route war aber nur der Auftakt der Transportrevolution, die dem Argument der hohen Transportkosten im Vergleich zum spezifischen Wert der Waren den Boden entzog.

Seit den 1880er Jahren wurde das langsame, kleine, vom Wind abhängige, unregelmäßig verkehrende hölzerne Segelschiff durch das größere, schnellere und regelmäßig verkehrende eiserne Dampfschiff ersetzt. Erstmals in der Weltgeschichte wurde es seitdem wirtschaftlich sinnvoll, nicht nur kostbare Luxusgüter, sondern auch Massenfrachtgüter wie Kohle, Erz, Holz, Getreide oder Erdöl über lange Entfernungen zu transportieren. Die Erfindung des Gefrierverfahrens machte es zudem möglich, auch verderbliche Waren wie Obst, Gemüse, Fleisch und Milchprodukte über lange Strecken zu transportieren. Letzteres betraf eher den Handel zwischen Amerika und Europa als zwischen Asien und Europa. Da die Schiffe nicht mehr durch den Wind getrieben wurden, sondern die Antriebsenergie Kohle mitführten, ging das zu Lasten des Frachtraums. Also mußte die Kette der militärischen Stützpunkte durch Kohlenstationen ergänzt werden, um unterwegs den Brennstoff aufzufüllen. Neben die Sicherheit der Seewege trat der Versorgungsaspekt eines rasch wachsenden Güterverkehrs im regelrechten Liniendienst. Die Schiffe nach Asien fuhren nicht mehr mit Ballast, sondern transportierten europäische Fertigwaren, weil Europa wettbewerbsfähig geworden war und weil es erstmals etwas anzubieten hatte, über das Asien noch nicht verfügte, aber dringend benötigte, wollte es wieder wettbewerbsfähig werden. Dazu gehörten Ausrüstungen der verarbeitenden Industrie, für Telekommunikation und Eisenbahnbau. Die Eisenbahn verband die Treaty Ports mit ihrem Hinterland, das Zug um Zug von der Export- wie der Importseite in den Weltmarkt integriert wurde. Erst jetzt begann tatsächlich die Durchdringung des kontinentalen Asiens, erst jetzt konnten

Bergbau und Landwirtschaft des Hinterlandes erschlossen werden, begann die Erzeugung asiatischer Rohstoffe wie Reis, Soja, Kautschuk, Jute, Baumwolle, Palmöl, Zinn und Erdöl für den Export.

In den Hafenstädten ließen sich aber nicht nur europäische Handelsfirmen und Reedereien nieder, sondern auch Banken, Versicherungen und Verarbeitungsbetriebe der Primärgüter. Es etablierte sich eine neue Arbeitsteilung zwischen Asien und Europa, die nicht mehr dem Muster Asiatica gegen Edelmetall, sondern Primärgüter gegen Fertigwaren folgte. Anders als in Lateinamerika sollte es dabei aber nicht lange bleiben. Zu einer regelrechten europäischen Siedlungsauswanderung ist es im Unterschied zu Süd- und Nordamerika, Südafrika und Australien nicht gekommen. Dem stand schon das Klima entgegen. Britische Kolonialbeamte und Offiziere wollten, anders als die spanischen und portugiesischen Kollegen, ihren Lebensabend auf einem englischen Landsitz verbringen.

Aus asiatischer Perspektive löste die Präsenz der Europäer Demonstrationseffekte aus. Die Reformen der Briten in Indien förderten die Entstehung einer westlich ausgebildeten, englischsprachigen neuen Elite. 1885 wurde in Bombay der National Congress gegründet, aus dem die Unabhängigkeitsbewegung hervorgehen sollte. In Japan war die Demütigung durch den Kanagawa-Vertrag Anlaß für die Meiji-Restauration.[51] Ein staatlich inszeniertes Modernisierungsprogramm, das sehr selektiv westliche Bildungseinrichtungen, Wissen-

51 William G. Beasley, *The Meiji Restoration*, Stanford 1972.

schaft, Technik, Management, Verwaltung und Militär durch Kundschafter wie die Iwakura-Mission (1872) verglich, auswählte und adaptierte,[52] führte ab dem letzten Viertel des 19. Jahrhunderts dazu, daß Japan zum ersten modernen Industrieland in Asien aufstieg. Die erzwungene Öffnung des Landes wurde positiv gewendet, zumal sie wenig unmittelbare negative Konsequenzen hatte. Japan wurde zum ersten Schwellenland, zum Modell des bürokratischen Entwicklungsstaates, der nach 1945 viele Nachahmer in Ost- und Südostasien finden sollte. Wirtschaftlich und militärisch gestärkt, vermochte Japan seit 1895 sogar einen verspäteten Kolonialismus zu betreiben, der sich gegen die asiatischen Nachbarn richtete. Erst Korea und Taiwan, seit den zwanziger Jahren auch die Mandschurei und bis 1945 immer größere Teile Chinas und Südostasiens wurden Teil eines japanischen Imperiums.[53] Japan beutete seine Kolonien aber nicht nur aus, sondern wollte sie auch systematisch erschließen, um Agrargüter und Mineralien ins Mutterland zu exportieren. In Korea und der Mandschurei wurde ein regelrechter schwerindustrieller Sektor aufgebaut, einmalig in der Geschichte des Kolonialismus, der nach 1945 zur Keimzelle der dortigen Schwerindustrie wurde. In dieser Hinsicht gibt es Parallelen zwischen der britischen Herrschaft in Indien und der japanischen Herrschaft in Korea und Taiwan.[54]

52 George B. Sansom, *The Western World and Japan. A Study in the Interaction of European and Asiatic Cultures*, New York 1951.

53 Peter Duus et al. (Hg.), *The Japanese Informal Empire in China, 1895-1937*, Princeton 1989.

54 Ulrich Menzel, *In der Nachfolge Europas. Autozentrierte Ent-*

In China vermochten sich die Reformkräfte Ende des 19. Jahrhunderts noch nicht durchzusetzen. Das Beharrungsvermögen des konservativen Mandarinats war zu stark, bis das Land in von Warlords beherrschte Provinzen zerfiel und die Qing-Dynastie 1911 gestürzt wurde. Erst ab 1927, mit dem Herrschaftsantritt der Kuomintang und der Konsolidierung der inneren Verhältnisse, kam auch in China die Modernisierung in Gang, die sich zunächst auf die Küstenstädte beschränkte.[55] Die nationalistische Regierung hatte bis zum Ausbruch des Krieges mit Japan (1937) aber zu wenig Zeit, um durchschlagende Erfolge zu erzielen.

Umso wichtiger war das Erbe der Treaty Ports, Orte mit unterschiedlichem Status von regelrechten Hafenkolonien wie Hongkong und Singapur bis zu bloßen Konzessionsgebieten, die, wie im Falle Shanghais, sogar eine Selbstverwaltung der Ausländer kannten. Diese Treaty Ports waren seit den Tagen des alten Weltsystems Netzknoten des maritimen Asiens. Immer wieder war dieses Netz verstärkt und ausgeweitet worden durch die Ming-Flotten zu Beginn des 15. Jahrhunderts, durch die Portugiesen des Estado da Índia zu Beginn des 16. Jahrhunderts, durch die Niederlassungen der VOC und der EIC seit Beginn des 17. Jahrhunderts und zuletzt durch die Öffnung Chinas, Japans und Siams seit Mitte des 19. Jahrhunderts. Seitdem fanden sich Treaty Ports im gesamten Becken des Indiks, im Südchinesischen Meer, in der indonesischen Inselwelt, in Chi-

wicklung in den ostasiatischen Schwellenländern Südkorea und Taiwan, München 1985.

55 Immanuel C.Y. Hsü, *The Rise of Modern China*, New York 1990.

na entlang der Küste wie im Landesinneren entlang des Jangtse und selbst noch in Japan und Korea. Die Hafenstädte des maritimen Asiens waren die Tore zur Welt. Untereinander und bis nach Europa hatten sie dichtere Verbindungen als zu ihrem jeweiligen Hinterland.

In den Treaty Ports etablierte sich die europäische Moderne. Sie waren der Anziehungspunkt einer modernisierungswilligen einheimischen Elite, die immer wieder in Krisensituationen den Schutz und die Rechtssicherheit der unter ausländischer Kontrolle stehenden Vertragshäfen vor der Willkür asiatischer Herrscher und Warlords suchte. Die Treaty Ports kreierten mit den Kompradoren, auch ein portugiesisches Wort, einen neuen Managertypus, bedurften die ausländischen Handelsfirmen doch immer eines einheimischen Mittelsmannes, der die europäische Sprache beherrschte und mit einheimischen wie ausländischen Geschäftspraktiken und kulturellen Gepflogenheiten vertraut war. Viele wurden später selbst unternehmerisch tätig.

Außerhalb von China waren die Treaty Ports auch die Orte chinesischer Niederlassungen als Resultat einer Migration im maritimen Asien, die älter ist als die Ankunft der Europäer. Besonders die Überseechinesen haben ihre eigenen, auf verzweigte Familienbande beruhende Netzwerke geknüpft, die bis heute als »Greater China« einen wesentlichen Teil der asiatischen Geschäfts- und Arbeitswelt abbilden. In geringerem Maße gilt das auch für die Inder und Araber. Ob moderne Infrastruktur, Industrie und Dienstleistungsunternehmen, Schulen und Universitäten, Zeitungen, Film und Rundfunk, Mode und Lebensstile, alles kam über die Treaty Ports nach Asien, jeder für sich in den zwanziger und dreißiger Jahren eine kosmopolitische Ansammlung der Wagemutigen und Unternehmungslustigen aus Europa wie aus Asien.

Der Wiederaufstieg Asiens

Was erklärt demnach den Wiederaufstieg Asiens im 20. Jahrhundert, das seit etwa 1800 einen langsamen und seit Mitte des 19. Jahrhunderts einen sich beschleunigenden relativen und teilweise auch absoluten Abstieg gegenüber Europa zu verzeichnen hatte?[56]

1. Am wichtigsten ist sicherlich der Umstand, daß Asien bei den Tordesillas-Verhandlungen die bessere Hälfte erwischte. Das viel kleinere Portugal war anders als Spanien in Amerika nicht in der Lage, seine Hälfte der Welt zu durchdringen, zumal diese Hälfte viel dichter besiedelt und in kommerzieller Hinsicht viel weiter entwickelt war. Die Einschränkung gilt selbst für das maritime Asien, während das kontinentale Asien, die Großreiche der Safawiden, Moguln und Ming, lange Zeit nahezu unbeeinflußt blieben. Im Unterschied zu Amerika gab es keine Ausrottung der Bevölkerung, keine Abdrängung in Reservate, keine Zerstörung der Hochkulturen, keine umfassende

56 Ulrich Menzel, »Nachholende Modernisierung in Ostasien aus entwicklungspolitischer Perspektive«, in: Franz Nuscheler und Dieter Nohlen (Hg.), *Handbuch der Dritten Welt*, Bd. 8: *Ostasien und Ozeanien*, Bonn 1994, S. 14-61.

Missionierung, keine europäische Besiedlung, keine Einbindung in eine internationale Arbeitsteilung und auch keinen Import afrikanischer Sklaven. Große Teile Asiens blicken auf eine durchgehende staatliche und zivilisatorische Tradition zurück, die älter ist als die europäische, und haben ihre Souveränität mehr oder weniger behauptet. Dazu zählen immerhin China, Japan, Thailand, Persien und Afghanistan. Selbst im Handel, wo die Europäer vergleichsweise stark waren, blieben diese jahrhundertelang nur Juniorpartner eines etablierten Systems, das sie nur von Mitte des 17. Jahrhunderts bis Mitte des 19. Jahrhunderts substantiell von den alten auf die neue Route umlenken konnten, ohne das innerasiatische System zu zerstören. China knüpft heute mit seiner Initiative zum Bau einer Neuen Seidenstraße daran an. Da, wo eine regelrechte Kolonisierung stattfand, wie in Indien und Südostasien, war der europäische Einfluß stärker, aber längst nicht so verheerend wie in Amerika. Alle asiatischen Länder besitzen eine lange Tradition hoch entwickelter Landwirtschaft auf der Basis künstlicher Bewässerung und eine ebenso lange manufakturelle Tradition. Asiens künstlerische, wissenschaftliche und technische Hochleistungen sind mindestens so alt und so bedeutend wie die Europas. Auch gab es in Asien kein finsteres Mittelalter, das der Aufhellung bedurfte, um die Kenntnisse der Antike wiederzubeleben.

2. Der europäische Kolonialismus hatte in Asien nicht nur zerstörerische Wirkung wie in Amerika, sondern

auch entwicklungsfördernde Hinterlassenschaften. Wo er, wie in Indien, flächendeckend und nicht nur punktuell war, hat er auch modernisierungsfördernd gewirkt. Daß Indien heute wieder auf dem Weg ist, in eine Position zurückzukehren, die es noch vor etwa 200 Jahren innehatte, ist zwar nicht nur, aber auch auf das britische Erbe, z.B. das Englische als globale Lingua franca bzw. auf eine neue Elite zurückzuführen, die durch Großbritannien sozialisiert worden ist – in Indien selbst auf britischen Schulen, Universitäten und Militärakademien. Wo der europäische Einfluß sich auf die Küstenstädte beschränkt hat, war Europa mindestens beispielgebend. Jedenfalls kann es kein Zufall sein, daß viele heutige Metropolen, ob Bombay oder Kalkutta, Singapur oder Hongkong, Djakarta oder Shanghai, Manila oder Saigon, das Argument gilt mit Abstrichen selbst noch für Japan im Falle Yokohamas, eine Vergangenheit als Treaty Port haben.

3. Förderlich war auch die wiederholte Schwächung des europäischen Einflusses durch die innereuropäische Konkurrenz in Asien und durch Konflikte, die in Europa oder gar weltweit ausgetragen wurden. Der Einfluß der Italiener schwand durch den Aufstieg der atlantischen Mächte. Der Einfluß der katholischen Mächte Portugal und Spanien schwand durch den Aufstieg der protestantischen Mächte Niederlande und England. Der Einfluß der Niederlande (und Frankreichs) schwand durch den Aufstieg Großbritanniens. Der geringe deutsche Einfluß in Asien war

mit dem Ersten Weltkrieg zu Ende. Die deutsche Besetzung Frankreichs und der Niederlande während des Zweiten Weltkriegs war der Anfang vom Ende des französischen Indochinas und Niederländisch-Indiens. Das japanische Imperium in Asien, das kurzzeitig Frankreich und die Niederlande beerben konnte, war zu Ende mit der Niederlage gegen die USA im Pazifikkrieg. Die zweite Welle der Entkolonialisierung war ein Resultat des Zweiten Weltkriegs und begann in Indien. Die Niederlande und Frankreich vermochten ihren Kolonialbesitz nur mit Waffengewalt zu behaupten, mußten aber dem amerikanischen Druck weichen und sich den Unabhängigkeitsbewegungen geschlagen geben, die sozialistisches Gedankengut aus der Sowjetunion bzw. in Form des Maoismus aus China verbreiteten.[57] Am Ende mußten sie ihre asiatischen Kolonien in Indochina und Indonesien aufgeben, wie Großbritannien und zuletzt Portugal dies mehr oder weniger freiwillig taten. Der Rest des überambitionierten Estado da Índia bestand zuletzt nur noch aus winzigen Exklaven in Goa, Diu, Macau und Osttimor. Deren lusitanische Hybridkultur ist untergegangen in einem übermächtigen indischen oder chinesischen Umfeld, während die iberische Kultur, die auch hybride Züge trägt, in Lateinamerika ungebrochen ist.

4. Eine Rolle gespielt hat sicher der Ost-West-Konflikt, der in Europa als Kalter Krieg, in Asien aber als Hei-

57 Julia Lovell, *Maoismus. Eine Weltgeschichte*, Berlin 2023.

ßer Krieg, im chinesischen Bürgerkrieg, im Koreakrieg und im Vietnamkrieg ausgefochten wurde und auch die Befreiungsbewegungen in Indien oder Indonesien beeinflußt hat. Die Systemkonkurrenz hat für die Partner des Westens wie des Ostens besondere Zuwendung an Waffen, Finanzmitteln, Beratern und Technologie bedeutet. Nicht zu unterschätzen sind die innerasiatischen Wanderungen und Verlagerungsprozesse als dessen Folge. Der Aufstieg Hongkongs ist nicht vorstellbar ohne die Flucht der chinesischen Unternehmer und ihres Kapitals aus Shanghai (1948). Je nachdem, ob sich China abschloß oder wieder öffnete, konnten die Firmennetzwerke der Überseechinesen geschmeidig verlagert, aktiviert und deaktiviert werden. Die Konsequenz des Ost-West-Konflikts war, daß ein Teil der asiatischen Länder sich am sowjetischen Modell aus zentraler Planwirtschaft, Kollektivierung der Landwirtschaft, Verstaatlichung der Industrie und wirtschaftlichem Autarkismus orientierte und ein anderer Teil dem neoliberalen angelsächsischen Modell folgte. Indien hat in den ersten Jahrzehnten nach der Unabhängigkeit ein Mischsystem praktiziert, China sogar sein eigenes Modell kreiert, das tief in der chinesischen Geschichte des Isolationismus, des Bürokratismus, des dörflichen Kollektivismus und der vorrangigen Agrarorientierung wurzelte mit expliziter Stoßrichtung gegen die Verwestlichung in den ehemaligen Treaty Ports.

5. Dennoch erleben wir heute eine weitgehende Konvergenz der Systeme,[58] die sich am Muster des bürokratischen Entwicklungsstaats orientiert, der eine lange Tradition nicht nur in China hat. Der chinesische Starökonom Justin Yifu Lin hat den chinesischen Weg beschrieben.[59] Asien demonstriert, daß Industrialisierung und Modernisierung sich im Gegensatz zur Behauptung der westlichen Modernisierungstheorie durchaus mit autoritären politischen Systemen vereinbaren lassen. Insofern demonstriert der bürokratische Entwicklungsstaat auch die Grenzen des europäischen Einflusses und stärkt das kulturelle Argument. Demokratie herrscht in Asien nur dort, wo der britische Einfluß manifest war wie in Indien oder in Hongkong oder wo nach 1945 die USA als Besatzungs- oder Schutzmacht auftraten und militärisch präsent blieben wie in Japan, in Südkorea, mit Abstrichen auch in Taiwan und auf den Philippinen. Die Konvergenz deutet darauf hin, daß nicht der sozialistische oder der kapitalistische Weg und auch nicht die vorrangige Binnen- oder Außenorientierung die Erklärung für den Wiederaufstieg Asiens liefern. Stadtstaaten wie Singapur oder Hongkong müssen außenorientiert sein, große Flächenstaaten wie Indien oder China haben aufgrund ihres Binnenmarkts

58 Justin Yifu Lin, »Development Strategy, Viability and Economic Convergence«, in: *Economic Development and Cultural Change* 51/2 (2003), S. 1-34; Chalmers Johnson, *Japan: Who Governs? The Rise of the Developmental State*, New York 1995.

59 Justin Yifu Lin, *On China's Economy. Der chinesische Weg zur Wirtschaftsmacht*, Heidelberg 2009.

und ihrer eher kompletten Ressourcenausstattung eine natürliche Binnenorientierung. Entscheidende Variable zum Verständnis ist nicht die Eingliederung in die internationale Arbeitsteilung nach Maßgabe komparativer Vorteile, sondern wie der Entwicklungsstaat im Innern mit der Außenorientierung umgeht. Dazu gehört auch, daß die Bevölkerung den Staat als Entwicklungsstaat akzeptiert.

Erstmals wurde in Japan Ende des 19. Jahrhunderts vorexerziert, was nach 1945 in Südkorea, Taiwan und Singapur, später in den Schwellenländern der zweiten Generation wie Malaysia und Thailand nachvollzogen wurde, bis China selbst, nachdem es in der Mao-Ära zum Isolationismus zurückgekehrt war, mit der Öffnung 1978 auf diese Linie eingeschwenkt ist. Mittlerweile folgt sogar Vietnam diesem Muster. Auch in Indien hat sich nach der Unabhängigkeit zunächst ein Mischsystem aus Marktwirtschaft und Planwirtschaft etabliert, wenngleich hier der Konfuzianismus ebenso wenig eine Rolle spielt wie die chinesischen Minderheiten. Letztlich stammt das Modell, wie vieles, aus China und wurde bereits während der Song-Zeit kreiert, als dort die erste wirtschaftliche Revolution stattfand. Alle Staaten, die China direkt kulturell, das heißt konfuzianisch, beeinflußt hat wie Japan, Korea, Taiwan und Vietnam, haben es übernommen.

6. Die chinesische Wanderung nach Südostasien hat zur Ausbreitung des »Konfuzianismus des kleinen Mannes« geführt, stellen die Chinesen doch überall in

der Region beträchtliche Minderheiten und in Singapur sogar die Mehrheit. Da ihnen Staatsdienst, Militär und Grundbesitz verwehrt sind, konzentrieren sie sich auf Handel, Finanzwesen und Industrie. Als sogenannte strategische Gruppen stellen sie die eigentliche Business-Elite, während die alten Eliten weiterhin an Renteneinkommen aus Grundbesitz, Rohstoffsektor und Staatsdienst interessiert sind. Auslandschinesen fungieren in Südostasien immer noch als Kompradoren zwischen einheimischen Eliten und westlichen Geschäftspartnern wie zuvor im Mutterland. Der Wiederaufstieg Asiens gelang überall dort, wo die Logik des Profits Raum bekommen hat gegenüber der Logik der Rente, auch wenn die Rentenorientierung nicht verschwindet, sogar dominant bleibt, wie das Beispiel der kommunistischen Staatsklasse in China demonstriert. Lediglich die christianisierten Philippinen sind in vieler Hinsicht, besonders mit ihrem Großgrundbesitz, das feudale Land nach lateinamerikanischem Muster in Asien geblieben.

7. Zur Logik des bürokratischen Entwicklungsstaats steht nicht im Widerspruch, daß man sich den Weltmarkt strategisch zunutze macht. Einerseits wird die eigene Wirtschaft protektionistisch abgesichert, das galt für Japan, für Indien, für China, aber auch für die kleineren asiatischen Länder. Andererseits sucht man ganz ricardianisch die Spezialisierung nach Maßgabe komparativer Vorteile und beliefert den Weltmarkt mit allem, mit dem man konkurrenzfähig

ist. Dabei setzt man ohne Skrupel auf die Kopie oder Adaption westlicher Technik. Japan hat so begonnen, und China setzt diese Strategie fort. Die große Bevölkerungszahl, die Geschicklichkeit und Disziplin der Arbeitskräfte ist eine Ressource, die sich mobilisieren läßt. Jedes asiatische Land ist bemüht, die Kompetenzleiter emporzuklimmen und in immer anspruchsvollere Branchen vorzudringen, um die einfache Fertigung den asiatischen Nachzüglern zu überlassen. Angesichts der langen Tradition der Textilindustrie ist es kein Wunder, daß in dieser Branche die moderne Industrialisierung begann, und angesichts der langen Tradition des Schiffbaus nimmt es nicht wunder, daß asiatische Werften heute wieder den Schiffbau dominieren. So kehren auch die Routen des alten Weltsystems zurück. Nur wenn die Schiffe zu groß sind für die Durchfahrt durch den Suezkanal, wird der lange Seeweg nach Europa um Afrika herum befahren. Wie zu Zeiten der Song und der Ming verkehren wieder chinesische Schiffe, diesmal Tanker und Containerschiffe, in chinesischen Werften gebaut, wie vor 1000 Jahren auf den Routen bis an die Küsten Ostafrikas, ins Rote Meer und in den Persischen Golf. Sie fahren aber nicht mit Ballast wie seinerzeit die Europäer auf der Hinfahrt, sondern liefern chinesische Fertigwaren im Austausch für die Rohstoffe und Agrarprodukte Afrikas und der Ölstaaten am Persischen Golf. Jetzt wird das kontinentale Afrika (Stichwort: »Landgrabbing«) in eine internationale Arbeitsteilung eingebunden, die nicht mehr auf Europa, sondern auf Asien ausgerichtet ist.

Es ist nur eine Frage der Zeit, bis Asien, angeführt von China und Indien, wieder an der Spitze steht und als »workshop of the world« und »callcenter of the world« die gesamte Welt beliefert und bedient. Die vorausschauenden Metaphern »coming full circle«, »ReOrient« oder »East Asia at the center« gibt es bereits seit langem.[60]

60 Eric Jones et al., *Coming Full Circle. An Economic History of the Pacific Rim*, Boulder 1993; Frank, *ReOrient*; Cohen, *East Asia at the Center*.

3. Asiatische Produktionsweise vs. angelsächsischer Kapitalismus China als bürokratischer Entwicklungsstaat in Reinkultur

> »In großen Umrissen können asiatische, antike, feudale und modern bürgerliche Produktionsweisen als progressive Epochen der ökonomischen Gesellschaftsformationen bezeichnet werden.« *Karl Marx*[1]

Anfang Juli 2021 inszenierte die Kommunistische Partei Chinas (KPCh) das hundertjährige Jubiläum ihrer klandestinen Gründung am 1. Juli 1921 in einem Hinterzimmer in der Französischen Konzession von Shanghai, deren Exterritorialität Schutz vor dem Zugriff der nationalchinesischen Geheimpolizei bot. 13 Delegierte, darunter ein gewisser Mao Zedong, vertraten etwa sechzig über das Land verstreute Mitglieder. Die Komintern hatte zwei Vertreter entsandt, die auf ein moskaukonformes Gründungsstatut zu achten hatten. Mao, in Shanghai noch in der Minderheit, gelang es erst auf der berühmten Konferenz von Zunyi während des Langen Marsches im Januar 1935, de facto die Parteiführung zu übernehmen und eine Sinisierung des Marxismus-Leninismus in Gang zu setzen, die erst 1945 auf dem

1 Karl Marx, »Vorwort« zu der Schrift *Zur Kritik der politischen Ökonomie* [1859], in: *MEW*, Bd. 13, S. 9. Vgl. dazu das »Formen-Kapitel« in den Grundrissen von 1857/58, S. 375ff.

VII. Parteitag in Yan'an, auf dem Mao zum Vorsitzenden des Politbüros gewählt wurde, mit dem Mao-Zedong-Denken kodifiziert wurde. In den Schriften der offiziellen fünfbändigen Ausgabe seiner *Ausgewählten Werke*, entstanden zwischen 1926 und 1957, findet sich kein einziges Marx- oder Lenin-Zitat.[2] Mangels Sprachkenntnissen dürfte er deren Schriften auch nicht gelesen haben, ein Umstand, der den Begriff »Sinisierung« bereits in Frage stellt. Die Feststellung gilt sicher auch für die allermeisten Parteimitglieder. Erst zwischen 1953 und 1983 wurde eine erste chinesische Übersetzung der *Marx-Engels-Werke* vorgenommen.

Am 1. Juli 2021 zählte die Partei etwa 95 Millionen Mitglieder. Sie beherrscht nicht nur den Staat, sondern kontrolliert mit der von den Parteisekretären gebildeten Doppelstruktur jede Behörde, jede Einheit der Armee, jedes größere Unternehmen inklusive der Joint Ventures mit dem Ausland, jede kulturelle, publizistische oder wissenschaftliche Einrichtung. Die Parteisekretäre kontrollieren aber nicht nur, ob die Anweisungen der höheren Ebene befolgt werden, sie haben in jeder wichtigen Frage auch das letzte Wort. Xi Jinping, als Generalsekretär oberster Sekretär der Partei, Vorsitzender der Zentralen Militärkommission und Staatspräsident in der Reihenfolge der Bedeutung der Ämter, wiederholte anläßlich der zentralen Jubelfeier auf dem Platz

2 Der Druck des bereits fertigen sechsten Bandes, der Schriften ab 1958 beinhaltet hätte, wurde nach dem Sturz der »Viererbande« um die Mao-Witwe Jiang Qing im Oktober 1976 gestoppt, um angesichts des innerparteilichen Kurswechsels weitere ideologische Festlegungen im Sinne des Maoismus zu verhindern.

des Himmlischen Friedens auf der Empore des Tiananmen im grauen Mao-Anzug exakt an der Stelle, an der Mao 1949 die Volksrepublik China ausgerufen hatte, seine Ankündigung vom XIX. Parteitag 2017, daß China zum hundertsten Jubiläum der Volksrepublik im Jahre 2049 wieder die Führungsposition in der Welt einnehmen werde, die es als Reich der Mitte über viele Jahrhunderte eingenommen hatte. Die jährlichen Gesandtschaften der tributpflichtigen Staaten und der Kotau vor dem Thron des Kaisers hatten das auch symbolisch zum Ausdruck gebracht. China hatte diese Staaten wohlgemerkt nicht erobert. Sie kamen freiwillig wegen der Vorteile, die die Unterordnung unter die chinesische Oberhoheit mit sich brachte. Xi verkündete aus diesem Anlaß die Wiedergeburt der Nation und versicherte, daß China nie wieder einer Demütigung wie zur Mitte des 19. Jahrhunderts ausgesetzt sein werde, als es nach verlustreichen Kriegen mit den Kolonialmächten die Ungleichen Verträge, die Öffnung des Landes, Hafenkolonien und Konzessionsgebiete (wie die Französische Konzession in Shanghai) und Einschränkungen seiner Souveränität, insbesondere auf außenwirtschaftlichem Gebiet, hinnehmen mußte. In wirtschaftlicher Hinsicht wird das Land die USA in wenigen Jahren vom ersten Platz verdrängt haben, sportlich hatte es das, siehe den Medaillenspiegel bei den Olympischen Spielen in Tokio, bereits fast. Nur militärisch ist der Unterschied noch gewaltig. Doch auch auf diesem Gebiet holt China auf. Als Faustformel gilt: Wenn die Wirtschaft um zehn Prozent jährlich wächst, dann wachsen auch die Staatseinnahmen und die Militärausgaben um zehn Prozent. Den defensiven Charakter zur Landesverteidigung hat die frühere »Volksbefreiungsarmee« schon seit Jahren abgelegt. Insbesondere die forcierte Flottenrüstung weist auf eine expansive Strategie zur Kontrolle der Seerouten durch das Südchinesische Meer und das Becken des Indiks.

Der Befund, daß ein Land, das seit über siebzig Jahren von einer Kommunistischen Partei regiert wird, eine globale wirtschaftliche und politische Führungsrolle reklamiert, ist aus der Sicht westlicher Großtheoretiker nicht nur paradox, sondern wirft fundamentale Fragen auf, wenn man die Volksrepublik China mit der ehemaligen Sowjetunion vergleicht. Auch die Parteiführer der UdSSR hatten den Anspruch des überlegenen Gesellschaftssystems und sind daran, nicht zuletzt aufgrund des Sozialismus-Paradoxons, dreimal gescheitert. Nach der klassischen marxistischen Theorie hätte Sozialismus nur ein Stadium gesellschaftlicher Entwicklung jenseits des Kapitalismus sein können, wenn dessen Möglichkeiten als »progressive Epoche« (Marx) ausgereizt waren, wenn die Produktivkräfte zur vollen Entfaltung gelangt waren und sich die Arbeiterklasse bewußtseinsmäßig von der Klasse an sich zur Klasse für sich und damit zum revolutionären Subjekt entwickelt hatte. Die damals im Marxschen Sinne »progressivsten« Industriegesellschaften Großbritannien, Deutschland, Frankreich und die USA (!) wären demnach die ersten Kandidaten für eine sozialistische Revolution gewesen. Tatsächlich fand diese aber paradoxerweise in vergleichsweise rückständigen Ländern wie Rußland oder China statt, ganz zu schweigen von den arabischen und afrikanischen Sozialismen, die weit davon entfernt waren, die von Marx geforderten Voraussetzungen zu bieten. Lenin versuchte die orthodoxe Theorie zu retten mit seiner Theorie vom schwächsten Glied der Kette, die es durch eine Revolution zu sprengen galt, um das kapitalistische Weltsystem insgesamt zu erschüttern: die Oktoberrevolution als Fanal der Weltrevolution. Zu diesem Zweck wurde die Komintern gegründet als deren Organisator und als Dachorganisation aller kommunistischen Parteien weltweit. Die Arbeiterklasse der Industrieländer werde anschließend in einer Art Bruderhilfe den Aufbau des Sozialismus im rückständigen Rußland unterstützen.

Spätestens mit Ausbruch der Weltwirtschaftskrise 1929, die keine Weltrevolution auslöste, war der Traum ausgeträumt. Stalin nahm einen zweiten Anlauf mit der Losung vom Aufbau des Sozialismus in einem Land. Sozialismus war seitdem nicht mehr das Resultat von vorangegangener Entwicklung, sondern ein Ordnungssystem, um nachholende Entwicklung zu inszenieren, damit die Geschichte wieder mit der Theorie in Einklang gebracht werde. Die autarkistische Losung war auch Konsequenz des Umstands, daß die Welt im Zuge der Weltwirtschaftskrise in große, protektionistisch gegeneinander abgeschottete, Wirtschaftsblöcke zerfiel. Der Preis war eine Kommandowirtschaft, die mit despotischen Mitteln von Enteignung, zentraler Planwirtschaft und Zwangskollektivierung zur Aufbringung der landwirtschaftlichen Überschüsse das Entwicklungsgefälle zu den kapitalistischen Ländern schließen sollte, was dem Stalinismus bekanntlich nicht gelang. Den dritten Anlauf nahm die Sowjetunion in der Chruschtschow-Ära, als die Losung vom Ein- und Überholen des Westens ausgegeben wurde. Die Phase vom Sputnik-Schock 1957 bis zur Stationierung von Mittelstrekkenraketen auf Kuba 1962 markierte den Höhepunkt der Offensive, als die Sowjetunion zumindest in militärischer Hinsicht dem Ziel nahe schien. Nach der Stagnation der Breschnew-Ära musste Gorbatschow konzedieren, daß der Sozialismus in der Sowjetunion gescheitert war. Trotz seiner Reformen implodierte die Sowjetunion, zerfiel das sozialistische Lager, hatte sich das Sozialismus-Paradoxon doch nicht auflösen lassen.

Die sich aufdrängende Frage lautet: Warum verlief die Geschichte in China so anders, obwohl dort im orthodoxen Verständnis die Voraussetzungen für Revolution und Aufbau des Sozialismus noch viel weniger gegeben waren? Warum vermochte sich die KPCh trotz des kurzen »Pekinger Frühlings« 1989 anders als die KPdSU mit Waffengewalt an der Macht zu halten und wird diese bis heute von der Masse der Bevölkerung trotz des autoritären Systems und immer wieder aufflackernder Proteste, zuletzt anläßlich der radikalen coronabedingten Lockdowns, nicht grundsätzlich in Frage gestellt? Die Antworten verlangen einen tiefen Rückblick in die chinesische Geschichte, um deutlich zu machen, daß es trotz der vielen Parallelen zwischen der russischen und der chinesischen Revolution wie zwischen Stalinismus und Maoismus fundamentale Unterschiede gab und gibt, die gesellschaftliche, politische und kulturelle Ursachen haben. Rußland war nie Zentrum der Welt, sondern immer nur Peripherie Westeuropas, war immer nur randständig von allen Umwälzungen betroffen, die Westeuropa seit der Renaissance, der Aufklärung und der bürgerlichen Revolutionen mit voller Wucht transformiert haben. Die Modernisierung Rußlands seit Peter dem Großen nach westlichem Vorbild ist immer in Ansätzen steckengeblieben.

China hingegen wurzelt in einer mehr als zweitausendjährigen kulturellen Tradition unabhängig von westlichen Einflüssen, war im Sinne des Marx-Zitats selbst »progressive Epoche der ökonomischen Gesellschaftsformationen«, war lange Zentrum und nur seit Mitte des 19. Jahrhunderts eine halbe Peripherie der westlichen Kolonialländer, die es aber nie vermochten, ganz China zu durchdringen. Auf dem Höhepunkt seiner internationalen Geltung zu Beginn der Ming-Dynastie in den 1430er Jahren hat es sich nach heftigen Kontroversen innerhalb der Elite zwischen konservativem Mandarinat und weltoffenen Eunuchen in eine freiwillige Selbstisolation begeben, die Flotte abgewrackt, den Außenhandel verboten, das politische Zentrum von der weltoffenen südlichen Hauptstadt (»Nanjing«) am Unterlauf des Jangtse in die nördliche Hauptstadt (»Beijing«) am Rand der Steppe verlagert und an der Großen Mauer zur Abwehr der Nomaden aus der zentralasiatischen Steppe weitergebaut. Die »gelbe Fraktion« des konservativen konfuzianischen Mandarinats hatte sich gegen die weltoffene »blaue Fraktion« durchgesetzt,[3] die für die weitere Modernisierung stand, die das zerfalle-

3 Die Metapher »blau« ist vom Meer, die Metapher »gelb« vom Lößboden im Norden Chinas abgeleitet, dessen Sedimente das Wasser des Gelben Flusses als Wiege der chinesischen Zivilisation färben. Gelb sind auch die Ziegel auf den Dächern des Kaiserpalasts.

ne Tributsystem als Folge der großen Pest Mitte des 14. Jahrhunderts nicht nur restaurieren, sondern ausbauen und den Handel mit Europa auf den Routen der Seidenstraße wiederaufnehmen wollte. Die lange Phase der Selbstisolation und verordneten Stagnation hat den großen Entwicklungsvorsprung Chinas so lange schmelzen lassen, bis es in den Opiumkriegen Mitte des 19. Jahrhunderts seine Isolation zwangsweise aufgeben und zumindest den technisch-wirtschaftlichen Vorsprung des Westens akzeptieren mußte. In geistiger Hinsicht hielt man sich dennoch weiter für überlegen.

An dieser Stelle ist ein autobiographischer Rückblick des Autors auf die Jahre 1975 bis 1977 geboten, als dieser an seiner Dissertation zu *Theorie und Praxis des chinesischen Entwicklungsmodells* arbeitete.[4] China hatte in den siebziger Jahren viel internationale Aufmerksamkeit gefunden – bei Konservativen, weil man hoffte, die chinesische Karte im Ost-West-Konflikt spielen zu können, bei entwicklungspolitisch Interessierten, weil man hier eine Alternative zur konventionellen Entwicklungspolitik erhoffte, die auf andere Entwicklungsländer übertragen werden könne. Ein fataler Irrtum, wie sich später herausstellte. Bevor dieses Entwicklungsmodell auf den Begriff gebracht werden konnte, galt es im ersten Teil der Dissertation, die Ausgangslage vor 1949 zu analysieren. Entsprechend dem damaligen dependenztheoretischen Mainstream der kritischen Entwicklungstheorie waren nicht interne gesellschaftliche Fak-

4 Ulrich Menzel, *Theorie und Praxis des chinesischen Entwicklungsmodells. Ein Beitrag zum Konzept autozentrierter Entwicklung*, Opladen 1978.

toren, wie die konkurrierende Modernisierungstheorie unterstellte, sondern externe wirtschaftliche, in Kolonialismus, Imperialismus und Weltmarkt zu suchende Faktoren für die Probleme der Entwicklungsländer und damit auch Chinas verantwortlich. Es stellte sich bald heraus, daß eine Theorie, die anhand lateinamerikanischer Fälle mit ihrer langen Kolonialgeschichte formuliert worden war, für alte Kulturnationen mit nur randständiger kolonialer Durchdringung wie China kaum Erklärungskraft bot. Im Gegenteil – Hafenkolonien wie Hongkong oder Shanghai waren bereits vor 1949 Inseln der Moderne in einem traditionellen Hinterland und sind bis heute die Wirtschaftsmetropolen geblieben.

Damit rückte die Analyse von Staat, Gesellschaft und Wirtschaft des traditionellen Chinas ins Zentrum des Interesses und die Frage, warum China überhaupt in diese Situation geraten war. Der Autor begann, die einschlägigen Schriften westlicher Großtheoretiker zu konsultieren, die sich der Thematik gewidmet hatten, warum China im Vergleich zum Westen einen relativen Niedergang zu verzeichnen hatte bzw. warum es auf hohem Niveau in Stagnation verharrte. So stößt man rasch auf den Begriff »asiatische Produktionsweise« (APW) bei solchen Autoren, die einen marxistischen Ansatz verfolgen, bzw. auf den Konfuzianismus, die der Tradition Max Webers verpflichtet sind, der, anders als der Protestantismus, die Entstehung eines kapitalistischen Geistes verhindert habe. Nach der Lektüre verfaßte der Autor zwei unveröffentlichte Manuskripte: »Asiatische Produktionsweise, Unterentwicklung und Übergangsgesellschaften« und »Zum Verhältnis von peripherem Kapitalismus und Asiatischer Produktionsweise am Beispiel Chinas«,[5] die Eingang in den ersten Teil der Dissertation – »Stagnation und Unterentwicklung im vorrevolutionären China« – gefunden haben.

Wenn man mit Marx und Weber beginnt, stellt man fest, daß beide nur Glieder in einer langen Reihe prominenter Autoren sind, die bis in die Antike zurückreicht und die sich theoretisch (aber kaum empirisch) mit den Unterschieden und Gegensätzen zwischen Orient und Okzident, etwa der Demokratie der griechischen Polis und der Despotie des persischen Königreichs, befasst haben. Die neuere Literatur beginnt mit Montesquieus *Persischen Briefen* (1721), setzt sich fort mit Hegels *Vorlesungen über die Philosophie der Geschichte* (seit 1805/06), Marx' Schriften über Indien, China und Rußland (1853ff.), Webers religionssoziologischen Studien über die Ethik der Hochreligionen, in denen er den Konfuzianismus als politische Religion bezeichnet und immerhin dessen Weltbejahung im Gegensatz zur Weltverneinung der Erlösungsreligionen Hinduismus und Buddhismus konstatiert (1915ff.), Wittfogels Dissertation über *Wirtschaft und Gesellschaft Chinas* (1931), seinem Aufsatz »Theorie der orientalischen Gesellschaft« (1938)[6] und *Die orientalische Despotie* (1957) bis hin zu Moores Studie über die *Sozialen Ursprünge von Diktatur und Demokratie* mit Kapiteln über China, Japan

5 Vom September 1975 bzw. Januar 1976 und im Archiv der TU Braunschweig im Vorlaß Menzel unter der Signatur G48 II einsehbar.

6 In: *Zeitschrift für Sozialforschung* 7/1-2 (1938), S. 90-122, Wittfogels elaboriertester Beitrag zur Thematik.

und Indien (1966), Kraders *The Asiatic Mode of Production* (1975) sowie zuletzt Barbers *Coca-Cola und Heiliger Krieg* (1995) und Huntingtons *Kampf der Kulturen* (1996). In all diesen Schriften geht es aus einer vergleichenden Perspektive um die Frage, warum es im Westen zur Herausbildung von bürgerlicher Gesellschaft, also Individualismus, Rationalismus, Privateigentum und Rechtssicherheit, Kapitalismus, Liberalismus, Demokratie, Markt als Steuerungsinstanz, fortschreitender sozialer Differenzierung und Durchlässigkeit gekommen ist und warum diese Entwicklungen in den asiatischen Hochkulturen, namentlich in China, ausgeblieben sind.

Als Antworten werden diverse, den orientalischen Gesellschaften mehr oder weniger gemeinsame Merkmale genannt, wobei der Begriff »Orient« vom Osmanischen Reich im Westen über Persien und Indien bis nach China und Japan ganz im Osten reicht, aber auch Mesopotamien, das alte Ägypten und sogar das präkolumbianische Amerika – also alle nichtwestlichen Hochkulturen – gemeint sein können. Diese Merkmale lauten in Stichworten: Es gab keine dezentral strukturierte Feudalgesellschaft mit rivalisierenden Machtzentren aus Krone, Kirche, Adel und von Zünften und Fernhandelskaufleuten beherrschte freie Städte, sondern hochzentralisierte Gesellschaften mit einem Herrscher an der Spitze, der zugleich als oberster Feldherr und oberster Priester fungierte und mit Hilfe einer hierarchisch gegliederten Bürokratie regierte. Selbst das Militär war den zivilen Beamten unterstellt. Die Basis der Gesellschaft bildeten sich selbst verwaltende Dorfgemeinschaften, die in wirtschaftlicher Hinsicht autark waren, so daß keine Arbeitsteilung zwischen Stadt und Land und kein Binnenmarkt entstehen konnte. Städte blieben reine Verwaltungssitze und waren allenfalls Orte des Fernhandels für Luxusgüter, aber ohne handwerkliche Tradition. Wirtschaftliche Grundlage des Staates war eine intensiv betriebene Landwirtschaft, die vielfach auf künstlicher Bewässerung und nicht auf Regenfall wie im Westen beruht. Intensive Landwirtschaft läßt eine dichte Besiedelung zu, wie sie viele asiatische Länder auszeichnet. Nicht zufällig sind viele alte Hochkulturen in Flußtälern (Mesopotamien, Nil, Indus, Ganges, Gelber Fluß, Mekong) entstanden. Die Überschüsse der Landwirtschaft wurden komplett durch die Agrarsteuer und nicht als Grundrente wie im Feudalismus in Naturalform oder als Arbeitsleistungen abgeschöpft, um den Staatsapparat, das Militär, den Luxus der Elite, aber auch die staatlichen Prestigebauten aus Palästen und Grabmälern sowie große Infrastrukturprojekte wie den Kaiserkanal oder militärische Bauwerke wie die Große Mauer zu finanzieren. Eine bürgerliche Mittelschicht existierte kaum. Bildung war ausschließlich der Elite vorbehalten. Rekrutiert wurde die Bürokratie durch ein strenges Prüfungswesen, das die Kenntnis der Klassiker verlangte, dessen Absolvierung zwar im Prinzip jedem offenstand, wegen der langen Vorbereitungszeit und der damit verbundenen Kosten aber in der Regel zur Selbstrekrutierung der Elite führte. Macht, Prestige und Einkommen resultierten demnach nicht aus Abstammung (wie im Feudalismus) oder Eigentum (wie im Kapitalismus), sondern aus Leistung und den Funktionen, die die Bürokratie für das Gemeinwesen wahrnahm. Für spezielle Aufgaben wurden talentierte Eunuchen oder Sklaven rekrutiert, die keine Nachkommen hatten und somit keine zu den Beamten rivalisierende Machtpositionen festigen konnten. Handwerker und Kaufleute hatten gegenüber den Bauern einen niederen gesellschaftlichen Rang, deren Besitz konnte willkürlich eingezogen werden, um das Entstehen einer bürgerlichen Machtgruppe zu verhindern. Ethnische und religiöse Minderheiten wurden toleriert. Insofern waren orientalische Gesellschaften eher multikulturelle und multireligiöse Gesellschaften, in denen Hochreligionen nebeneinander existieren konnten. Eine Nationalstaatsbildung im westlichen Sinne fand nicht statt.

Die so skizzierten Gesellschaften basieren laut Marx auf der APW, die sich in drei Merkmalen vom Kapitalismus westlicher Prägung unterscheidet und dessen Herausbildung blockiert: (1) Die Abwesenheit von Privateigentum bei Grund und Boden. Bauern, Dorfgemeinschaften mit ihrer Allmende, selbst Großgrundbesitzer (in China die Gentry) sind nur Besitzer. Eigentümer ist der Staat, der den Boden einziehen und umverteilen kann. Auf diesem Anspruch basiert die Agrarsteuer, die nicht individuell, sondern durch das Kollektiv der Dorfgemeinschaft in Naturalform oder durch Arbeitsleistungen zu entrichten ist, um den genannten Aufwand zu finanzieren und die ambitionierten Bauten mit massenhaften Arbeitseinsätzen zu bewältigen. (2) Die Einheit von Agrikultur und Manufaktur auf Dorfebene, die die Herausbildung eines Markts für Massenkonsumgüter und die Arbeitsteilung zwischen

Stadt und Land als Voraussetzungen für Industrialisierung verhindert. (3) Die ökonomische Funktion des Staates, der regulierend und administrierend in die Wirtschaft eingreift wie beim Außenhandel, der als Tributhandel kaschiert wird, bei großdimensionierten Bauten wie dem Kaiserkanal, beim Deichbau, bei Flußregulierungen zur großflächigen künstlichen Bewässerung, bei Arsenalen und Werften. Sowohl der Holzschlag im waldreichen Hinterland wie der Bau der großen Kriegsdschunken waren Arbeitsleistungen zur Ableistung der Agrarsteuer. Der Handel mit Salz und Eisen als nicht überall verfügbaren Gütern des täglichen Bedarfs unterlag einem staatlichen Monopol. Der Staat unterhielt Getreidespeicher, um in Notzeiten die Bevölkerung mit Getreide und Saatgut zu versorgen. Insofern war die Agrarsteuer auch durch die organisatorischen und versorgenden Leistungen der Bürokratie für die Landwirtschaft legitimiert.

Die APW-Diskussion hat bislang drei Runden absolviert. Die erste wurde von Marx selbst bestritten mit seinen eher programmatischen Aussagen in den frühen Schriften wie der eingangs zitierten Passage, aus denen sich für Asien ein alternativer Ablauf von Gesellschaftsformationen zu dem für Westeuropa gültigen herauslesen läßt; den journalistischen Beiträgen aus dem Londoner Exil über Indien und China, in denen sich Marx als Modernisierungstheoretiker erweist, der dem britischen Kolonialismus trotz aller Kritik das historische Verdienst bescheinigt, die Wurzeln des asiatischen Despotismus auszureißen und so auch dort dem Kapitalismus freie Bahn zu verschaffen; der Skepsis in den Rußland-Schriften des späten Marx (die sich schon in den China-Schriften andeuten), ob es dort (wie in China) wegen der Beharrungskraft der traditionellen Gesellschaft überhaupt zur Durchsetzung des Kapitalismus kommt und der Sozialismus ohne das kapitalistische Durchgangstadium sich direkt auf die traditionelle Dorfgemeinschaft gründen könne. Je nachdem, auf welchen Marx man sich beruft, läßt sich ein anderes Verständnis gesellschaftlicher Entwicklung ableiten: Entweder hat das im *Kommunistischen Manifest* formulierte Stadienschema universelle Gültigkeit und auch in Asien wird sich, zur Not mit Hilfe des Kolonialismus, der Kapitalismus durchsetzen; oder die asiatischen bzw. orientalischen Gesellschaften durchlaufen einen anderen Entwicklungsweg als die europäischen und münden in Despotie und wirtschaftlicher Stagnation. Hier bietet der Sozialismus die Auflösung, ohne daß zuvor das Stadium des Kapitalismus durchlaufen werden muß.

Diese sehr abstrakt anmutende Alternative wurde politisch relevant, als sich mit der Gründung der KPCh 1921 und deren Aufnahme in die Komintern die Frage stellte, ob diese in China Bündnisse mit den bürgerlichen oder vermeintlich bürgerlichen Kräften der Guomindang schließen sollte, um so die Durchsetzung des Kapitalismus in China zu befördern, bis auch dort die Zeit für eine sozialistische Revolution gekommen sei, oder ob es dort, wie von Mao gefordert, einer Sinisierung des Marxismus bedürfe, weil die gesellschaftlichen Verhältnisse in China ganz andere waren als in Europa und nicht eine rudimentäre Arbeiterklasse, die zudem noch auf Shanghai konzentriert war, sondern die

Bauern das eigentliche revolutionäre Subjekt seien. Die politische Arbeit habe sich deshalb dem agrarischen Hinterland und nicht den Küstenstädten zu widmen. Diese Frage führte zur zweiten Runde der APW-Diskussion in den zwanziger und dreißiger Jahren mit prominenten Teilnehmern wie Wittfogel, Eugen Varga, David Rjasanow (Herausgeber der ersten Marx-Gesamtausgabe) und Liudvig Madjar.[7] Es ging aber nicht um die Klärung der empirischen Frage, sondern den Versuch, aus den verstreuten und widersprüchlichen Hinweisen bei Marx zu rekonstruieren, was dieser denn tatsächlich unter APW verstanden habe und wie er strategisch damit umgehen wollte. Wir kennen diese Rekonstruktionsbemühungen aus anderen Themenkomplexen, weil dessen Sechs-Bücher-Plan nur zu einem Achtzehntel, nämlich dem ersten Band des ersten Buches über das Kapital, von Marx selbst realisiert wurde, alles andere aber nur Fragment geblieben ist.

Im Zuge der Stalinisierung war in der Sowjetunion eine offene Debatte selbst unter Marxisten nicht mehr möglich. Auf zwei Orientalistenkongressen 1930 und 1931 wurde die Frage »wissenschaftlich« entschieden, indem die APW als Grundlage einer eigenständigen Gesellschaftsformation grundsätzlich verworfen und das klassische Stadienschema für universell gültig erklärt wurde. Wittfogel gehörte zur unterlegenen Minderheit. Stalin persönlich verkündete 1938 ein entsprechendes Verdikt, weil er nicht zu Unrecht befürchtete, daß das

7 Joshua A. Fogel, »The Debates over the Asiatic Mode of Production in Soviet Russia, China, and Japan«, in: *The American Historical Review* 93/1 (1988), S. 56-79.

APW-Konzept auch für Rußland als »halbasiatischem Land« Relevanz besitze, damit die Sinnhaftigkeit der Oktoberrevolution und die Losung vom Aufbau des Sozialismus in Frage gestellt werden könne und der Stalinismus (wie später der Maoismus) als eine neue Spielart des orientalischen Despotismus kategorisiert werden würde. Genauso argumentierte der als Renegat gebrandmarkte späte Wittfogel mit seinem Buch *Die orientalische Despotie*, obwohl oder gerade weil er sich mit seinen Argumenten auf Marx berufen konnte. Deshalb erübrige sich auch eine Sinisierung des Marxismus. Der spätere ideologische Konflikt mit China kündigte sich an, auch wenn schwer vorstellbar ist, daß der junge Mao oder andere Theoretiker der KPCh diese Zusammenhänge registriert und durchschaut haben. Damit schien die Debatte beendet.

Wieder aufgenommen wurde sie als dritte Runde in den siebziger Jahren als Teil der entwicklungspolitischen Diskussion in latenter Kritik zur Dependenztheorie. Für die postkolonialen Gesellschaften war die Frage, welchen Charakter sie vor der Kolonialisierung gehabt hatten, vielleicht doch nicht so ganz nebensächlich bei ihren Entwicklungsanstrengungen. Für ein nur randständig vom Westen durchdrungenes Land wie China galt das um so mehr, zumal dort mit den Mao-Zedong-Ideen nicht nur ein »sinisierter« Marxismus-Leninismus propagiert wurde, der nach dem Bruch mit der Sowjetunion 1960 einen eigenständigen, auf Autarkie beruhenden, Entwicklungsweg verfolgte und sogar versuchte, diesen in Konkurrenz zum Westen wie zur Sowjetunion in afrikanische und asiatische Länder zu exportieren. Nicht umsonst ist China auf der Bandung-Konferenz in Indonesien 1955 als prominenter Vertreter der Blockfreien Staaten aufgetreten. Im Licht der APW waren die dörfliche Autarkie der Volkskommunen, die massenhaften Arbeitseinsätze, um nicht vorhandenes Kapital durch Arbeit zu ersetzen, oder die vorrangige Orientierung an der Landwirtschaft nur zu bekannte Aspekte, die an das kaiserliche China erinnerten. Trotz aller Attraktivität des chinesischen Entwicklungsmodells hat die dritte Runde der APW-Debatte die entwicklungspolitische Diskussion der siebziger und achtziger Jahre kaum beeinflußt, die von den beiden großen Theorien, der US-amerikanischen Modernisierungstheorie und der lateinamerikanischen Dependenztheorie, beherrscht wurde. Beiden war jedoch letztlich gemeinsam, in den Entwicklungsländern eine nachholende Entwicklung nach westlichem Vorbild inszenieren zu wollen. Sie unterschieden sich nur darin, ob vorrangig bei internen Reformen von Staat, Wirtschaft und Gesellschaft oder bei radikalen Interventionen in der Außenwirtschaft anzusetzen sei. Daß der chinesische Weg eine grundsätzliche Alternative zu Modernisierungs- wie zur Dependenztheorie bot, wurde gar nicht registriert.

Hinzu kam ein irritierender Befund, der in dieselbe Richtung weist, den es aus Sicht beider Großtheorien gar nicht hätte geben dürfen. Die erste Generation der Schwellenländer in Ost- und Südostasien, die sogenannten Tigerstaaten Südkorea, Taiwan, Hongkong und Singapur, waren anders als China Fälle eines eindeutigen Kolonialismus von seiten Großbritanniens bzw. Japans. Offensichtlich hat dieser ihren Aufstieg nach (im Falle Hongkongs sogar während) der Kolonialzeit nicht blockiert. Aus den Old Trading Citys Hongkong und Singapur wurden die Newly Industrializing Countries. Der Aufstieg der Tigerstaaten war aber auch nicht das Resultat westlicher Entwicklungshilfe oder von Kapitalimporten und Auslandsinvestitionen. Ein ähnlicher Befund läßt sich für China konstatieren. Überall dort, wo der ausländische Einfluß seit der Öffnung des Landes 1842 stark war, in den Hafenkolonien und Pachtgebieten, finden sich heute die Wachstumszentren der Volksrepublik. Shanghai, in dessen Französischer Konzession die KPCh gegründet wurde, rivalisiert sogar als Wirtschaftsmetropole mit dem politischen Zentrum Peking. Dasselbe galt in der Mao-Ära und gilt noch heute für die Parteiführungen der beiden Städte. Gemeinsam ist ferner allen genannten Ländern Ost- und Südostasiens inklusive Japans, daß sie durch China und dessen »weltbejahenden« Konfuzianismus kulturell beeinflußt wurden und, abgesehen von Japan, Ziele einer beträchtlichen Auswanderung waren. In Singapur besteht die Bevölkerung zu achtzig Prozent aus Chinesen, in Malaysia zu dreißig Prozent, aber auch in Indonesien, Thailand oder den Philippinen ist die Quote beträchtlich. Nur in Vietnam wurden die eingewanderten Chinesen nach dem Vietnamkrieg als sogenannte »boat people« vertrieben. Überall in Südostasien gründeten die Chinesen ihre Chinatowns und beherrschen als sogenannte »Strategische Gruppen« Handel, Finanzwesen und Industrie, weil ihnen der Zugang zum Staatsdienst, zum Militär und zum Erwerb von Grund und Boden verwehrt ist. Alle zusammen bilden das »Greater China«, das über vielfältige familiäre Netzwerke miteinander verknüpft ist und seit der Öffnung des Mutterlands wieder nach China hineinreicht. Viele Auslandsinvestitionen in China sind in Wirklichkeit Investitionen von Auslandschinesen. Mit der Emigration wanderte auch der Konfuzianismus des kleinen Mannes nach Übersee, der sich in einer ausgeprägten Arbeitsethik, Bildungsbeflissenheit, Akzeptanz staatlicher Vorgaben und auf die Großfamilie bezogenen Gruppenorientierung äußert.

Auf der Suche zur Beantwortung der Frage, warum gerade in Ostasien – angefangen mit Japan im letzten Viertel des 19. Jahrhunderts, im Grunde das erste Schwellenland, und endend mit Vietnam als vorläufig letztem Fall – die zweite große Entwicklungsregion neben dem Westen entstanden bzw. wiederentstanden ist, die nicht nur aufgeholt hat, sondern überholt und China als deren eigentliches Zentrum an die Spitze in der Welt katapultieren wird, soll hier eine vierte Runde in der Debatte um die APW provoziert werden mit der Behauptung, daß sich die genannten Großtheoretiker geirrt haben mit ihren ökonomisch, politisch oder kulturell begründeten Thesen, China sei wie andere nichtwestliche Hochkulturen zur Stagnation verurteilt. Die zwischenzeitliche Stagnation war nur das Resultat einer Kontroverse innerhalb der bürokratischen Elite, bei der sich die konservativen Isolationisten gegen die progressiven Internationalisten durchsetzten. Auch aus der amerikanischen Geschichte kennen wir diesen Konflikt, der zuletzt in der Trump-Ära ausgetragen wurde. Nicht nur innenpolitische Kontroversen in den USA haben gravierende Folgen für die übrige Welt, auch solche in China.

Seit den achtziger Jahren wurde als Erklärung für den Aufstieg Asiens die Theorie des bürokratischen Entwicklungsstaates bemüht,[8] der aber nur eine Facette dessen darstellt, was hier mit dem Begriff APW bezeichnet wird. Im Kern besagt die Theorie, daß in allen genannten Ländern die Bürokratie, in Japan etwa das berühmte Ministerium für Internationalen Handel und Industrie, die nachholende Entwicklung regelrecht inszeniert, indem sie das private Unternehmertum durch alle möglichen Verordnungen, direkte und indirekte Anreize bzw. Sanktionen in die gewünschte Richtung dirigiert. Die Elite drängt in die Bürokratie, der Zugang erfolgt über eine harte Auslese des Bildungssystems, das große Tor zur Karriere ist die schwere Aufnahmeprüfung der erstrangigen Universitäten, die eine lange Vorbereitungszeit erfordert. Überall, auch in Japan, gibt es Fünf-Jahres-Pläne, wird mit Input-Output-Tabellen als strategischem Planungsinstrument operiert. Japan hat auf dem Höhepunkt der wirtschaftlichen Herausforderung der USA sogar eine integrierte japanisch-amerikanische Input-Output-Tabelle erstellt, um die Verflechtung beider Länder und die strategische Präsenz japanischer Firmen bei den Vorleistungen für amerikanische Unternehmen zu identifizieren.[9] Die Wirtschaft reagiert nicht auf die Signale des Marktes, der Markt

8 Z.B. Chalmers Johnson, *MITI and the Japanese Miracle: The Growth of Industrial Policy, 1925-1975*, Stanford 1982; ders., *Japan: Who Governs. The Rise of the Development State*, New York 1995.

9 *The 1985 Japan-U.S. Input-Output Table*, Tokio: Ministry of International Trade and Industry 1989.

wird von der Bürokratie instrumentalisiert. Überall dort, wo die USA nach 1945 als Besatzung- bzw. Schutzmacht auftraten (Japan, Südkorea, Taiwan, Philippinen), ist allerdings die Allmacht der Bürokratie eingeschränkt, insofern Rechtssicherheit und Privateigentum garantiert sowie ausländische Firmen präsent sind, sich die Länder den Regeln internationaler Organisationen wie der OECD oder der Welthandelsorganisation (WTO) unterwerfen, gleichwohl die Bürokratie sehr erfindungsreich ist, wenn es darum geht, den von den USA oktroyierten Ordnungsrahmen zu unterlaufen. Die amerikanischen Forderungen nach Liberalisierung und Marktöffnung, wie sie heute gegenüber China erhoben werden, waren die kontinuierliche Begleitmusik der amerikanisch-japanischen Beziehungen.

Rücksicht auf die USA und die Spielregeln der Marktwirtschaft muß die chinesische Bürokratie bzw. die sie kontrollierenden Kader der KPCh nicht nehmen. Hier wird der bürokratische Entwicklungsstaat in Reinkultur betrieben. Auch in China muß, wer es zu etwas bringen will, die harte Auslese der chinesischen Spitzenuniversitäten durchlaufen, muß mindestens Mitglied der Kommunistischen Partei sein. Das gilt selbst für die neue Schicht der chinesischen Selfmade-Großunternehmer. Es ist schon paradox, wenn ein Milliardär Mitglied einer Kommunistischen Partei ist. Und dennoch sind auch die chinesischen neureichen »Kapitalisten« nicht davor gefeit, jederzeit kaltgestellt, enteignet oder verhaftet zu werden, wenn sie gegen die Regeln und Vorgaben der Partei verstoßen. Man denke nur an Jack Ma, den Gründer der Alibaba-Gruppe.

Damit kommen wir zur entscheidenden Frage. Ist der Aufstieg Chinas zur größten Volkswirtschaft und perspektivisch zur Führungsmacht in der Welt Ausdruck der behaupteten Überlegenheit des Sozialismus gegenüber dem Kapitalismus? Oder liegt dieser Aufstieg begründet in einer Gesellschaftsformation mit einer geistigen Prägung, die sich grundsätzlich von westlichen Gesellschaften unterscheidet und mit den Begriffen APW und konfuzianische Ethik im Gegensatz zu Kapitalismus und protestantische Ethik zu fassen ist? Hier wird für Letzteres plädiert. Damit stellt sich die weitere Frage: Welches System ist perspektivisch das erfolgreichere? Wird China im hegemonialen Übergang obsiegen oder werden sich die USA in dem bereits im Gang befindlichen hegemonialen Ausscheidungskampf, wie in den achtziger Jahren gegenüber Japan, behaupten?

Ist das westlich-angelsächsische Modell, das auf Privateigentum, Rechtssicherheit, protestantischer Ethik, Individualismus, Marktwirtschaft, Arbeitsteilung, gesellschaftlicher und politischer Differenzierung, gewerkschaftlicher Gegenmacht u. a. beruht, bei dem der Staat nur eine flankierende Rolle für die privaten Unternehmer zu spielen hat, das erfolgreichere? Sind, wie im Falle der USA, die Vanderbilts, Carnegies, Rockefellers, Fords und Gates, Jobs, Zuckerbergs, Pages, Musks und Bezos' die Heroen, die durch ihre Innnovationskraft und unternehmerische Leistung das Land voranbringen, als Selfmade-Men in der radikalen angelsächsischen Variante des Staates gar nicht bedürfen? Oder sind es die ungenannten Strategen, die in Partei und Staat an den Schalthebeln sitzen, und die Manager der großen Staatskonzerne, die deren Planungsvorgaben umsetzen? Damit zeichnet sich das chinesische Entwicklungsmodell in nahezu jeder Hinsicht durch das komplette Gegenteil dessen aus, was die amerikanische Gesellschaft ausmacht.

Dieses hat seit 1949 drei Phasen durchlaufen. (1) Die maoistische Phase eines radikalen Isolationismus unter der Devise »unabhängig und im Vertrauen auf die eigene Kraft« bis 1978, der auch den Bruch mit dem sozialistischen Bruderland nicht scheute und 1968 bis an den Rand des offenen Krieges mit der Sowjetunion reichte, die als der gefährlichere Gegner als der US-Imperialismus bezeichnet wurde. Insofern stand Mao in der Tradition der gelben Fraktion des Mandarinats. (2) Die Ära Deng Xiaopings, zu deren Beginn auf dem berühmten 3. Plenum des 11. Zentralkomitees 1978, zwei Jahre nach Maos Tod, die Weichen in Richtung Öffnung und Modernisierung des Landes gestellt wurden. Man scheute sich nicht, dafür auch auf die westliche Technologie zu setzen, die via Joint Ventures ins Land geholt wurde, weil sich die westlichen Firmen vom Mythos des unermesslichen chinesischen Markts ködern ließen. Heute, wo es zu spät ist, wird der Vorwurf der Produktpiraterie erhoben. So wurde über nahezu vierzig Jahre ein exportgetriebenes jährliches Wirtschaftswachstum von zehn Prozent erzielt. Ein Zentralkomitee beschließt, und anschließend legt das ganze Land den Schalter um in eine Richtung, die in entwicklungsstrategischer Hinsicht in fundamentalem Widerspruch zu dem stand, was Mao zuvor gepredigt hatte. So ein welthistorisch einmaliger Take-off bezüglich Tempo und Dauer, der selbst einen Entwicklungsökonomen wie Walt Rostow in Erstaunen versetzt hätte, kann nur gelingen, wenn die Akzeptanz staatlicher Vorgaben in der Bevölkerung tief verankert ist – auch das ein Erbe des Konfuzianismus. Aus heutiger Sicht markierte das 3. Plenum die entscheidende Weichenstellung, auf dem sich innerhalb der Parteielite die weltoffene Fraktion gegenüber der Fraktion der orthodoxen Maoisten durchsetzte, als sie die »Vier Modernisierungen« verkündete.

Zehn Jahre später führte die sechsteilige Fernsehdokumentation *Heshang* (Gelber Fluß) zu einem kontroversen innenpolitischen Nachhutgefecht, weil in der Serie mit ihrer Traditionskritik der explizite Bezug zur Kontroverse in der Ming-Zeit zwischen der gelben und der blauen Fraktion hergestellt wurde.[10] Die Autoren des Mehrteilers hofften allerdings vergeblich, die Öffnung des Landes würde auch zu dessen Verwestlichung führen. Daß sie nur Instrument für Chinas Wiederaufstieg sein, das Land aber nicht grundsätzlich verändern sollte, konnte oder wollte man nicht sehen. Der Okzidentalismus im Osten unterliegt unter umgekehrten Vorzeichen insofern nur demselben Irrtum wie der Orientalismus im Westen.[11] (3) Die noch kurze Ära Xi Jinpings, der auf dem XIX. Parteitag den chinesischen Führungsanspruch ausrief. China exportiert seitdem

10 Vgl. zu dieser Kontroverse Sabine Peschel (Hg.) und Redaktionsgruppe Heshang, *Die Gelbe Kultur. Der Film Heshang: Traditionskritik in China*, Unkel 1991; Su Xiaokang und Wang Luxiang, *Deathsong of the River: A Reader's Guide to the Chinese TV Series Heshang*, Ithaca 1991.

11 Chen Xiaomei, *Occidentalism: A Theory of Counterdiscourse in Post-Mao China*, New York 1995.

nicht nur, sondern expandiert dank seiner hohen Leistungsbilanzüberschüsse in großem Stil auch im Ausland, um im Zuge seines *peaceful rise* die Führung zu übernehmen. Selbst im Sport könnte sich der staatliche Dirigismus als erfolgreicher als das auf Einzelinitiative und privatem finanziellen Engagement beruhende amerikanische Sportsystem erweisen.

Für diesen, aufgrund der kurzen Zeitspanne welthistorisch sehr bemerkenswerten Aufstieg, liefert die Theorie des bürokratischen Entwicklungsstaates, anders als bei den ostasiatischen Nachbarn, nur eine Teilerklärung. China praktiziert das, was in der Theorie der APW unter der ökonomischen Funktion des Staates verstanden wurde, nur daß statt des Mandarinats die Leitungskader der Kommunistischen Partei die Steuerungs- und Kontrollfunktion übernommen haben. Oberstes Ziel von Wirtschaftswachstum und Aufrüstung ist, China wieder zum Zentrum der Welt zu machen. Ganz nebenbei gewinnt die Partei so die Legitimation gegenüber der Masse der Bevölkerung trotz der Einschränkungen, die das autoritäre, um nicht zu sagen despotische System mit sich bringt. In China ist eine breite kaufkräftige Mittelschicht entstanden, die es in seiner zweitausendjährigen Geschichte nie gegeben hat. Die wenigen Oppositionellen, nämlich die genannten Okzidentalisten (wie seinerzeit die Westler in Rußland) finden nur in den westlichen Medien große Aufmerksamkeit, haben aber keine Chance, mit ihren Forderungen durchzudringen. Zu Kaisers Zeiten drängte die Elite in die Bürokratie, jetzt drängt sie in die Partei, im Idealfall flankiert vom Studium an einer der Elite-Universitäten. Während des Studiums bilden sich die Kohorten, die den gemeinsamen Aufstieg absichern. Die Parteikarriere verspricht Prestige, Macht, hohe Einkommen und alle Arten von Privilegien. Die Legitimation ist funktional begründet und basiert nicht auf Eigentum. Die Partei und nur die Partei hat in allen wichtigen Fragen das letzte Wort. Das gilt auch für die Armee, für die die Zentrale Militärkommission der Partei das oberste Gremium ist. Nicht umsonst haben die jeweiligen Parteiführer immer deren Vorsitz geführt.

Auch das zweite Merkmal der APW, das fehlende Privateigentum (damals an Grund und Boden), ist mit Abstrichen erfüllt. In der Landwirtschaft hat es seit 1949 mehrfach Umverteilungen und Wechsel in der Besitzstruktur gegeben. In der Industrie und im Dienstleitungssektor waren die Staatsbetriebe bis in die achtziger Jahre omnipräsent. Auch heute sind trotz der Zulassung von Privatbetrieben die größten Unternehmen fast alle staatlich oder halbstaatlich. Das gilt gerade auch für die in der Außenwirtschaft so wichtigen Banken, Reedereien, Werften, Hafenbetriebe und Baukonzerne, die eigentlichen Akteure auf der Neuen Seidenstraße. Selbst für die ganz großen Privatunternehmer gibt es keine Rechtssicherheit und keinen Schutz des Privateigentums, können sie doch jederzeit kaltgestellt werden, wenn sie eine kritische Position gegenüber der Partei einnehmen. Der Arm der Partei reicht sogar bis nach Hongkong. Die Behauptung des Machtmonopols der Partei hat oberste Priorität. Dafür sind alle Mittel recht – wie das Instrument der umfassenden Zensur im Mediensektor unterstreicht, der sich selbst die amerikanischen Internetgiganten beugen, wollen sie in China präsent sein. Lediglich das dritte Element, die Einheit von Agrikultur und Manufaktur, hatte nur in der Frühphase der Volksrepublik mit den Volkskommunen eine Renaissance erfahren. Die Städte sind nicht mehr nur Orte der Repräsentation und Verwaltung, sondern auch Orte von Industrie, Handel und Finanzwesen, unterstehen aber, anders als in der frühbürgerlichen Phase Westeuropas, der Zentrale.

Die fundamentale Erklärung, warum China seit der Öffnung in der Ära Deng Xiaopings und verstärkt mit seiner globalen Expansion in der Ära Xi Jinpings diese Dynamik entfaltet hat, liefert der skizzierte Rückblick auf die alte Kontroverse zwischen der blauen, expansionistischen und seewärts gewandten, und der gelben, binnenorientierten Fraktion. In den 1430er Jahren befand sich China auf dem Höhepunkt seines internationalen Ansehens, war Zentrum eines weiträumigen Tributsystems und dominierte den Fernhandel bis in das Becken des Indischen Ozeans. In einem Machtkampf, der innerhalb der konfuzianischen Elite ausgetragen wurde, vermochte sich die gelbe Fraktion durchzusetzen und dem Land einen radikalen Isolationismus zu verordnen, der so lange verfolgt wurde, bis der Westen das Land gewaltsam öffnete. Mit der Sinisierung des Marxismus und dem Sieg der Mao-Fraktion in den zahlreichen innerparteilichen Linienkämpfen, die zur Säuberung der an der Sowjetunion orientierten Parteikader führte, hatte sich seit 1945 eine neue gelbe Fraktion durchgesetzt, die sogar die Anlehnung und Unterordnung gegenüber dem sowjetischen Bruder verweigerte.

Seit 1978 ist die blaue Fraktion an der Macht, die mit der Neuen Seidenstraße sogar die Symbolik aus der Zeit wiederbelebt, als China in regem Kontakt mit den benachbarten Tributstaaten und mit Europa stand. Erfüllt sich die Prophezeiung des Xi Jinping bis 2049 (oder womöglich schon früher), dann droht der Welt eine bürokratische Ordnung unter der Führung der KPCh! Es ist nicht auszuschließen, daß der *peaceful rise* doch nicht so friedlich sein wird, wie die chinesische Führung beteuert, und daß der Handelskonflikt mit den USA zu einem militärischen mutiert, wie er sich im Cyberwar oder der mysteriösen Ballon-Affäire im Frühjahr 2023 bereits angedeutet hat. Entsprechende Äußerungen Joe Bidens weisen darauf hin. In der Weltgeschichte war die Phase eines hegemonialen Übergangs nie friedvoll, sondern von großen Kriegen begleitet.

4. Die Neue Seidenstraße als Projekt einer eurasischen Weltordnung

Eine Drei-Länder-Tagung der politikwissenschaftlichen Fachverbände Deutschlands, Österreichs und der Schweiz widmete sich 2019 an der ETH Zürich dem Thema »Das Ende des Westens? Liberale Ordnungen unter Druck«. Auch wenn der Obertitel noch mit einem Fragezeichen versehen war, so reagierte die deutschsprachige akademische Zunft doch mit einiger Verspätung auf einen Prozeß, der seit Jahren absehbar ist und unter dem Begriff *second American decline*, ablesbar an dem immer größer werdenden Doppeldefizit von Außenhandel und Haushalt, diskutiert wird. Eine negative Handels- oder gar Leistungsbilanz ist Ausdruck nachlassender internationaler Wettbewerbsfähigkeit und verlangt zu ihrem Ausgleich eine positive Kapitalbilanz, also die Verschuldung gegenüber dem Ausland. Ein steigendes Haushaltsdefizit zeigt an, daß die wirtschaftliche Leistungsfähigkeit bzw. das daraus resultierende Steueraufkommen immer weniger in der Lage ist, die öffentlichen Güter, die der Staat bereitstellt, zu finanzieren. Im Falle der USA gilt das insbesondere für das internationale öffentliche Gut Sicherheit, etwa in Form eines Nuklearschirms oder des weltweiten Kampfs gegen den Terror, welches diese nahezu kostenlos für große Teile der Welt zur Verfügung stellen.

Auch wenn beide Defizite seit mehreren Präsidentschaften manifest sind und sich zwischenzeitlich in rückläufigen Militärausgaben auf allerdings sehr hohem Niveau niedergeschlagen haben, so gerieten sie hierzulande doch erst so richtig ins öffentliche Bewußtsein, seit Trump die daraus aus seiner Sicht notwenigen Konsequenzen zog, indem er das so bequeme Free- oder Cheapridertum gerade der westlichen Hauptkonkurrenten der USA beanstandete. Trump ist zwar ungebildet und unzivilisiert, aber clever und hat zumindest verstanden, was ihm seine Berater als Kernbotschaft vermittelt haben: Die USA stehen vor dem klassischen Dilemma zwischen Positionsverlust als führende Wirtschaftsmacht und Statusverlust als liberale Ordnungsmacht. Wollen sie ihren Status behaupten und weiter die Fahne des Liberalismus hochhalten, verlieren sie ihre Position als Wirtschaftsmacht und erwirtschaften, gemessen am Aufwand, immer weniger Ressourcen, die notwendig sind, den Status zu exekutieren. Reagieren sie protektionistisch auf den Verdrängungswettbewerb von seiten asiatischer und europäischer Länder, um die Position als Wirtschaftsmacht zu behaupten, und isolationistisch, um die Kosten für ihre internationalen Verpflichtungen zu reduzieren, verlieren sie den Status als Führungsmacht. Auf den wirtschaftlichen folgt der hegemoniale Niedergang. Trump war fest entschlossen, das Dilemma im Sinne des »America first« aufzulösen in der trügerischen Hoffnung, daß der Neoisolationismus hilft, Amerika wieder groß zu machen, hat der Isolationismus in den USA doch eine lange Tradition und wurde erst 1941 mit dem Kriegseintritt für die nächsten siebzig Jahre aufgegeben. Joe Biden ist in seiner Rhetorik zwar gemäßigter, steht aber vor demselben strukturellen Dilemma und verfolgt deshalb, wenn auch weniger aggressiv verpackt, dieselbe Politik.

Da auch die vorhergehende Führungsmacht, die schon mehrere Etappen des *British decline* durchlaufen hatte, wild entschlossen war, mit dem Brexit ihre Form des Isolationismus, zumindest gegenüber dem europäischen Kontinent, zu verfolgen, sieht sich der alte europäische Westen einer mehrfachen Herausforderung gegenüber – dem drohenden Handelskrieg mit den USA bei gleichzeitigem Druck, mehr für die Rüstung auszugeben in einer Situation, in der der europäische Einigungsprozeß nicht nur an die Grenzen von Erweiterung und Vertiefung gestoßen ist, sondern sogar ein Rückschritt droht, wobei die separatistischen Tendenzen in Ost- und Südosteuropa andere Ursachen haben als in Großbritannien.

Weniger öffentliche Aufmerksamkeit gefunden hat demgegenüber der parallel ablaufende Prozeß, daß China dabei ist, in eine internationale Position zurückzukehren, die es vor fast 600 Jahren, genau 1433, mit seinem freiwilligen Isolationismus aufgegeben hatte. Eine Konsequenz war der Niedergang des Tributsystems, der chinesischen Vorstellung von Weltordnung mit China als dem Land der Mitte. Auch wenn Autoren wie André Gunder Frank mit seinem Buch *ReOrient* schon lange darauf hingewiesen haben,[1] die Great-Divergence-Debatte das Thema aus umgekehrter Perspek-

1 André Gunder Frank, *ReOrient: Global Economy in the Asian Age*, Berkeley 1998.

tive aufgegriffen hat, so scheint es mittlerweile, daß der Vorgang sich rascher vollziehen wird. Trump war freiwillig bereit, das Feld zu räumen, und China hat eingesehen, daß sein seit 2003 verkündeter *peaceful rise* nicht weiter mit dem Status des Freeriders der amerikanischen Ordnungsleistungen vereinbar ist. China wird aber nicht einfach die internationale Rolle der USA übernehmen, wie diese 1945 im Hinblick auf Großbritannien verfahren sind, sondern strebt die Restauration einer alten Weltordnung chinesischer Prägung an, die wenig mit der uns vertrauten und so bequemen liberalen amerikanischen gemein hat, dafür aber viel mit einer bürokratischen Ordnungsvorstellung, die in mancher Hinsicht an das alte Tributsystem erinnert.

Während die USA vor dem hegemonialen Dilemma stehen, steht China vor dem Dilemma des Freeriders. Der welthistorisch beispiellose wirtschaftliche Aufstieg seit der Öffnung des Landes im Jahre 1978 mit trotz des zunehmenden Basiseffekts nahezu zehnprozentigen jährlichen Wachstumsraten, auch wenn das Wachstum kürzlich durch den coronabedingten radikalen Lockdown und die Unterbrechung der Lieferketten eine Delle bekommen hat, war nicht zuletzt möglich, weil man unter Verweis, noch Entwicklungsland zu sein, trotz Öffnung keineswegs auf die liberale, sondern auf die protektionistische Karte gesetzt hat. Freihandel als grundsätzliches ordnungspolitisches Dogma ist eine Ideologie. Er ist immer nur gut für den, der an der Spitze der internationalen Wettbewerbsfähigkeit steht. Das galt selbst für das Mutterland des Freihandels erst seit den 1840er Jahren oder für die USA erst seit 1945. In allen erfolgreichen Fällen nachholender Industrialisierung (Deutschland, USA, Japan etc.) wurde die Aufstiegsphase protektionistisch abgesichert. Ob so auch der Abstieg abgewendet werden kann, ist eine Frage, die Trump bzw. Biden zu beantworten suchen. Der chinesische Aufstieg war auch deshalb möglich, weil man sich wie Europa oder Japan als Freerider der USA eingerichtet hat, die die Kosten für die internationalen öffentlichen Güter getragen haben. Die Garantie des Prinzips Freiheit der Meere, an dem auch die chinesischen Containerschiffe oder Öltanker aus dem Persischen Golf partizipieren, haben die amerikanischen Trägerflotten gewährleistet.

Das Freerider-Dilemma ist nicht zuletzt die Konsequenz der Art und Weise, wie abrupt und radikal Trump das hegemoniale Dilemma auflösen wollte. Würde China weiter im Status des Freeriders verharren, um die Kosten für die internationale Ordnung zu sparen, müßte es hinnehmen, daß diese Ordnung nicht mehr so funktioniert, wie man es gewohnt war. Der aufziehende amerikanisch-chinesische Handelskrieg macht das deutlich. Gibt es aber den Status des Freeriders auf, muß es auch die Kosten übernehmen, was zu Lasten des weiteren Aufstiegs geht. Die bisherige Zwischenlösung, das amerikanische Doppeldefizit und damit auch zumindest teilweise den amerikanischen Rüstungshaushalt durch chinesische Anleihen zu finanzieren, reicht nicht mehr, zumal es sich als Abhängigkeit von China interpretieren läßt. China löst sein Dilemma auf, indem es nicht nahtlos den Status der Führungsmacht von den USA übernimmt, sondern eine alternative Ordnung errichtet, die nicht die gesamte Welt betrifft, sondern in der Phase des hegemonialen Übergangs nur die alte eurasische Entwicklungsschiene, wie sie etwa von der Soziologin Janet Abu-Lughod als erstes Weltsystem vor Beginn der europäischen Welteroberung beschrieben wurde.[2] Deshalb vollzieht China seit der Gründung der Volksrepublik 1949 notgedrungen den dritten ordnungspolitischen Schwenk. In der Ära Mao Zedongs setzte man auf einen radikalen Isolationismus, in der Ära Deng Xiaoping seit 1978 auf eine schrittweise Öffnung bei reguliertem Zugang und außenhandelsgetriebenem Wachstum und in der Ära Xi Jinpings seit 2013 mit der Neuen-Seidenstraßen-Initiative (NSI) auf eine eurasische Expansion, die sich neben dem Handel auf Kredite und Auslandsinvestitionen stützt. Das hegemoniale Dilemma wird aufgelöst, indem China viel Geld in die Hand nimmt, nicht um internationale öffentliche Güter wie zuvor die USA, sondern um über neue internationale Organisationen ohne die USA wie etwa die Shanghaier Organisation für Zusammenarbeit oder eine Kette bilateraler Abkommen »Clubgüter« bereitzustellen, die nicht allen, sondern nur denen zur Verfügung stehen, die Mitglied im »Club« der Länder entlang der Neuen Seidenstraße werden.[3] Wichtigstes und offen propagiertes Clubgut ist »Konnektivität«. Damit ist nicht nur die Integration und Paßgenauigkeit der Infra-

2 Janet L. Abu-Lughod, *Before European Hegemony: The World System A.D. 1250-1350*, New York 1989.

3 Öffentliche Güter sind durch Nichtausschließbarkeit und Nichtrivalität, Clubgüter durch Ausschließbarkeit und Nichtrivalität definiert.

strukturen aus Eisenbahnen, Fernstraßen, Pipelines, Stromleitungen, Glasfasern etc. auf der Seidenstraße gemeint, sondern auch der institutionelle Rahmen aus Normen, Standards, Zollformalitäten, Quarantänebestimmungen, Investitionsschutzabkommen, Zahlungsmodalitäten u. a., die notwendig sind, um den Warenverkehr zu beschleunigen und Industrieparks entlang der neuen Wirtschaftskorridore zu errichten. Wenn von allen Anrainern der Yuan anstelle des Dollars als internationales Zahlungsmittel akzeptiert würde, wäre China einen großen Schritt auf der Neuen Seidenstraße vorangekommen.

Auch wenn die seit 2013 zur NSI veröffentlichten Reden und Dokumente wenig systematisch, umfassend und transparent im Hinblick auf die konkrete Ausgestaltung der einzelnen Vorhaben sind, was auch an der trotz Zahlenfixiertheit blumigen chinesischen Sprache bzw. der Inkompetenz der Übersetzer liegen mag, so ist doch zumindest seit den »Visionen und Aktionen zum gemeinsamen Aufbau des Wirtschaftsgürtels entlang der Seidenstraße und der maritimen Seidenstraße des 21. Jahrhunderts«[4] und dem Dokument des Büros der Forschungsgruppe für »Die ›Neue Seidenstraßeninitiative‹: Konzept, Praxis und Chinas Beitrag« aus dem Jahre 2015 klar, um was es gehen soll, und vor allem klar, wie China die »Visionen« verwirklichen will.

Schon zu Zeiten Marco Polos gab es den territorialen Ast der Seidenstraße auf den Karawanenwegen vom

4 Das Dokument ist auf der Website des Generalkonsulats der Volksrepublik China in München verfügbar: {http://munich.china-consulate.gov.cn/ger/zt/1b/201504/t20150408_3991694.htm}.

Asowschen Meer nördlich und südlich des Kaspischen Meeres durch Zentralasien oder Persien bis zur alten chinesischen Kaiserstadt Xi'an bzw. nach Peking am Rand der Steppe. Auf ihrem Höhepunkt, der Ära der Pax Mongolica, sorgten die Mongolen, zugleich Yuan-Dynastie in China, für die notwendige Infrastruktur aus Karawansereien, Wasserstellen und Postverbindungen und die Sicherheit auf den Routen. Die Italiener waren zuständig für die institutionelle »Konnektivität«, indem italienische Maße, Gewichte, Münzen und Kreditbriefe Gültigkeit auf dem langen Weg von Genua oder Venedig via Karakorum bis Peking besaßen. Das öffentliche Gut Sicherheit lieferte die Kavallerie der Mongolen, das der wirtschaftlichen Stabilität die italienischen Fernhändler. Es gab aber auch schon damals den maritimen Ast, den Marco Polo bei seiner Rückreise nutzte, von den Küstenhäfen durch das Südchinesische Meer, die indonesische Inselwelt, die Straße von Malakka, entlang der indischen Küsten des Golfs von Bengalen und des Arabischen Meeres und von dort durch den Persischen Golf, den Euphrat aufwärts zur syrischen Küste bzw. durch das Rote Meer und das Nildelta zum Mittelmeer. Auch wenn bereits während der Song-Zeit chinesische Dschunken bis an die ostafrikanische Küste gelangten, so gab es doch zur See anders als zu Lande keine Ordnungsmacht, sondern ein Netz von Routen, das von chinesischen, indischen und arabischen Fernhändlern befahren und lediglich durch die Saison der Monsunwinde bestimmt wurde. Auf dem maritimen Ast kamen die Italiener erst an dessen Ende im Mittelmeer ins Spiel.

Dieses System kollabierte Mitte des 14. Jahrhunderts mit dem Ausbruch der Pest, die sich binnen eines Jahres von China auf den Karawanenwegen wie den Seerouten bis nach Westeuropa ausbreitete – ein wesentlicher Faktor für den Untergang des Mongolenreiches. Lange bevor sich die Portugiesen von Westen auf die Suche des Seewegs nach Indien um Afrika herum machten, um das alte System auf neuer Route zu restaurieren und den osmanischen Zwischenhandel zu umgehen, versuchten die Ming sich an der Restauration des Systems von Osten, wobei sie aber nicht nur wirtschaftliche, sondern auch politische Interessen, nämlich den Ausbau des Tributsystems, verfolgten. Tributsystem hieß regelmäßige Aufwartung von Tributgesandtschaften in Peking über festgelegte Routen und der Vollzug des Kotaus als Symbol der Unterwerfung unter die chinesische Oberhoheit, die Investitur neuer Herrscher durch den chinesischen Kaiser, die Übernahme des chinesischen Kalenders, die Vergeltung der Tributwaren durch chinesische Gegengeschenke, die deren Wert oftmals übertrafen, faktisch ein Staatshandel und in der Tendenz eine internationale Arbeitsteilung, bei der China Rohstoffe bezog und Fertigwaren (Tee, Seide, Porzellan, Druckerzeugnisse) lieferte. China ließ sich damals seinen Status als Ordnungsmacht etwas kosten und scheint auch heute wieder dazu bereit zu sein.

Während die chinesischen Landexpeditionen, um die zentralasiatischen Völker tributpflichtig zu machen, nur bedingt erfolgreich waren, weil China nicht über die Pferdepopulation verfügte, die Steppenvölker dauerhaft zu unterwerfen – ein Grund warum man sich stattdessen hinter der Großen Mauer verschanzte –, waren die See-Expeditionen unter dem Kommando von Zheng He sehr erfolgreich. Die Restauration des Tributsystems bedeutete, daß zwischen 1420 und 1435 etwa 40 bis 60 Staaten tributpflichtig waren, zwischen 1400 und 1430 etwa 40 Gesandtschaften pro Dekade allein aus Südostasien ihre Aufwartung machten. An strategischen Punkten wurden Stützpunkte unterhalten, manchmal in die Innenpolitik der tributpflichtigen Staaten interveniert und eine Art Konsularsystem überall dort unterhalten, wo sich bereits Chinatowns etabliert hatten, vor Ort die lokalen Akteure des Tributhandels.

Nach einer heftigen Kontroverse zwischen dem konservativen – gelben – Mandarinat und den weltoffenen modernisierungswilligen – blauen – Eunuchen vom Schlage Zheng Hes wurde die Expansion gestoppt. Die Anzahl der Tributstaaten ging zurück bis auf einen kleinen Rest unmittelbarer Nachbarn am Ende der Kaiserzeit. Als die Portugiesen etwa siebzig Jahre später in den Indik eindrangen, um den Estado da Índia als neues Ordnungssystem zu gründen, stießen sie in ein machtpolitisches Vakuum. Wäre Vasco da Gama auf die Kriegsdschunken Zheng Hes getroffen, hätte er keine Chance gehabt. So konnte um das Jahr 1500 von niemandem gehindert die europäische Welteroberung beginnen und die Vorherrschaft der Seemächte über die Landmächte, auch wenn deren Hinterland lange Zeit undurchdringlich blieb. Auf die Portugiesen folgten die Niederländer, auf die Niederländer die Engländer und auf diese zuletzt die Amerikaner, während die eurasischen Landmächte, die Osmanen, die Safawiden und die Moguln dem westlichen Druck Tribut zollen mußten, vermochte China sich bis 1842 der Öffnung zu erwehren, wurde bis auf die Vertragshäfen auch nicht in einem förmlichen Sinne kolonialisiert.

Die hier nur skizzierten globalen Trends bilden die Folie dessen, auf was Xi Jinping, neuer Vertreter der »blauen Fraktion«, abzielt. Dabei darf das unbedingte Machtmonopol der Partei trotz aller Öffnung des Landes und aller Auslandsaktivitäten auf keinen Fall in Frage stehen. Wieder geht es wie bei den frühen Ming um die Restauration der alten Landrouten quer durch Eurasien und der Seerouten durch das Becken des Indiks. Zu Land greift man auf die bestehende, aber zum Teil marode Infrastruktur, etwa die Transsibirische Eisenbahn, zurück, will diese aber modernisieren und so ausbauen, daß der Kostenvorsprung des Seehandels durch die drastische Reduzierung der Fahrtzeiten nach Europa ausgeglichen wird. Auch wird so das Nadelöhr des Suezkanals entlastet. Ergänzt werden soll die Eisenbahn durch neue Fernstraßen für den Containertransport, den Bau von Pipelines für Öl und Gas sowie den Ausbau der Energie- und Kommunikationsinfrastruktur. Beispielhaft ist die bestehende regelmäßige Verbindung zwischen Chongqing und Duisburg via Ürümqi, Kasan und Moskau. Ende 2016 gab es bereits 39 Schnellbahnverbindungen für den Gütertransport nach Europa mit etwa 3000 Zügen, die 14 Städte in 9 europäischen Ländern anfuhren. Die Konnektivität bezieht sich aber nicht nur auf die Integration der bestehenden Eisenbahnlinien, sondern wie zu Zeiten der italienischen Fernhändler auf den institutionellen Überbau. Neu ist, daß die Transportwege quer durch Eurasien ergänzt werden durch sogenannte Wirtschaftskorridore von Nordostchina durch die Mongolei nach Sibirien, Westchina zum Ural bzw. über den Iran und die Türkei zum Mittelmeer und von Südwestchina durch Indochina nach Singapur. In Bau ist der Korridor von Kaxgar ganz im Westen über den alten Karakorum Highway durch das Indus-Tal zum neuen Hafen im pakistanischen Gwadar am Arabischen Meer. Damit eröffnet sich eine alternative Verbindung zwischen dem Persischen Golf und China, der nicht mehr den Weg durch das Nadelöhr der Malakka-Straße benötigt. Auch ist bis 2025 eine schiffbare Verbindung über den Mekong von Kunming bis in den Süden Vietnams geplant. Die kontinentale Hauptroute und zugleich die kürzeste Verbindung zwischen dem Westen Chinas und Westeuropa soll von Xi'an in Zentralchina über Ürümqi, Bischkek, Taschkent, Duschanbe, Teheran und Ankara verlaufen – eine grandiose Wiederauflage der Bagdad-Bahn in umgekehrter Richtung. Damit geraten neben den betroffenen zentralasiatischen Ländern insbesondere der Iran und die Türkei auch politisch ins Visier. Ein östlicher Schlenker durchquert den Balkan bis Moskau und von dort über Minsk und Warschau nach Rotterdam und Antwerpen.[5]

So werden drei Wirtschaftsgürtel entstehen von Nordwest- und Nordchina durch Zentralasien und Rußland

5 Zur graphischen Darstellung vgl. Peter Brödner, »Chinas ›Neue Seidenstraße‹ – weltgrößtes Projekt zivilwirtschaftlicher Entwicklung«, Karlsruhe, 5. Oktober 2017; online verfügbar unter: {http://www.stattweb.de/files/civil/Doku20171005pb.pdf}.

bis zur Ostsee, von Nordwestchina durch Zentral- und Westasien zum Persischen Golf und zum Mittelmeer und von Südwestchina durch Indochina zum Indik. »Wirtschaftskorridor« bedeutet aber nicht nur Konnektivität für den Durchgangsverkehr und die Energieversorgung, sondern den Korridoren selbst Wachstumsanreize zu bieten und die Voraussetzung dafür zu schaffen, daß China dort Industrieparks gründen kann, in die Fertigung für den Export nach Europa ausgelagert wird, um Transportkosten zu sparen und das steigende Lohnniveau in China zu unterbieten. Dazu gehört auch das sogenannte Landgrabbing zur Versorgung des chinesischen Markts mit Nahrungsmitteln und pflanzlichen Rohstoffen. All das ist aus der Geschichte des europäischen Kolonialismus und den Anfängen der Schwellenländerdiskussion nur zu bekannt.

Der zweite Ast der NSI ist die maritime Seidenstraße auf den alten, schon seit der Song-Zeit befahrenen Routen von den Küstenhäfen durch das Südchinesische Meer, die Malakka-Straße, Sri Lanka mit Abzweig nach Kalkutta. Von Sri Lanka verläuft die Hauptroute via Male (Malediven) quer durch den Indik bis Mombasa und Daressalam bzw. über Djibouti durch das Rote Meer und den Suezkanal nach Piräus und Venedig. Über den Brenner und durch den Gotthardtunnel wird der Kreis zum Ende der kontinentalen Route in Rotterdam geschlossen. Geplant ist auch eine Abzweigung von Jakarta Richtung Südpazifik bis Neuseeland. Ferner deutet sich die alternative Route um das Kap der Guten Hoffnung an, um den Engpaß des Suezkanals zu umgehen. Analog zum Wirtschaftsgürtel geht es auch hier um

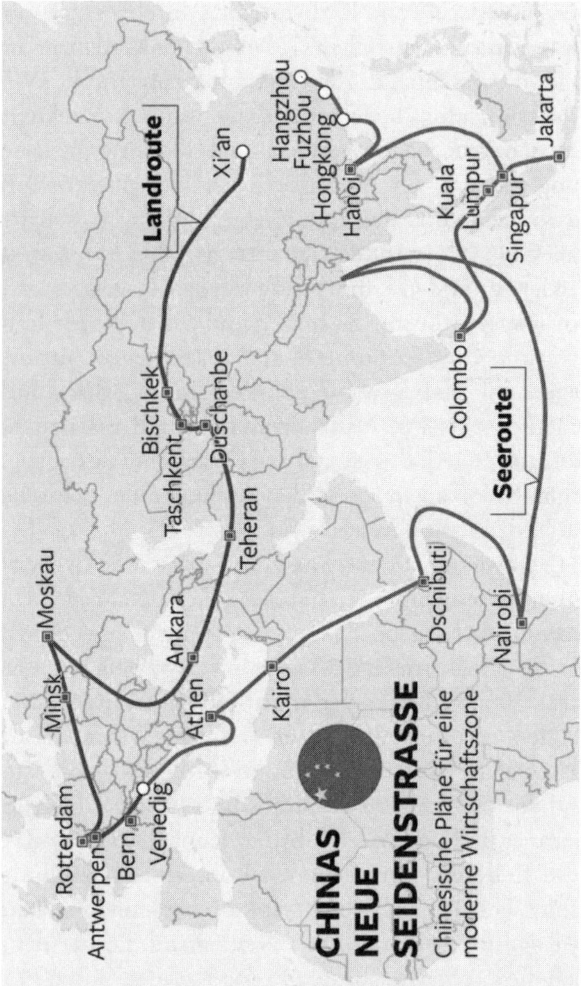

Abbildung 4: Chinas Neue Seidenstraße
Quelle: Staatliche Kommission für Entwicklung und Reform der Volksrepublik China.

die Modernisierung, den Ausbau oder die komplette Neuanlage der maritimen Infrastruktur aus Häfen und deren Anbindung an das Hinterland durch Eisenbahnen und Fernstraßen. Auch auf der maritimen Seidenstraße gibt es mit den Treaty Ports im Becken des Indiks historische Vorbilder, die bereits im 15. und 16. Jahrhundert von den Portugiesen mit ihren Faktoreien und Forts auf der Carreira da Índia genutzt und nachgeahmt wurden.

Prominente Beispiele bereits realisierter bzw. im Bau befindlicher Vorhaben sind der Hafen von Hambantota auf Sri Lanka, der Ausbau von Male, Gwadar in Pakistan, Kyaukpyu in Myanmar und Piräus. Chinesische Beteiligungen an den Hafengesellschaften gibt es in Daressalam, Kuala Lumpur, Karatschi, Suez, Istanbul, Venedig, Rotterdam und Hamburg auf der zentralen Route und Walvis Bay, Luanda, São Tomé und Príncipe, Lagos, Lomé und Nuakschott als »Perlenkette« auf der Route um Afrika herum. Djibouti ist ein besonders spektakulärer Fall, weil es am Eingang des Roten Meeres die bislang einzige chinesische Marinebasis in Übersee beherbergt und dort diverse Projekte – zwei Flughäfen (Luftwaffenbasis?), ein neuer Hafen in Ghoubbet, ein Ölterminal und eine Mautstraße geplant sind. Eine neue Eisenbahn, die Addis Abeba, die Hauptstadt von Äthiopien, mit Djibouti verbindet, ist bereits in Betrieb. In Addis Abeba hat China einen großen Industriepark gegründet, in dem Schuhe und Textilien gefertigt werden, die via Rotes Meer und Suezkanal nach Piräus oder Venedig verschifft werden und von dort via Serbien mit der Eisenbahn nach Westeuropa gelangen. Ein bereits in Angriff genommenes Bindeglied auf der Balkanroute ist die Modernisierung der Eisenbahnlinie von Belgrad nach Budapest und der Bau von zwei Autobahnabschnitten in Nord-Makedonien. Daß Äthiopien ein Schwerpunkt chinesischer Aktivitäten in Afrika ist, unterstreicht das Engagement beim Bau des Grand Ethiopian Renaissance Dam, der das Wasser des Blauen Nils aufstaut, um Energie zu gewinnen und womöglich landwirtschaftliche Erschließungsflächen zu bewässern, um Agrargüter für den Export nach China zu produzieren. Wichtige chinesische Akteure bei der NSI sind die China Ocean Shipping Company (COSCO), die sich auf den Betrieb von Häfen spezialisiert hat, und die China Merchants Holdings International. Globalisierung à la chinoise heißt demnach, daß der Staat deren Verlauf regelrecht in materieller und institutioneller Hinsicht inszeniert und die Regeln bestimmt, unter denen sie sich vollzieht.

Bemerkenswert ist, was die chinesischen Dokumente zur NSI verschweigen. Die gesamte Westliche Hemisphäre (USA, Kanada, Lateinamerika) findet keine Erwähnung und unterstreicht die These, daß es explizit nur um die Wiederbelebung der alten eurasischen Entwicklungsschiene geht und nicht um eine Strategie zur Durchdringung der ganzen Welt. Bis auf eine knappe Erwähnung der Marinebasis in Djibouti, die unverfänglich mit dem Hinweis auf die Piraterie am Horn von Afrika legitimiert wird, spielt die militärische Dimension, also das Clubgut »Sicherheit« auf den Land- und Seerouten, keine Rolle. Verschwiegen wird, daß China dabei ist, eine Trägerflotte in Dienst zu stellen, die schwerlich der Landesverteidigung, sondern als künftige Alternative zur 5. und 7. US-Flotte dem eigenen Schutz der Seerouten durch das Becken des Indiks dienen wird. Verschwiegen werden der Flugplatzbau und die Stationierung von Raketen auf künstlichen Inseln im Südchinesischen Meer (und in Djibouti), die als wohlfeile Zwischenlösung dienen. Womöglich gibt es Planungen für weitere Marinebasen in Hambantota (Sri Lanka), Male (Malediven), Kyaukpyu (Myanmar) und Gwadar (Pakistan). In diesem Zusammenhang fällt auf, daß Indien als Konkurrent in der Region keine Erwähnung findet und auch auf dem prominent inszenierten Seidenstraßengipfel 2017, wo Putin und Erdoğan besonders hofiert wurden, demonstrativ fehlte. Bis auf Kalkutta als Endpunkt des Wirtschaftskorridors ab Kunming spielen indische Häfen in der NSI keine Rolle, obwohl sie doch bei der alten maritimen Seidenstraße wie bei dem portugiesischen Estado da Índia im Zentrum gestanden haben. Die Seeroute von Kuala Lumpur über Hambantota und Male quer durch den Indik nach Djibouti erweckt eher den Eindruck, daß Indien systematisch umgangen werden soll.

Das »Wie« wird erst so richtig klar, wenn man sich mit der Frage beschäftigt, welche Mechanismen, Hebel und Anreize China bei der Realisierung der NSI einsetzt. Leider bleiben die Dokumente in dieser zentralen Frage besonders vage und unvollständig. Deutlich wird nur, daß der entscheidende Hebel der Kredit ist. Angekündigt hat die Volksrepublik in der Summe einzelner Vorhaben ein Volumen von 900 Milliarden US-Dollar, wobei unklar ist, über welchen Zeitraum die Kredite vergeben werden sollen. Eine westliche Untersuchung, für die alle in einschlägigen Pressemeldungen angegebenen Aufwendungen addiert wurden, kommt auf eine Maximalsumme von kaum vorstellbaren 8 Billionen US-Dollar über den Zeitraum von 20 Jahren.[6] Empfänger der Kredite sind demnach 68 Länder mit zum Teil fraglicher Bonität, davon 14 in Ost- und Südostasien, 13 in Zentralasien, 17 in Mittelost und Afrika und 24 in Ost- und Südosteuropa. Länder in Westeuropa, Nord- und Südamerika und im Pazifik sind nicht darunter. Offeriert werden die Kredite für den Neubau oder die Modernisierung der genannten Projekte auf dem Festland und in Gewässern, vornehmlich an solche Länder, die sich gerade durch eine marode oder unzureichende Infrastruktur auszeichnen. Die Aussicht auf die Modernisierung der Infrastruktur, die wie im Falle Äthiopiens auch der Binnenentwicklung des jeweiligen Landes zugutekommt, dient dabei als Köder, um die Kredite schmackhaft zu machen. Das gilt selbst für EU-Mitglieder wie Griechenland oder Ungarn. Neben den bestehenden Banken und Versicherungsgesellschaften (China Development Bank, China Exim-Bank, Industrial and Commercial Bank of China, China Export and Credit Insurance) wurden 2015 die Asiatische Infrastrukturinvestmentbank mit einem Startkapital von

6 John Hurley, Scott Morris und Gailyn Portelance, »Examining the Debt Implications of the Belt and Road Initiative from a Policy Perspective«, Center for Global Development, März 2018, CGD Policy Paper 121; online verfügbar unter: {https://www.cgdev.org/sites/default/files/examining-debt-implications-belt-and-road-initiative-policy-perspective.pdf}.

100 Milliarden US-Dollar und der mit 57 Milliarden US-Dollar ausgestattete Seidenstraßen-Fonds gegründet. Chinas Banken oder die von der Volksrepublik kontrollierten internationalen Institutionen stellen aber nicht nur die Kredite zur Verfügung. Mit der Realisierung der Projekte werden chinesische Baufirmen beauftragt, die nicht nur die Ingenieure, sondern auch die Bauarbeiter mitbringen. Aus China stammen auch die Ausrüstungen für die neuen Eisenbahnen, Kraftwerke und Telekommunikationseinrichtungen. Insofern wirkt die NSI wie ein grandioses Konjunkturprogramm für die Volksrepublik und hilft, dort nicht ausgelastete Kapazitäten von Bau- und Stahlfirmen zu nutzen. In den Industrieparks sind wiederum chinesische Verarbeitungsbetriebe engagiert, die örtliche Arbeitskräfte beschäftigen, um von der Lohndifferenz zum Mutterland zu profitieren. So läßt sich trotz steigender Löhne in China der komparative Vorteil geringerer Arbeitskosten wahren.

In etlichen der genannten Länder ist China zum größten Gläubiger geworden, was sich bereits im politischen Wohlverhalten bis in die EU hinein äußert, wie das Beispiel Griechenland gezeigt hat. Unter den 68 Ländern wurden acht als überschuldet identifiziert: Djibouti, Kirgisistan, Laos, Malediven, Mongolei, Montenegro, Pakistan und Tadschikistan – fast alles Länder, die bei der NSI strategische Zwischenglieder bilden. Als Sicherheit für ihre Kredite akzeptiert die Volksrepublik etwa die Pacht des mit Hilfe ihres Kredits gebauten Hafens in Sri Lanka für 99 Jahre oder die Abtretung von 1158 Quadratkilometer Land im umstrittenen Grenzgebiet zu Tadschikistan. Diese Usancen erinnern an die »gepachteten« Vertragshäfen der Kolonialmächte im 19. Jahrhundert. Auch in dieser Hinsicht hat China viel vom Ausland »gelernt«.

Was sind die Konsequenzen? China verfolgt eine geopolitische Strategie, die wie weiland der britische Geograph Halford Mackinder das eurasische »Herzland« ins Zentrum seiner Weltpolitik stellt und das »Große Spiel« um dessen Kontrolle wiederaufnimmt. Über seine kreditfinanzierten Projekte wird es in allen denkbaren Dimensionen zum wichtigsten, womöglich sogar exklusiven Akteur in den kleinen Ländern entlang der Neuen Seidenstraße als Banker, Bauunternehmer, Spediteur, Hafenbetreiber, Versicherer, Lieferant von Ausrüstungen, Betreiber von Industrieparks und insgeheim womöglich als Sicherheitsfirma. Über die Bereitstellung der vielzitierten Konnektivität liefert es das Clubgut wirtschaftliche Stabilität. Ob es auch in der Lage sein wird, das Clubgut militärische Sicherheit in den Zonen fragiler Staatlichkeit entlang der kontinentalen Seidenstraße zu liefern, muß sich noch zeigen. Mindestens in Afghanistan scheint China bereit, sich als »Schutzmacht« zu engagieren. So oder so geraten kleinere asiatische und ostafrikanische Länder in eine chinesische Abhängigkeit. Dieser Effekt deutet sich sogar in osteuropäischen Ländern inner- und außerhalb der EU an. Damit akzentuiert die Volksrepublik das innereuropäische Gefälle und treibt latent einen Keil in die Europäische Union bzw. zwischen sie und die beitrittswilligen Länder vom Westbalkan bis zur Türkei, die in der Orientierung Richtung China die alternative

Chance zur Modernisierung ihrer Infrastruktur sehen.

Für China bedeutet die Konzentration auf Eurasien, daß es den Rücken freibekommt im eskalierenden Handelskonflikt mit den USA, weil diese nicht mehr im selben Maße als bevorzugtes Ziel chinesischer Kapitalanlagen im Ausland benötigt werden und weil sich neue Absatzmärkte erschließen. Es bedeutet schließlich, daß die von Trump aufgekündigte liberale Weltwirtschaftsordnung weiter zerfällt, weil die Volksrepublik trotz Lippenbekenntnissen nicht bereit ist, das von den Vereinigten Staaten hinterlassene Vakuum zu füllen, sondern nur gewillt ist, die Führungsrolle für den Club der Länder der NSI zu übernehmen. Es geht auch nicht um eine liberale, sondern um eine bürokratisch administrierte Ordnung, in der der chinesische Staat bzw. die Kommunistische Partei Chinas in alter Tradition des Tributsystems die Regeln vorgibt. Es wird nicht verhandelt mit den Partnern, sondern politisches Wohlverhalten, die moderne Form des Kotaus, honoriert. Nicht umsonst werden die autoritär regierten Länder Asiens und Afrikas umworben und in Osteuropa solche mit autoritären Neigungen. China ist dort auch deshalb ein attraktiver Partner, weil es demonstriert, daß sich Modernisierung entgegen der Annahme der westlichen Modernisierungstheorie ohne Demokratisierung verwirklichen läßt. Und es kritisiert nicht, für afrikanische und asiatische Despoten besonders attraktiv, deren Rentenorientierung. Ebenso wenig stellt es Forderungen nach »good governance«. Alles zusammen die chinesische Version von Soft Power. Insofern deutet sich sogar ein globaler ordnungspolitischer Paradigmenwechsel an, der die hierzulande wenig populäre These bekräftigt, daß Globalisierung nicht gleichbedeutend mit der Ausbreitung des Kapitalismus im Weltmaßstab sein muß. Im Licht der NSI ist es noch lange nicht ausgemacht, ob künftig die Logik des Profits oder die Logik der Rente die Ordnung der Welt bestimmt. Ob Trump oder seine Mitstreiter diese Risiken und Nebenwirkungen ihres offenen oder latenten Neoisolationismus durchschauen, darf bezweifelt werden.

Ob die NSI in jeder Hinsicht ein Erfolgsmodell wird, ist noch lange nicht ausgemacht, steht sie doch vor großen Problemen und Unwägbarkeiten. Ob Rußland sich tatsächlich dauerhaft im chinesischen Sinne instrumentalisieren lassen will, darf bezweifelt werden, auch wenn die Kooperation mit China angesichts des wieder eskalierenden Ost-West-Konflikts und der westlichen Sanktionen als Folge des Krieges gegen die Ukraine derzeit alternativlos ist. Auch deshalb dürfte China perspektivisch eher auf die Karte Iran/Türkei setzen, sobald die Hauptroute passierbar und der Umweg via Moskau über die Transsibirische Eisenbahn nicht mehr notwendig ist. Völlig unklar ist die Rolle Indiens bei dem Großen Spiel, auch wenn das Land an den BRICS-Treffen teilnimmt. Es bleibt in den chinesischen Planungen nicht nur außen vor, sondern hält sich auch selbst demonstrativ abseits, zumal Pakistan dabei ist, in Abhängigkeit von China zu geraten. Hier kündigt sich ein chinesisch-indischer Hegemonialkonflikt im Becken des Indiks an, dürften die chinesischen Aktivitäten in Sri Lanka, Pakistan, den Malediven oder Ostafrika Indien doch kaum gefallen. Ob sich alle Länder der ASEAN-Gruppe instrumentalisieren lassen, ist ebenfalls fraglich – nicht nur wegen des Konflikts um die Hoheitsrechte im Südchinesischen Meer.[7] Hier deutet sich an, daß China, analog zu seinem Vorgehen in Europa, einen Keil in die ASEAN treibt zwischen die alten Mitglieder und die neuen Beitrittsländer wie Laos, Kambodscha und Vietnam entlang des Mekong-Korridors.

Sogar bei der Konnektivität hapert es noch an einem wichtigen Punkt, solange der internationale Zahlungsverkehr auf der Neuen Seidenstraße in US-Dollar abgewickelt wird. Bis der Yuan den Dollar als Weltgeld oder wenigstens als Clubgut, nämlich als Zahlungsmittel auf den Routen der Neuen Seidenstraße, abgelöst hat, wird noch einige Zeit verrinnen. Auch dies dürfte eine Aufgabe der von China dominierten Finanzinstitutionen sein.

Fraglich ist schließlich, ob China wie seinerzeit die Mongolen in der Ära der Pax Mongolica in der Lage ist, in den Zonen fragiler Staatlichkeit auf den Landrouten der Neuen Seidenstraße für Sicherheit zu sorgen, ist diese doch die elementare Voraussetzung für jegliche Konnektivität. Auffällig ist jedenfalls, daß die besonders vom Zerfall bedrohten Staaten wie Afghanistan oder der Komplex Irak/Syrien bei der Routenführung umgangen werden, was schon fast zwangsläufig die Kooperation mit Pakistan, dem Iran und der Türkei ver-

7 Margot Schüller und Nguyen Tam, »Vision einer maritimen Seidenstraße: China und Südostasien«, GIGA Focus Global 7, 2015; online verfügbar unter: {https://www.ssoar.info/ssoar/handle/document/45418}.

langt. Daß das elementare Sicherheitsproblem auch den chinesischen Strategen geläufig ist, machen die neuesten Zahlen des Stockholm International Peace Research Institute (SIPRI) deutlich. Demnach sind die chinesischen Militärausgaben zwischen 2017 und 2021 von 228 auf 293 Milliarden US-Dollar gestiegen.[8] Auch wenn die amerikanischen Ausgaben mit 800 Milliarden US-Dollar (2021) noch weit darüber liegen, so hat der Abstand doch deutlich abgenommen. Bezogen auf die weltweiten Rüstungsausgaben bedeutet das, daß der Anteil der USA nur noch 38 Prozent und der Anteil Chinas als zweitgrößter Militärmacht bereits 14 Prozent beträgt.[9] Zum Vergleich: Der russische Anteil betrug 2021 nur noch magere 3,1 Prozent. Die Zeiten, in denen die Hälfte oder sogar mehr der weltweiten Militärausgaben auf die USA entfielen, der beste Indikator für Hegemonie überhaupt, sind unwiderruflich vorbei. Es gehört deshalb nicht viel Phantasie dazu zu kalkulieren, in wie vielen Jahren nicht nur die Wirtschaftsleistung, sondern auch der Militäraufwand Chinas den der USA übertreffen wird. Es ist nicht auszuschließen, daß China die globale Führungsrolle noch vor dem selbst ausgegebenen Zieldatum 2049 übernehmen wird, zumal der Anspruch sich nicht wie im Falle der Vereinigten Staaten auf die gesamte Welt, sondern (vorläufig) nur den Club der NSI bezieht.

Das große Spiel ist wiedereröffnet. Der alte atlanti-

8 SIPRI, »Trends in World Military Expenditure, 2021«, April 2022, S. 1; online verfügbar unter: {https://www.sipri.org/sites/default/files/2022-04/fs_2204_milex_2021_0.pdf}.

9 Ebd., S. 2f.

sche Westen droht, auf der Strecke zu bleiben, weil die Trumpisten in den USA dessen Einheit gefährden, weil die EU bröckelt und weil China bereitsteht, sich als Partner Europas anzubieten. Auf die atlantische Orientierung folgt so womöglich dessen eurasische ReOrientierung.

III
Der doppelte Übergang

5. Vom amerikanischen zum chinesischen Jahrhundert

Am 17. Februar 1941 veröffentlichte Henry Luce im *Life Magazin* seinen legendären Essay »The American Century«. Damit meinte er das 20. Jahrhundert, in dem die USA in allen Bereichen die Basis für eine internationale Führung gelegt hatten, und forderte die Regierung auf, ihren Isolationismus aufzugeben, die Führung anzunehmen und auf alliierter Seite in den Zweiten Weltkrieg einzutreten. Die berühmten vier Punkte, die der frisch gewählte Präsident Harry S. Truman in seiner Inauguraladresse am 20. Januar 1949 vorstellte – Stärkung der Vereinten Nationen, Garantie einer liberalen Weltwirtschaftsordnung, Gründung der NATO und Ankündigung der Entwicklungshilfe –, bekräftigten diese Führungsrolle acht Jahre später. Heute, gut achtzig Jahre später, driften die USA in Richtung eines neuen Isolationismus – gleichviel ob man die radikale Version des Donald Trump mit seinem Slogan »Make America great again« durch eine Politik des »America first« oder die moderate Version des Joe Biden mit »buy American« als dessen Ausdruck betrachtet.

Am 18. Oktober 2017 kündigte Xi Jinping auf dem XIX. Parteitag der KPCh an, China werde 2049 die Führung übernehmen. Laut Xi werde das »Chinesische Jahrhundert« in dreißig Jahren beginnen, wenn der *peaceful rise* vollzogen ist. Vielleicht auch früher, weil sich viele China-Prognosen vorzeitig erfüllt haben. Sollte alles nach Plan gehen, würde die Führung der Welt von den USA auf China übergehen mit immensen Folgen auch für Europa.[1]

Szenenwechsel: Am 29./30. April 1975 wurden im Rahmen der Operation Frequent Wind das Personal der US-Botschaft in Saigon und die vietnamesischen Ortskräfte per Hubschrauber vom Dach der Botschaft, abgesichert durch die Luftwaffe, auf die vor der vietnamesischen Küste operierenden Flugzeugträger evakuiert, während die nordvietnamesischen Panzer bereits in der Stadt Stellung bezogen hatten. Damit war der auch für die USA sehr verlustreiche Vietnamkrieg beendet, in den sie 1964 in Ablösung der Franzosen eingegriffen hatten. Die damalige Dramatik wiederholte sich Ende August 2021 mit der Evakuierung von westlichem Botschaftspersonal und deren örtlichen Helfern vom Kabuler Flughafen Richtung Taschkent zu einem Zeitpunkt, als die Taliban den Flughafen bereits umstellt hatten. Sie markierte das schmähliche Ende der 2001 begonnenen Operation Enduring Freedom.

Vorangegangen waren beiden improvisierten Evakuierungen der schrittweise Abzug der US-Truppen und ihrer Verbündeten. Die Ankündigung der Nixon-Doktrin (1969) zur »Vietnamisierung« des Vietnamkriegs vermochte diesen immerhin um sechs Jahre zu verlängern, die Ankündigung der »Afghanisierung« des Kriegs in Afghanistan war hingegen ein glatter Fehl-

1 Matthias Naß, *Drachentanz. Chinas Aufstieg zur Weltmacht und was er für uns bedeutet*, München 2021.

schlag, brach doch die vom Westen gestützte korrupte Regierung in Kabul bereits nach wenigen Wochen zusammen, weil die »afghanische« Armee trotz des großen westlichen Ausbildungsaufwands und der Ausrüstung mit modernen Waffen, anders als die südvietnamesische, nicht bereit war zu kämpfen, sondern desertierte, ins Ausland flüchtete oder zu den Taliban überlief, wenn es sich um paschtunische Stammesbrüder in der Vielvölkerarmee handelte.

Der Krieg in Vietnam war nicht nur mit einem beträchtlichen moralischen Legitimationsverlust der USA als liberale Führungsmacht verbunden und eine Ursache für die Entstehung der 68er-Bewegung, sondern auch eine nicht nur symbolische Etappe in der Debatte um den ersten *American decline*. Der überstürzte Abzug aus Afghanistan ist zwar nicht mit einem vergleichbaren moralischen Legitimationsverlust verbunden, markiert aber eine ebenso symbolträchtige Etappe in der Debatte über den zweiten *American decline*. In den siebziger und achtziger Jahren sahen sich die USA einer doppelten Herausforderung ausgesetzt – militärisch durch die Sowjetunion und wirtschaftlich durch Japan. Fatal war die gegenseitige Wechselwirkung. Der Rüstungswettlauf verlangte eine Konzentration der Spitzentechnik auf den militärischen Sektor und ging zu Lasten der zivilen Wirtschaft, was die Wettbewerbsfähigkeit gegenüber Japan schwächte. Umgekehrt verminderte der japanische Verdrängungswettbewerb auf dem US-Markt die Ressourcen, die für den Rüstungswettlauf aufzubringen waren. Damals wurde gemutmaßt, im zweiten Anlauf würde Japan gelingen, was es während des Pazifikkriegs nicht geschafft hatte, nämlich die Etablierung einer »Großostasiatischen Wohlstandssphäre«, und sogar spekuliert, aus dem Handelskonflikt könne sich ein regelrechter Krieg entwickeln. Amerikanische Revisionisten wie Chalmers Johnson forderten damals, die USA müsse eine Industriepolitik nach japanischem Muster betreiben, um der Herausforderung standzuhalten, erweise sich das in Japan praktizierte Modell des bürokratischen Entwicklungsstaates doch als leistungsfähiger als der liberale angelsächsische Kapitalismus. Den Höhepunkt und zugleich Abschluß der Debatte bildete das 1987 erschienene Buch des britischen Historikers Paul Kennedy *Aufstieg und Fall der großen Mächte* – zwei Jahre bevor mit der Implosion der Sowjetunion und der Auflösung des sozialistischen Lagers die Karten neu gemischt wurden. Da Macht im internationalen System ein relatives Gut ist und auch von der Macht der anderen abhängt, war quasi über Nacht vom *American decline* keine Rede mehr, konnten die USA einen zweiten Hegemoniezyklus durchlaufen, feierte der Neoliberalismus und nicht der bürokratische Entwicklungsstaat neue Triumphe.

Doch jetzt neigt sich der zweite Zyklus seinem Ende entgegen, und wieder gilt das Kennedysche Argument der imperialen Überdehnung, nur daß nicht mehr der Kalte Krieg mit der Sowjetunion, sondern seit 9/11 der War on Terror bzw. der Kampf gegen diejenigen, die den Terroristen Rückzugsräume, Rekrutierungsbasen und Finanzierung bieten, die Ursache ist. Die Kriege im Komplex Irak/Syrien und Afghanistan mit diversen Nebenschauplätzen haben gewaltige Ressourcen verschlungen, die zivil hätten genutzt werden können. Hinzu kommt, daß der neue Rivale China anders als Japan nicht nur ein wirtschaftlicher, sondern auch ein politischer und perspektivisch sogar ein militärischer Herausforderer ist. Japan genoß die internationalen Ordnungsleistungen der USA inklusive des amerikanischen Atomschirms als Freerider zum Nulltarif, deckelte seine Militärausgaben bei einem Prozent des Sozialprodukts und verstand sich als Juniorpartner der USA. Die japanischen Revisionisten konnten sich damals nicht durchsetzen.[2] Für China hingegen gilt seit einiger Zeit die Faustregel: Wenn die Wirtschaft um zehn Prozent wächst, wachsen auch die Staatseinnahmen und die Militärausgaben um zehn Prozent. So läßt sich nicht nur prognostizieren, wann China zur größten Wirtschaftsmacht wird, sondern auch, wann es bei den Militärausgaben die derzeit noch übermächtigen USA eingeholt haben wird. Etwa um das Jahr 2028, so die neuesten Hochrechnungen, wird die Volksrepublik wirtschaftlich die Nummer eins in der Welt sein. Vergleicht man nur die industrielle Wertschöpfung beider Länder, steht China bereits jetzt als Werkstatt der Welt an der Spitze. Wenn man der Faustregel folgt, dürfte China im selben Jahr die USA auch bei den Militärausgaben eingeholt haben – vorausgesetzt, daß beide Länder dieselbe Militärquote aus dem Verhältnis von Bruttosozialprodukt (BSP) und Verteidigungshaushalt erreichen. Allerdings ist die militärische Macht eines Landes wie sein Wohl-

2 Hartwig Hummel, *Der neue Westen. Der Handelskonflikt zwischen den USA und Japan und die Integration der westlichen Gemeinschaft*, Münster 2000.

stand bzw. der Kapitalstock nicht nur das Resultat einer Flußgröße, sondern des kumulierten Bestands an jährlichen Ausgaben über viele Jahre, was sich etwa an der Zahl der Militärbasen oder der Flugzeugträger ablesen läßt.

Für die internationale Führung bedarf es einer Aufstiegsphase und des hegemonialen Übergangs, der schrittweise und kooperativ oder abrupt und gewaltsam in einem Ausscheidungskampf erfolgen kann. Vergleicht man den Aufstieg beider Länder, ergeben sich bezüglich der Startbedingungen gravierende Unterschiede, in dessen Verlauf aber frappierende Parallelen. Der Aufstieg der USA dauerte vom Befreiungskrieg gegen die Kolonialmacht Großbritannien bis zum letzten Spanischen Erbfolgekrieg (1898) um die Reste des spanischen Imperiums. Zu diesem Zeitpunkt hatten die Vereinigten Staaten ihr Mutterland wirtschaftlich längst überholt, wie die Weltausstellung 1893 in Chicago eindrucksvoll demonstrierte. Der Krieg zeigte, daß die USA im Begriff waren, auch zu einer Militärmacht zu werden.

Der chinesische Aufstieg begann Ende der zwanziger Jahre in der Ära der Guomindang, wurde allerdings durch die japanische Besatzung, den Bürgerkrieg und den Isolationismus der Mao-Ära unterbrochen, der in seiner radikalen Phase auch antimoderne Facetten aufwies, bis er durch die Politik der »Vier Modernisierungen« abgelöst wurde. Mit der Öffnung des Landes seit 1978 in der Ära Deng Xiaopings gewann er an Fahrt und gilt mit der Ankündigung der Neue-Seidenstraßen-Initiative 2015 als abgeschlossen.

Wenn man der Sichtweise folgt, daß die USA Großbritannien als Führungsmacht abgelöst haben und China die USA ablösen wird, erkennt man die erste Parallele. Der eigentliche Herausforderer Großbritanniens war Deutschland, der eigentliche Herausforderer der Vereinigten Staaten die Sowjetunion. Beide sind gescheitert. Deutschland in zwei Weltkriegen, die Sowjetunion im Kalten Krieg. Der »lachende Dritte« war damals die USA und ist China heute, weil beide dank ihres Isolationismus die Kosten des hegemonialen Ausscheidungskampfes vermeiden konnten. Die erste Debatte über den *British decline* begann in den 1890er Jahren, als Deutschland dabei war, Großbritannien industriell zu überholen. Die erste Debatte über den *American decline* in den siebziger Jahren, als die USA sich dem japanischen Verdrängungswettbewerb ausgesetzt sahen. Der hegemoniale Übergang auf die Vereinigten Staaten erfolgte während der beiden Weltkriege, wobei mit dem War Revenue Act 1917 und dem Lend-Lease Act 1940 Großbritannien die Mittel bereitgestellt wurden für Kriege, die es aus eigener Kraft nicht mehr schultern konnte. Bislang trug China substantiell zur Finanzierung der amerikanischen Militärausgaben bei, weil es das amerikanische Haushaltsdefizit durch den Kauf von Staatsanleihen gedeckt hat.

Gemeinsam ist auch, daß der Aufstieg beider Länder im Zeichen von Protektionismus, Isolationismus und Neutralität stand. Die USA haben sich im 19. Jahrhundert aus den europäischen Konflikten herausgehalten und eine protektionistische Politik verfolgt mit dem Argument, daß neben die politische auch die wirtschaftliche Unabhängigkeit vom Mutterland treten müsse.

Das chinesische Gegenstück zu Alexander Hamiltons *Report on Manufactures* von 1791 war Maos Losung »Unabhängig und im Vertrauen auf die eigene Kraft«, die die Wirtschaftsbeziehungen zum Westen auf ein Minimum reduzierte und auch den Bruch mit dem sozialistischen Bruder in der Sowjetunion (1960) nicht scheute. Mit der Theorie der drei Welten (1974) hat China seine Version der Monroe-Doktrin formuliert, die sich gegen beide Supermächte richtete und für die Länder der »Dritten Welt« eine Führungsposition reklamierte. So wie es seit Washingtons Farewell Address immer wieder Debatten zwischen Isolationisten und Internationalisten gab, haben diese in China einen Widerhall in den Debatten zwischen der »gelben« und der »blauen« Fraktion gefunden, die auf eine lange Tradition im Kaiserreich zurückblicken. In der Neutralität lag der Grund, warum die USA auf einen kostspieligen Militärapparat verzichten konnten. Die US-Armee bestand vor allem aus der Kavallerie mit ihren Forts, die die Siedlertrecks schützen und die Ausdehnung der *frontier* nach Westen absichern sollte. Die Volksbefreiungsarmee war zwar zahlenmäßig groß, umfasste aber vor allem für den Guerillakampf trainierte Infanterie, die im Zweifelsfalle die eigene Bevölkerung in Schach halten sollte wie während der Kulturrevolution oder dem »Pekinger Frühling« geschehen.

Was waren die Unterschiede? Die Südstaaten mit ihren von Sklaven bewirtschafteten Plantagen waren in die klassische internationale Arbeitsteilung Rohstoffe versus Fertigwaren eingebunden. China, obwohl nur mit beschränkter Souveränität, war dies nur rudimentär. Angesichts der Größe des Landes gab es eine natürliche Binnenorientierung, wie sie heute die USA auszeichnet. Ein zweiter Unterschied war und ist die Faktorausstattung. Die Vereinigten Staaten verfügen seit der Westexpansion über viel fruchtbares Land, aber zu wenige Menschen, dieses zu nutzen. Konsequenz war die Einwanderung, der Homestead Act von 1862, der aus Siedlern Eigentümer machte, die Erschließung des Westens durch den Eisenbahnbau und die frühzeitige Mechanisierung der Landwirtschaft. In China gab es viele Menschen, aber gemessen an der Bevölkerung wenig Land. Konsequenz war die intensive Naßreiskultur, die auf Handarbeit zur Terrassierung und Bewässerung der Felder und deren gartenmäßiger Bearbeitung beruhte. Konsequenz war ferner die Auswanderung nach Südostasien, wo die Chinesen beträchtliche Minderheiten stellen. In den USA ging es um die Steigerung der Arbeitsproduktivität, ein Prinzip, das nach dem Ende der freien Landnahme mit Taylorismus und Fordismus auf die Industrie des Nordostens übertragen wurde. In China ging es um die Steigerung der Flächenproduktivität und zu Beginn der Industrialisierung um die arbeitsintensiven Branchen. Soweit diese exportorientiert waren, konnte der komparative Vorteil der niedrigen Arbeitskosten ausgespielt werden. Mit anderen Worten: Die Vereinigten Staaten haben in ihrer Aufstiegsphase die Früchte der Natur, erst Agrarprodukte und später Rohstoffe und Erdöl, China hat in seiner Aufstiegsphase die Früchte der Handarbeit exportiert.

Daß der amerikanische Isolationismus nicht grundsätzlicher Natur war, beweist die Monroe-Doktrin aus dem Jahr 1823. Man wollte sich zwar aus den europäischen Konflikten heraushalten, die Westliche Hemisphäre hingegen sollte allein den Amerikanern gehören. So wie man im Zuge der Westexpansion, legitimiert durch *manifest destiny* und *Frontier*-Mythos, die europäischen Mächte durch Kauf, Krieg und Verträge aus Nordamerika verdrängt hatte, sollten sie auch aus Südamerika verschwinden.

Ebenso selektiv wurde der Isolationismus in China verfolgt. Man denke an die Flottenexpeditionen des Admirals Zheng He in das Südchinesische Meer und den Indik zu Beginn der Ming-Dynastie. Die Volksrepublik behauptet die Eroberungen der Ching-Dynastie im Westen und Norden (Xinjiang, Innere Mongolei, Tibet) und reklamiert das komplette Südchinesische Meer, in den Karten der Provinz Guangdong zugeschlagen, und die Insel Taiwan als chinesische Territorien.

In der Karibik lagen mit den Zuckerinseln die »Perlen« der europäischen Kolonialmächte. Hier wurden die spanischen Flotten zusammengestellt, die das Silber aus Mexiko und Peru nach Sevilla transportierten und sich der Freibeuter erwehren mußten. Das Südchinesische Meer war Ausfalltor der Dschunken in die philippinische und indonesische Inselwelt und weiter durch die Malakka-Straße nach Indien. Dort gründeten die Auswanderer ihre Chinatowns und länderübergreifende Familienbetriebe, auf Handel und Finanzen konzentriert, weil ihnen die übrige Wirtschaft versperrt war.

Die Hochindustrialisierung offenbart weitere Parallelen. Der Durchbruch im Nordosten der USA erfolgte seit dem Bürgerkrieg dank des Schutzes durch hohe

Zölle, war er doch auch ein Konflikt zwischen dem Freihandelsinteresse der Südstaaten und dem Protektionismus der Nordstaaten, die ihre junge Industrie gegen die europäische Konkurrenz schützen und den wachsenden Markt der bäuerlichen Landwirtschaft im Mittleren Westen beliefern wollten. Zugleich war der militärische Aufwand bis 1917 mit einem halben Prozent des Sozialprodukts minimal.

Gleiches galt für den diplomatischen Dienst. Die USA agierten international als Freerider, sorgte doch Großbritannien für die internationalen öffentlichen Güter wirtschaftliche Stabilität und militärische Sicherheit, weil es das größte Interesse hatte und, gestützt auf das Empire, über die notwendigen Ressourcen verfügte. Ein klassisches Beispiel für ein internationales öffentliches Gut des 19. Jahrhunderts ist der Leuchtturm. Auf dem Höhepunkt der britischen Seemacht unterhielt das Land weltweit mit Abstand die meisten Leuchttürme. Diese befanden sich nicht nur an den Küsten der britischen Inseln, sondern an allen Küsten des britischen Empire. Jede seefahrende Nation konnte kostenlos an deren Dienst partizipieren. Dazu gehörten ebenso die Durchsetzung des Freihandels, der durch die Bank of England garantierte Goldstandard und London als Weltfinanzzentrum. Sogar während der Großen Depression von 1873 bis 1896, ausgelöst durch den Verdrängungswettbewerb der amerikanischen Landwirtschaft und Industrie in den neuen Branchen Chemie und Elektrotechnik, als die Vereinigten Staaten den hochprotektionistischen McKinley Tariff verhängten, blieb Großbritannien beim Freihandel, gab seine Landwirtschaft preis und ebnete dem *British decline* den Weg. Mit seinen Flotten garantierte es das Prinzip Freiheit der Meere, war in der Lage, weltweit zu intervenieren und so auch für die USA gerade in Asien von Nutzen zu sein.

Kaum anders verhielt sich China nach 1949. Die Industrialisierung in der Mao-Ära mit Akzent auf der Schwerindustrie, die in den Volkskommunen sogar arbeitsintensiv betrieben wurde, stand im Schutz einer radikalen Abschottung. Der Unterschied war, daß keine kapitalistische Gründergeneration der Carnegies, Rockefellers und Fords, sondern in alter Tradition eine Bürokratie am Werk war. Die spätere Öffnung hat am Modell des bürokratischen Entwicklungsstaates nicht viel geändert. Marktwirtschaftliche Elemente wurden instrumentell genutzt, ausländisches Kapital in Form von Joint Ventures war willkommen, weil es dem Technologietransfer diente, die Kontrolle blieb aber beim chinesischen Partner, die allerletzte Kontrolle, nicht nur in Staatsbetrieben, beim Parteisekretär. Die Öffnung war in den USA willkommen, lockte doch der Mythos vom unerschöpflichen chinesischen Markt und wähnte man sich der Illusion, die chinesische Karte gegen die Sowjetunion spielen zu können.

Die Parallele liegt darin, daß die Vereinigten Staaten anfänglich den Freerider China tolerierten wie seinerzeit Großbritannien den Freerider USA, indem sie alleine für ein liberales Weltwirtschaftssystem sorgten. China nutzte den Liberalismus für seine Exportoffensive und beschränkte zugleich den Zugang zum eigenen Markt. Chinesische Tanker und Containerschiffe profitierten von der durch die Vereinigten Staaten garantierten Freiheit der Meere ebenso wie von der US-Entwicklung des Global Positioning System (GPS), dem Leuchtturm des 21. Jahrhunderts, während China keinen Beitrag zur globalen Sicherheit leistete. Auf dem Höhepunkt des chinesisch-sowjetischen Konflikts 1968 hat die Volksrepublik sogar das Signal erhalten, unter dem US-Nuklearschirm zu stehen. Die chinesischen Militärausgaben dürften auch nur 0,5 Prozent des Sozialprodukts betragen haben.

Erst in der Amtszeit von Theodore Roosevelt Anfang des 20. Jahrhunderts rüsteten die USA maritim in großem Stile auf und verfolgten dieselbe imperialistische Politik wie die europäischen Großmächte. Nachdem die kontinentale Expansion die pazifische Küste erreicht hatte, wurde die »Grenze« bis zur asiatischen Gegenküste ausgedehnt, der Pazifik nach der Inbesitznahme von Hawaii, Midway, Wake, Guam und anderen Inseln als Kette von »Kohlestationen« auf dem langen Weg nach Asien zum »American Lake«. An der Öffnung Chinas hatte man sich 1842 durch den Erwerb einer Konzession in Shanghai beteiligt, die im International Settlement aufging. Die Öffnung Japans besorgten die »Schwarzen Schiffe« des Commodore Perry 1853 im Alleingang. Die Philippinen wurden Spanien 1898 abgekauft und mußten in einem verlustreichen Guerillakrieg, legitimiert als »white man's burden«, behauptet werden.

Als die Europäer China unter sich aufteilten, reagierte US-Außenminister John Hay mit den Open-Door-Noten in der Erwartung, daß man sich als der Wettbewerbsfähigste auf dem chinesischen Markt schon durchsetzen werde, der Flankierung durch exklusive Konzessionsgebiete nicht bedürfe. Die Politik der offenen Tür war allerdings kein Hindernis, sich an der Niederschlagung des Boxeraufstands zu beteiligen. Die zweite Expansion galt der Karibik, die von den Europäern gesäubert werden sollte. Kuba, Haiti, die Dominikanische Republik, Puerto Rico und die Jungferninseln, auf dem Isthmus Honduras und Nicaragua wurden besetzt, annektiert oder kontrolliert. Die eigentliche Trophäe nach der Intervention in Kolumbien, die zur Separation der Provinz Panama führte, war die Pachtung der Kanalzone für 99 Jahre, nachdem man französische und britische Interessenten verdrängt hatte. Der Kanal wurde so zu einer inneramerikanischen Wasserstraße zwischen Ost- und Westküste.

Heute zieht China nach in neoimperialistischer Hinsicht. Nach dem welthistorisch einzigartigen Take-off eines zehnprozentigen Wachstums über vier Dekaden begnügt es sich nicht mehr mit Export und Auslandsinvestitionen, sondern startet eine geopolitische Offensive, die wie im Falle der USA hohe Militärausgaben erfordert. Dazu gehört das Landgrabbing in afrikanischen Ländern, der Zugriff auf das Nilwasser in Äthiopien und die Auslagerung von Industrieparks, weil auch in China die Löhne gestiegen sind. Die Hauptrichtung geht wie seit alters her nach Süden. Das Südchinesische Meer wird zum Hoheitsgewässer, dessen zum Teil künstliche Inseln werden in Flugplätze verwandelt, und in Kyaukpyu (Myanmar), Hambantota (Sri Lanka) und Gwadar (Pakistan) werden neue Häfen gebaut, das vom Meeresspiegelanstieg bedrohte Male wird aufgestockt, in Djibouti eine erste Marinebasis gegründet und am Ende der Kette die Häfen von Piräus und Venedig ganz oder teilweise gekauft. Aus dem Indik wird der »Chinese Lake«. Eine Flotte von fünf Flugzeugträgern ist in Bau,[3] zwei davon sind bereits in Dienst gestellt, um die Seerouten bis zum Persischen Golf und zum Roten Meer zu sichern. Die künftige Hauptroute zu Lande wird durch Kasachstan, Usbekistan, Turkmenistan, den Iran und die Türkei nach Europa verlaufen. Dieser Hintergrund läßt die Konflikte zwischen den USA und dem Iran bzw. der Türkei in einem ganz anderen Licht erscheinen. Truppen zum Schutz chinesischer Auslandsinvestitionen sind bereits annonciert.

China mußte aktiv werden, weil es realisiert hat, daß die bequeme Zeit als Freerider zu Ende geht, weil erst Trump und nach ihm Biden die liberale Weltwirtschaftsordnung zur Disposition stellte und nicht mehr bereit ist, alleine für die internationale Sicherheit zu sorgen. Nur ist die chinesische Expansion von keinem Missionarismus begleitet, gibt es kein »yellow man's burden«, der Welt die chinesische Zivilisation zu bringen. So wie sich China jede Einmischung in seine inneren Angelegenheiten verbittet, kümmert es sich nicht um die inneren Angelegenheiten der Partner in Asien und Afrika, verfolgt keine humanitäre Konditionierung bei den In-

3 Jamie Seidel, »Here's What We Know About China's Newest Aircraft Carriers«, News Corp Australia Network (23. April 2018); online verfügbar unter: {https://www.news.com.au/technology/innovation/military/heres-what-we-know-about-chinas-newest-aircraft-carriers/news-story/7460539e54fe026976276dd4cbfaa2e1}.

frastrukturprojekten. Damit ist es für die Autokraten weltweit attraktiv, zumal es demonstriert, daß Industrialisierung auch unter autoritär-bürokratischen Bedingungen möglich ist.

Der hegemoniale Übergang von Großbritannien auf die USA war friedlich und versprach normative Kontinuität. Der hegemoniale Übergang zu China wird konfliktreich und von einem normativen Paradigmenwechsel begleitet sein. Der *peaceful rise* ist eine Schimäre, das chinesische wird keine bloße Fortsetzung des amerikanischen Jahrhunderts sein.

Was bedeutet all das für Europa? Europa war seit dem Zweiten Weltkrieg Freerider der Vereinigten Staaten in sicherheitspolitischer wie in wirtschaftspolitischer Hinsicht. Gerade Deutschland stand während des Ost-West-Konflikts nicht nur unter dem amerikanischen Nuklearschirm, sondern war und ist als »Exportweltmeister« und als auf den Import von Öl, mineralischen und agrarischen Rohstoffen aus Übersee angewiesener Staat ein besonderer Nutznießer der von den US-Flotten garantierten Freiheit der Meere etwa in der Malakka-Straße, der Straße von Hormus oder am Horn von Afrika, ohne selbst einen nennenswerten Beitrag zu leisten. Diese so komfortable Situation ist zu Ende. In diesem Punkt sind sich Republikaner und Demokraten, sind sich Trump und Biden einig, auch wenn die Rhetorik der beiden unterschiedlich klingt.

Grundsätzlich sind fünf Szenarien denkbar, wie es weitergeht, wobei wir hier über einen Zeitraum von zehn bis zwanzig Jahren spekulieren, in denen eines dieser Szenarien Realität werden kann. Nur müssen die

Weichen jetzt gestellt werden. Alle Szenarien sind mit diversen Vor- und Nachteilen verbunden, die, weil mit beträchtlichen Kosten und mit normativen Paradigmenwechseln verknüpft, nur schwer gegeneinander aufgerechnet werden können.

Szenario 1: Der hegemoniale Übergang von den USA auf China findet statt, entweder schrittweise und friedlich oder abrupt und konfliktträchtig. Nicht auszuschließen, sondern eher wahrscheinlich ist, daß es wie bei früheren hegemonialen Übergängen für eine Zwischenzeit keine eindeutige Hegemonialmacht gibt, die für die internationale Ordnung sorgt, sondern die Anarchie der Staatenwelt zurückkehrt. Damit kehrt auch das Prinzip der Selbsthilfe als Leitmotiv staatlichen Handelns zurück verbunden mit einer neuen Phase weltweiter Aufrüstung, um über Abschreckung für Sicherheit zu sorgen, und eine Rückkehr zum Protektionismus, um wirtschaftliche Probleme aus eigener Kraft zu meistern. Die Zeit zwischen den Weltkriegen war eine solche Phase. Eine Politik der Selbsthilfe können naturgemäß eher große, mächtige und wohlhabende Staaten verfolgen als europäische Mittelmächte oder gar Kleinstaaten, wenn sie wie Deutschland so stark in die internationale Arbeitsteilung eingebunden sind.

Szenario 2: China setzt seinen mit der Neue-Seidenstraße-Initiative eingeschlagenen Kurs trotz aller Handelskonflikte mit den USA unbeirrt fort und ist in der Lage, seinen Führungsanspruch zwar nicht global, aber in deren Einzugsbereich durchzusetzen. Europa würde so zum zwar privilegierten, aber doch nur westlichen Appendix einer von der Volksrepublik beherrschten eurasischen Prosperitätszone mutieren, ähnlich wie während der Pax Mongolica am Ende des Mittelalters, die das erste Weltsystem vor Ankunft der Europäer in Asien überwölbte. Der politische Preis für die Teilhabe an einer von China garantierten wirtschaftlichen Prosperität ist die Akzeptanz der chinesischen Hegemonie, auch wenn sie nicht mehr wie zu Zeiten des Tributsystems die symbolische Unterwerfung durch den Kotau verlangt, dafür aber die Bereitschaft, sich den normativen Vorstellungen der Führung der KPCh zu unterwerfen. China dürfte wie zu früheren Zeiten bereit sein, sich seinen Status etwas kosten zu lassen. Dies bedeutet die Preisgabe der liberalen und den Prinzipien von Aufklärung, Menschen- und Bürgerrechten verpflichteten Ordnung zugunsten einer »konfuzianischen«, bei der der bürokratische Entwicklungsstaat den Ton angibt. Die Bereitschaft einzelner europäischer Länder, man denke etwa an Griechenland, Serbien oder Ungarn, die sich durch marode Infrastruktur und/oder marode Staatsfinanzen auszeichnen, den chinesischen Seidenstraßen-Verlockungen zu erliegen, ist bereits erkennbar. Die Realisierung von Szenario 2 würde zu einem Sprengsatz für das Projekt Europa, das bereits aus diversen anderen Gründen in die Krise geraten ist.

Szenario 3: Weil die USA und China sich auf absehbare Zeit neutralisieren, der hegemoniale Ausscheidungskampf unentschieden bleibt und beide weder bereit noch in der Lage sind, die globalen hegemonialen Kosten allein zu tragen, zumal beide immer die Alternative des Isolationismus haben und schon gar nicht bereit sind, die wohlhabenden Europäer als Freerider zu tolerieren, muß Europa sich darauf einstellen, seine globalen Interessen selbst zu verfolgen. Hegemonietheoretisch ausgedrückt: Es muß selbst für die Bereitstellung der internationalen öffentlichen Güter Sicherheit und Stabilität sorgen. Dazu gehört aber nicht nur der Bau von Trägerflotten, um das Prinzip Freiheit der Meere durchzusetzen, sondern auch die militärische Abschrekkung aus eigener Kraft, der Aufbau einer europäischen Armee, die Rolle des Weltpolizisten im Kampf gegen den Terror, die Etablierung internationaler Regime zum Stopp des Klimawandels und zum Umgang mit der neuen Völkerwanderung, ein eigenes globales Navigationssatellitensystem in Konkurrenz zum GPS, die Verregelung des Internet im Sinne einer liberalen Weltkommunikationsordnung, die Aufwertung der Europäischen Zentralbank zu einer globalen Institution, der Euro als globales Zahlungsmittel, die Garantie einer liberalen Welthandelsordnung, die Rolle des letzten Kreditgebers und und und ... Allein die bloße Aufzählung ist schwindelerregend und macht klar, welche zusätzlichen Ressourcen die Bereitstellung all dieser internationalen öffentlichen Güter durch Europa verlangen würde, die entweder durch beträchtliche Steuererhöhungen oder durch die Umwidmung staatlicher Mittel zu Lasten der Sozialausgaben zu erbringen wären. Beides ist innenpolitisch in den EU-Mitgliedsländern kaum durchsetzbar. Hinzu kommt, daß angesichts der divergierenden Interessenlagen und der unterschiedlichen Leistungsfähigkeit der Mitglieder der Europäischen Union ein gemeinsames Handeln des skizzierten Ausmaßes außer im Kopf von Macron nicht vorstellbar ist. Eher würde es die zentrifugalen Tendenzen in Europa und die innenpolitischen Turbulenzen in den Mitgliedsländern verstärken.

Kommen wir zu Szenario 4: Wenn ein gesamteuropäischer Ansatz nicht vorstellbar ist bzw. nur die europäische Spaltung vertiefen würde, ist ein Kerneuropa bzw. eine Koalition der willigen unter den bisherigen europäischen Freeridern denkbar. Einige wenige europäische Staaten würden dann perspektivisch für die Bereitstellung internationaler öffentlicher Güter zumindest überall dort aufkommen, wo dies im europäischen Interesse liegt bzw. sogar zwingend notwendig ist wie im Falle der Seeschiffahrt. Da Deutschland in Kerneuropa das wirtschaftlich stärkste Land ist, müßte es auch die größten Lasten tragen und würde so zwangsläufig in die Rolle eines Hegemons wider Willen geraten. Allerdings gelten für Szenario 4 die oben genannten Einwände gegenüber Szenario 3 umso mehr, müßten die Lasten doch auf noch weniger Schultern verteilt werden und wäre der innenpolitische Widerstand noch größer.

Bleibt noch Szenario 5: Darin geht es für Europa und namentlich für Deutschland zunächst um die Akzeptanz der Einsicht, daß der liebgewonnene und so bequeme Status des Free- oder Cheapriders der USA unwiderruflich zu Ende ist. Nicht so unwiderruflich ist der Ausgang des hegemonialen Ausscheidungskampfes zugunsten von China. Wenn man die Anti-Trump-Reflexe ignoriert und berücksichtigt, daß auch ein Trump spätestens nach einer zweiten Amtszeit Geschichte sein wird, daß es neue Präsidenten und neue Regierungen geben wird, die wieder von den Demokraten gestellt werden, dann löst das zwar nicht das strukturelle Dilemma der Vereinigten Staaten zwischen Positions- und Statusverlust, fördert aber eine atmosphärische Aufhellung der Beziehungen zwischen den USA und Europa. In einer weniger auf Konfrontation als auf Kooperation angelegten Konstellation kann ein Modus gefunden werden, wie Europa nicht nur substantielle finanzielle, sondern auch militärische Beiträge zur Bereitstellung der internationalen öffentlichen Güter leistet und amerikanischen Protektionismus in vom Niedergang bedrohten Branchen toleriert. Eine solche Politik darf nicht bedingungslos sein, sondern muß Konzessionen der amerikanischen Seite, gerade im Bereich der Umweltpolitik, verlangen. So kann Europa dazu beitragen, das amerikanische Dilemma aufzulösen, indem es sich einerseits an den Lasten beteiligt, die der Status einer globalen Führungsmacht verlangt, und andererseits deren wirtschaftlichen Positionsverlust abmildert.

Nur wenn die USA in der Lage sind, den weiteren wirtschaftlichen Positionsverlust abzuwenden, verfügen sie auch über die Mittel, gegenüber China und der Welt den Status als ordnungspolitische Führungsmacht zu behaupten. Im Gegenzug bedeutet das auch von europäischer Seite die Zurückhaltung gegenüber chinesischen Avancen. Die Beispiele Piräus, Venedig, Rotterdam und Hamburg dürfen nicht Schule machen. So gesehen ist selbst eine gesamteuropäische Anstrengung zur Sanierung der griechischen oder italienischen Staatsfinanzen noch ein Beitrag zur Unterstützung der Vereinigten Staaten gegenüber China.

Auch Szenario 5 ist nicht zum Nulltarif zu haben. Es

verlangt die Mobilisierung bzw. Umwidmung von Ressourcen, die Aufgabe bequemer politischer Grundorientierungen und die Revision von ordnungspolitischen Leitbildern. Gerade Deutschland als das leistungsfähigste Land in Europa ist hier besonders gefordert. Was das im Einzelnen heißt, muß Gegenstand einer öffentlichen Debatte sein, die lange überfällig ist und gerade erst ansatzweise begonnen hat. Auf der positiven Seite steht aber, daß eine mögliche Rückkehr der Anarchie der Staatenwelt (Szenario 1) vermieden und daß nicht das Politbüro der KPCh, sondern eine demokratisch legitimierte amerikanische Regierung den normativen Rahmen zur Ordnung der Welt setzen würde.

6. Aufstieg und Niedergang des kapitalistischen Weltsystems aus der Logik des Profits und der Logik der Rente

Am 2. April 1858 schrieb Karl Marx aus London einen Brief an den »Dear Frederick« in Manchester, in dem er seinen berühmten Sechs-Bücher-Plan skizzierte, der sein Lebenswerk werden sollte.[1] Die Titel der sechs geplanten Bücher lauteten: 1. Vom Kapital; 2. Grundeigentum; 3. Lohnarbeit; 4. Staat; 5. Internationaler Handel; 6. Weltmarkt. Marx entwirft hier eine systematische Gliederung zur Erklärung der Welt, die eine kapitalistische ist bzw. werden wird und durch die Logik des Profits bestimmt ist, der sich alles unterordnen muß. Er geht aus vom Abstrakten, dem Kapital im Allgemeinen, und endet beim Weltmarkt. Heute würde man von Globalisierung sprechen. Nachdem der Kapitalismus die ganze Welt durchdrungen hat, sind in seinem dialektischen Verständnis die Voraussetzungen zu dessen krisenbedingtem Untergang und für eine lichte sozialistische Zukunft geschaffen. Bekanntlich hat Marx zwar viele Vorstudien und Fragmente (Grundrisse) zur Realisierung seines Plans verfaßt, aber nur den ersten Band von Buch eins tatsächlich vollendet und damit, wenn man so will, nur ein Achtzehntel des geplanten Gesamtwerks. Engels hat immerhin aus den im Nachlaß gefun-

1 *MEW*, Bd. 29, S. 311-318.

denen Fragmenten mit den Bänden zwei und drei des ersten Buchs zwei weitere Achtzehntel »rekonstruiert«, wie man heute sagt. Am Ende fehlte selbst dem Vielschreiber Marx die Kraft, den Sechs-Bücher-Plan zu realisieren. Viele Adepten haben sich später daran versucht, weitere Leerstellen des projektierten Gesamtwerks zu füllen.

Methodisch war Marx kein Empiriker im strikten Sinne, sondern jemand, der alle zu seinem jeweiligen Thema irgendwie einschlägigen Bücher verschlungen und exzerpiert hat, um sie zu einer Synthese zu verarbeiten. Bei wirtschaftlichen Themen waren das die Schriften der liberalen britischen Ökonomen, allen voran David Ricardo, der ihn besonders und gerade in dessen Kampf gegen die Renteninteressen der Großgrundbesitzer beeinflußt hat.[2] Insofern stand Marx im Zweifelsfalle auch immer im Lager der Freihändler.

Einer der Autoren in der Nachfolge von Marx war Immanuel Wallerstein, der ebenfalls einen Sechs-Bücher-Plan konzipierte und bei dessen Realisierung sehr viel weiter vorangekommen war, auch wenn sein Plan im Verlauf der Arbeit mehrere nicht unwesentliche Änderungen erfuhr. In der Einleitung zu Band 1 seines Hauptwerks *Das moderne Weltsystem*, der in etwa die Bücher fünf und sechs der Marxschen Gliederung abdeckt, formulierte er 1974 einen Vier-Bücher-Plan, der, anders als bei Marx, keiner systematischen, sondern einer chrono-

2 David Ricardo, *Grundsätze der politischen Ökonomie und Besteuerung*, herausgegeben von Fritz Neumark, Frankfurt am Main 1972 [1817].

logischen Ordnung folgt, auch wenn er beansprucht, daß der Chronologie eine Systematik zugrunde liegt. Die vier Bände sollten die Zeiträume 1450-1640, 1640-1815, 1815-1917 und 1917 bis zur Gegenwart abdecken und sich danach unterscheiden, ob es sich um expansive oder kontraktive Phasen des modernen Weltsystems handele.[3] Der geplante Auftakt für Band vier deutet darauf hin, daß Wallerstein damals die Oktoberrevolution als den Beginn des Niedergangs des modernen Weltsystems verortete.

Er folgt Marx demnach in mehrfacher Hinsicht: Der Kapitalismus ist in der Lage, sukzessive die gesamte Welt zu transformieren, bis das kapitalistische durch ein sozialistisches Weltsystem abgelöst wird. Die bei Marx ambivalent belassene Frage, wodurch denn die ursprüngliche Akkumulation als Vorbedingung für den Kapitalismus geleistet wird, intern durch die Einhegungsbewegung und die Vertreibung der bäuerlichen Unterschicht vom Land oder durch die Fernhandelsgewinne, insbesondere aus den Kolonien, wird bei Wallerstein ganz eindeutig im Sinne des externen Beitrags beantwortet, setzt er den Beginn des »modernen Weltsystems« doch mit der Herausbildung der internationalen Arbeitsteilung Mitte des 15. Jahrhunderts gleich.

Im zweiten Band (1980 erschienen) veränderte Wallerstein seine Periodisierung, indem er die Expansions- und Kontraktionsphasen als sich zeitlich überlappend auffasst. Mit Erscheinen des vierten Bandes (2011) wur-

3 Immanuel Wallerstein, *The Modern World System*, Bd. 1, New York 1974, S. 10f.

de im Vorwort »On Writing about the Modern World System« der Vier- zu einem Sechs-Bücher-Plan erweitert: Band eins: 1450-1640; Band zwei: 1600-1750; Band drei: 1730-1840er Jahre; Band vier: 1789-1914; Band fünf: 1873-1968/89; Band sechs: 1945/68-ca. 2050.[4] Offensichtlich war die kurz nach Erscheinen des dritten Bandes (1989) erfolgte epochale Zeitwende der Jahre 1989/90 der Anlaß, den Beginn des Niedergangs von 1917 in eine ferne Zukunft zu verlegen, womöglich ihn ganz aufzugeben. Wallerstein war auch Synthetiker und arbeitete insofern methodisch ähnlich wie Marx. Er unterschied sich von ihm nicht nur darin, daß er statt eines systematischen ein chronologisches Gliederungsprinzip verfolgte, sondern auch darin, daß er der Analyse des Zirkulationsprozesses des Kapitals auf globaler Ebene Vorrang vor der Analyse von dessen Produktionsprozeß auf nationaler Ebene (England) einräumte. Ob er ähnlich wie der späte Marx skeptisch wurde, ob der Kapitalismus auf revolutionäre oder auf evolutionäre Weise in Richtung Sozialismus transformiert wird, werden wir nicht mehr erfahren. Wallerstein starb 2019 und hatte offenbar in seinen letzten Lebensjahren nicht mehr die Kraft, auch darin Marx ähnlich, die Bände fünf und sechs zu realisieren. Vielleicht gibt es auch hier Fragmente im Nachlaß, aus denen sich diese rekonstruieren lassen.

Kommen wir zu Hartmut Elsenhans, der, wie es sich für einen Großtheoretiker gehört, im Jahre 2008 seinen

4 Immanuel Wallerstein, *The Modern World System*, Bd. 4, Berkeley 2011, S. XI-XVII.

Sechs-Bücher-Plan zur Analyse vom *Aufstieg und Niedergang des Weltsystems* vorgelegt hat und methodisch wie seine beiden Vorgänger die einschlägige Literatur synthetisierend arbeitet.[5] Die sechs Bände tragen Arbeitstitel, die bereits eine Inhaltsangabe in Stichpunkten darstellen: (1) Vorkapitalistische Produktionsweisen und die Blockierung des Übergangs zum Kapitalismus; (2) Kapitalismus als Ergebnis des Kampfs von Unterschichten gegen Rente und Ausbeutung. Industrielle Revolution als Folge der Herausbildung des inneren Massenmarkts; (3) Kapitalismus ist expansiv, aber nicht ansteckend: Expansion des europäischen Kapitalismus oder Expansion des europäischen Staatensystems in der zweiten Welle des Kolonialismus und Imperialismus im 19. Jahrhundert; (4) Gefährdung von Kapitalismus durch Schwächung von Arbeit: Die Weltwirtschaftskrise der dreißiger Jahre als Ausdruck der Verschärfung unterkonsumtiver Tendenzen bei wachsender Produktivität und die politische Bedrohung des Kapitalismus: Sieg des Kapitalismus wegen politischer Erschütterung durch den Faschismus und wegen ökonomischer Herausforderung durch den »real existierenden Sozialismus«; (5) Der Widerstand der unterentwickelten Welt: Erfolg bei den Renten, aber Scheitern bei der Generierung von Grundlagen kapitalistischen Wachstums; (6) Die Globalisierung von Rente gegen die Globalisierung von Profit.

5 Hartmut Elsenhans, »Aufstieg und Niedergang des kapitalistischen Weltsystems. Eine politische Ökonomie der Moderne. Disposition für ein Taschenbuch und für ein in 6 Bände zu gliederndes großes Werk«, MS Leipzig 2008.

Wäre der Leser so belesen wie Elsenhans oder hätte er Einblick in dessen berühmt-berüchtigte »Zettelkästen«, zu deren Auswertung er nach seiner Emeritierung ein regelrechtes Forschungsprojekt beantragt hat, wäre ihm allein bei der Lektüre dieser Stichpunkte bereits der komplette Argumentationsgang inklusive der Auseinandersetzung mit den wichtigsten Gegenargumenten klar. Methodisch verfolgt Elsenhans eine Synthese des Marxschen und des Wallersteinschen Sechs-Bücher-Plans. Die Überschriften lassen zwar auf eine systematische Gliederung schließen, sind aber zugleich historisch angelegt, nur daß Elsenhans nicht wie Wallerstein im 15. Jahrhundert, sondern wie Marx erst mit der industriellen Revolution im letzten Viertel des 18. Jahrhunderts einsetzt. Der erste Band sieht eine Analyse vorkapitalistischer Gesellschaften und der ihnen inhärenten Entwicklungsblockaden vor, die Elsenhans nicht ins Mittelalter oder noch weiter zurückverlegt und die in seinem Verständnis trotz internationaler Arbeitsteilung bis heute Bestand haben. Der sechste Band will den Niedergang des Kapitalismus ausgerechnet im »Zeitalter der Globalisierung« verorten, nicht weil er, wie Marx und Wallerstein spekulierten bzw. hofften, an seinen inneren Widersprüchen und Krisen zugrunde geht, sondern weil er gerade nicht in der Lage ist, die gesamte Welt »durchzukapitalisieren«. Statt dessen obsiegt das Beharrungsvermögen vorkapitalistischer Gesellschaftssysteme und damit die Vormoderne – ein fast schon paradoxes Ergebnis der Emanzipationsbestrebungen der ehemaligen Kolonien. Durchsetzung des Kapitalismus im Weltmaßstab und Globalisierung sind demzufolge für Elsenhans keine Synonyme. Internationale Arbeitsteilung muß nicht zwangsläufig zu Kapitalismus, zur Dominanz der Logik des Profits, sondern kann auch zur Globalisierung von leistungslosen Einkommen führen, die von Elsenhans in der Tradition von Ricardo als Renten bezeichnet werden. Sein Gliederungsschema folgt weder einer abstrakten Systematik (Marx) noch einer historischen Periodisierung bis zum krisenhaften Ende (Wallerstein), weil, nachdem der Kapitalismus alles durchdrungen hat, eine weitere Expansion nicht mehr möglich ist, sondern orientiert sich an den Etappen des wechselvollen »Kampfs zweier Systeme«, die durch die Logik des Profits und die Logik der Rente bestimmt werden. Am Ende steht bei Elsenhans nicht die vollständige »Durchkapitalisierung« der Welt, sondern deren Scheitern.

Trotz aller Parallelen zu Marx und Wallerstein bezieht er damit provokante Gegenpositionen, wobei Letzterer nicht nur der heimliche, sondern der explizite Antipode ist, wie sich aus metatheoretischen Begleittexten der beiden herauslesen läßt.[6] Kapitalismus durchläuft bei Elsenhans zwar auch eine Aufstiegs- und Niedergangsphase, doch setzt diese erst etwa 300 Jahre später ein als bei Wallerstein und ist Resultat der Transformation des auf der Grundrente basierenden westeuropäischen Feudalismus im Zuge der industriellen Revolution. Kapita-

6 Immanuel Wallerstein, »Wegbeschreibung der Analyse von Weltsystemen, oder: wie vermeidet man, eine Theorie zu werden?«, in: *Zeitschrift für Weltgeschichte* 2/2 (2001), S. 9-32; Hartmut Elsenhans, »Zum Gang der Weltsystemstudien«, in: *Zeitschrift für Weltgeschichte* 2/2 (2001), S. 35 ff.

lismus ist derzeit zwar dominant im »modernen Weltsystem«, aber keineswegs in der Lage, die gesamte Welt zu transformieren. Auf seinen Niedergang folgt auch kein sozialistisches, sondern ein rentenbasiertes Weltsystem. Der Aufstieg war nicht das Resultat von Fernhandel und internationaler Arbeitsteilung, nicht das Resultat von Ressourcentransfers von der Peripherie ins Zentrum, sondern Resultat einer innergesellschaftlichen Transformation, die zur Verknappung von Arbeitskraft, technischen Innovationen zur Steigerung der Arbeitsproduktivität in Landwirtschaft und Industrie, dem Aufbau von Gegenmacht und der Herausbildung von sich erweiternden Märkten für Massenkonsumgüter geführt hat. Insofern ist für Elsenhans nicht der Zirkulations-, sondern der Produktionsprozeß des Kapitals die Ebene, die darüber entscheidet, ob Kapitalismus herrscht oder nicht.

Er ist zwar Ökonomist, aber kein Marxist und auch kein Weberianer, sondern Keynesianer und zugleich Ricardianer, einer, der trotz Insistierens auf komparativen Vorteilen, die die internationale Arbeitsteilung bestimmen, eine internalistische Erklärung für Globalisierung anbietet. Folglich will er keine Kapitalismuskritik betreiben und Kapitalismus für die Entwicklungsprobleme auf der Welt verantwortlich machen, sondern diesen geradezu verteidigen. Entwicklungsprobleme sind das Resultat von ausbleibendem, mindestens von zu wenig Kapitalismus. Damit entpuppt sich Elsenhans als Modernisierungstheoretiker mit Berührungspunkten zum Neoliberalismus. Der Marx der Indien-Schriften läßt grüßen, der die fortschrittsfördernde britische Kolonialpolitik pries, die dort im 19. Jahrhundert in der Lage gewesen sei, die Wurzeln des orientalischen Despotismus auszureißen.

Zum Verständnis seiner Thesen ist ein Rückblick auf das Gesamtwerk bis Anfang der siebziger Jahre nötig, in dem sich trotz einer kaum überschaubaren Zahl von veröffentlichten und unveröffentlichten Manuskripten nur eine einzige große Revision (wenn überhaupt) in der Argumentation identifizieren läßt. Wir erinnern uns: Die siebziger Jahre waren im Anschluß an Hans Wolfgang Singer und Raúl Prebisch die große Zeit von Dependenz-, Weltmarkt- und Weltsystemtheorie, die die bis dahin dominante Modernisierungstheorie weltweit in die Defensive zu drängen vermochte. In dieser Zeit wurde Elsenhans am Fachbereich Politische Wissenschaft (ehemals Otto-Suhr-Institut) der FU Berlin akademisch sozialisiert.[7] Er beansprucht deshalb auch für sich, Weltsystemtheoretiker zu sein. Nur folgt er einer ganz anderen Argumentationslogik als der Mainstream.

Ausgangspunkt des Rückblicks muß seine Dissertation *Frankreichs Algerienkrieg 1954-1962* von 1974

7 Vgl. dazu die Dokumentation des geplanten Sonderforschungsbereichs »Bestimmungsfaktoren der Außenpolitik in der zweiten Hälfte des 20. Jahrhunderts«, herausgegeben von Gilbert Ziebura, Franz Ansprenger und Gerhard Kiersch, Berlin 1974, in dem Elsenhans die Leitung des Teilprojekts A mit 14 Mitarbeitern »Gesellschaft und außenpolitischer Handlungsspielraum in Westeuropa seit Beginn der sechziger Jahre« übernehmen sollte. Das überambitionierte Projekt mit vier Teilprojekten und insgesamt etwa 50 Mitarbeitern scheiterte u.a. an der nicht realisierten Finanzierung durch die Deutsche Forschungsgemeinschaft.

sein.[8] Auf 908 Druckseiten steuert Elsenhans auf die Frage und damals vermutlich auch auf die Hoffnung zu, ob die nach dem Krieg an die Macht gekommene Staatsklasse, die sich aus der Befreiungsbewegung rekrutierte, anstelle eines kaum vorhandenen algerischen Unternehmertums in der Lage sein würde, die Renteneinkommen aus dem Ölsektor zur Initiierung eines eigenständigen Entwicklungsprozesses zu nutzen, an dem die Masse der Bevölkerung durch steigende Realeinkommen partizipieren könnte. Die Erfolge der OPEC-Staaten, die seit 1973 in der Lage waren, einen wachsenden Teil der Einkommen aus dem Ölsektor als Renten zu vereinnahmen, gab Anlaß zu der Hoffnung, daß sich hier ein Weg nachholender Entwicklung über den Export von Rohstoffen auftat, den die angelsächsischen Siedlerkolonien lange zuvor bereits beschritten hatten.[9] Daß diese Hoffnung in Algerien und anderswo sich nicht erfüllte, löste womöglich die Revision seines Denkens aus. In diese Frühphase fällt auch die Formulierung seiner Entwicklungstheorie, die entgegen dem damaligen dependenztheoretischen Mainstream nicht auf eine neue Weltwirtschaftsordnung setzt, sondern mit dem Staatsklassen- und Massenkonsumparadigma operiert.[10]

8 Hartmut Elsenhans, *Frankreichs Algerienkrieg 1954-1962. Entkolonialisierungsversuch einer kapitalistischen Metropole. Zum Zusammenbruch der Kolonialreiche*, München 1974.

9 Hartmut Elsenhans (Hg.), *Erdöl für Europa*, Hamburg 1974.

10 Vgl. dazu diverse Aufsätze z.B. Hartmut Elsenhans, »Zur Rolle der Staatsklasse bei der Überwindung von Unterentwicklung«, in: Alfred Schmidt (Hg.), *Strategien gegen Unterentwicklung. Zwischen Weltmarkt und Eigenständigkeit*, Frankfurt am Main

Zweiter Baustein seiner Großtheorie war die Berliner Habilitationsschrift von 1976. Mit »Geschichte und Ökonomie der europäischen Welteroberung« wollte er folgerichtig den Nachweis erbringen, daß nicht der Fernhandel die europäische Welteroberung und nicht die Ausbeutung der Kolonien die Entwicklung des Kapitalismus in Europa ausgelöst und vorangetrieben hatten, sondern neben der Mission vor allem feudale Motive, nämlich die Suche nach neuen Renten, der Expansion zugrunde lagen, so daß die Kolonien nur wenig zur Herausbildung des Kapitalismus beitrugen. Von zentraler Bedeutung für die industrielle Revolution waren vielmehr innergesellschaftliche Transformationsprozesse in Westeuropa. 1978 folgte ein zweites unveröffentlichtes Manuskript »Geschichte und Ökonomie der europäischen Welteroberung (4): Die Weltwirtschaftskrise der 30er Jahre und die Wachstumsbedingungen industriekapitalistischer Systeme«.[11] Die Zählung läßt darauf schließen, daß ein Sechs-Bücher-Plan schon damals bestanden hat und die Habilitationsschrift das erste Buch darstellen sollte. Daß sie erst 31 Jahre später textgleich

1976, S. 250-265; ders., »Die Staatsklasse/Staatsbourgeoisie in den unterentwickelten Ländern zwischen Privilegierung und Legitimationszwang«, in: *Verfassung und Recht in Übersee* 10/1 (1977), S. 29-42; ders., »Die Überwindung von Unterentwicklung durch Massenproduktion für Massenbedarf. Weiterentwicklung eines Ansatzes«, in: Dieter Nohlen und Franz Nuscheler (Hg.), *Handbuch der Dritten Welt*, Bd. 1, Hamburg 1982, S. 152-182.

11 So ein Hinweis bei Harald Fuhr, »Hartmut Elsenhans (*1941). Staatsklassen, Europa und Entwicklungswege«, in: *Entwicklung und Zusammenarbeit* 41/7-8 (2000), S. 211-214.

erschien und dazu noch eines Herausgebers bedurfte,[12] obwohl hier doch das Gegenparadigma zu Wallerstein bereits ausgearbeitet vorlag, erklärt sich aus der zwischenzeitlichen (2007?) Änderung des Plans, in dem das ursprüngliche erste Buch keinen Platz mehr hatte, weil es durch die Analyse vorkapitalistischer Produktionsweisen ersetzt worden war und deshalb separat erscheinen konnte.

Systematisch wird der rententheoretische bzw. unterkonsumtionistische Ansatz erst 2001 in dem Band *Das Internationale System zwischen Zivilgesellschaft und Rente* und 2006 in dem Band *Globalization Between a Convoy Model and an Underconsumptionist Threat* entfaltet, in denen die zivilisatorische Wirkung des Kapitalismus den despotischen, auf Renten basierenden, politischen Systemen gegenübergestellt wird.[13] Zeitgleich erschien auch der metatheoretisch angelegte Aufsatz »Zum Gang der Weltsystemstudien«, der sich explizit auf Wallersteins »Wegbeschreibung der Analysen von Weltsystemen« bezieht.

Erst nach der Emeritierung scheint der Entschluß gereift zu sein, seinem »großen Werk« die endgültige Sechs-Bücher-Form zu geben, die einen Zeitaufwand verlangt, den ein amtierender Ordinarius nicht erübrigen kann, hat Elsenhans doch wie seine Vorgänger Marx und Wal-

12 Herausgegeben und mit einem Vorwort von Matthias Middell, Leipzig 2007.

13 Hartmut Elsenhans, *Das Internationale System zwischen Zivilgesellschaft und Rente*, Münster 2001; ders., *Globalization Between a Convoy Model and an Underconsumptionist Threat*, Münster 2006; vgl. dazu auch den Aufsatz »Kapitalismus und Massenkonsum«, in: *Comparativ* 1/2 (1992), S. 7-29.

lerstein den Anspruch, eine komplette Synthese aller irgendwie relevanten Veröffentlichungen von Ökonomen, Soziologen, Politologen, Historikern und vor allem Wirtschaftshistorikern in sieben Sprachen zur Untermauerung seines Paradigmas zu leisten.[14]

Dieses beruht auf der steilen These, die nicht nur Marx und Wallerstein, sondern nahezu die gesamte entwicklungstheoretische Literatur, gleichviel ob modernisierungstheoretischer, dependenztheoretischer, neoliberaler oder bürokratischer Provenienz, vor den Kopf stößt und in Frage stellt: Kapitalismus ist historisch wie aktuell die Ausnahme in der Welt und rentenbasierte politische Systeme waren und sind die Regel. Es ist zwar richtig, daß das gegenwärtige Weltsystem durch den Kapitalismus dominiert wird, dieser ist aber nicht in der Lage, die ganze Welt zu durchdringen und schon gar nicht zu transformieren. Da rentenbasierte Systeme wieder auf dem Vormarsch sind, seien die Tage des kapitalistischen Weltsystems gezählt. Der Nord-Süd-Konflikt wird so auf einen Verteilungskonflikt um das weltweite Einkommen zwischen Profit und Rente reduziert.

Um diese These zu begründen, argumentiert Elsenhans wie folgt: Im Kapitalismus herrscht die Logik des Profits, in der übrigen Welt herrscht die Logik der Rente. Profit resultiert aus zuvor getätigten Investitionen

14 Daher sein Aufsatz »Kein Ende der großen Theorie«, in: *Asien Afrika Lateinamerika* 24/2 (1996), S. 111-146, der als Kritik an Ulrich Menzel, *Das Ende der Dritten Welt und das Scheitern der großen Theorie*, Frankfurt am Main 1992, gemeint war, verstand Elsenhans sich doch auch als großer Theoretiker, der darin gar nicht gemeint war.

und dem Verkauf von Waren, die wettbewerbsfähig sein müssen und der Absatzmärkte bedürfen. Wirtschaftswachstum kann folglich nur auf sich ausweitenden Märkten für Massenkonsumgüter basieren, die wiederum wachsende Realeinkommen bei der Masse der Bevölkerung voraussetzen. Dies geschieht aber nur, wenn Arbeitskraft knapp wird und deshalb der Lohn steigt bzw. wenn Arbeitskräfte in der Lage sind, organisierte Gegenmacht zu bilden, etwa durch Bodenreformen oder freie Gewerkschaften, und so Einkommenssteigerungen politisch durchzusetzen. Dies wiederum setzt Assoziationsfreiheit, also ein demokratisches politisches System, voraus. Die »Unteren« müssen gegen die »Oberen« politisch obsiegen. Steigende Arbeitskosten zwingen Unternehmer immer wieder, einen Teil des Profits zu investieren, um laufend die Arbeitsproduktivität zu steigern. Nur so sind sie in der Lage, am Markt wettbewerbsfähig zu bleiben und über den erzielten Produktivitätszuwachs steigende Masseneinkommen zu ermöglichen. Damit läßt Elsenhans sich auf die griffige Formel reduzieren: Kapitalismus verlangt Fordismus. Bleibt der Fordismus aus, kommt es zur Unterkonsumtionskrise und am Ende zum Niedergang des Kapitalismus.

Elsenhans muß deshalb zeigen, daß diese Bedingungen nur in Westeuropa und zu allererst in England Ende des 18. Jahrhunderts aufgrund von Besonderheiten und historischen Zufälligkeiten gegeben waren und damit der in Europa herrschende rentenbasierte Feudalismus (Grundrente) zum Kapitalismus transformiert wurde. Hierzu gehört vermutlich, daß jener im Unterschied zum zentralistischen asiatischen Despotismus ein loses politisches System mit vielen Machtgruppen (Fürsten, Kirche, Orden, freie Städte, Zünfte, Gilden etc.) war. Gerade die Bedeutung der Existenz freier Städte als Zentren gewerblicher Produktion oder einer Kirche neben dem Staat kann nicht hoch genug gewertet werden. Ein Investiturstreit, ein Bund der Hanse oder eine Ostindische Kompanie ist außerhalb Europas schwer vorstellbar. Insofern manifestiert die Magna Charta den Einstieg in eine politische Entwicklung, die am Ende und nicht zufällig zuerst in England zu Kapitalismus und freiem Unternehmertum geführt hat. Weitere Faktoren waren, daß wichtige Rohstoffe (Wolle, Kohle, Eisenerz) in England ausreichend verfügbar waren, die Landwirtschaft auf Regenfall und nicht auf künstlicher Bewässerung beruht, das milde Klima, die Abwanderungsmöglichkeiten von Bauern und Rittern in den Ostseeraum oder die Unvereinbarkeit von Christ- und zugleich Sklave-Sein. Die lange Bauzeit der Kathedralen im Vergleich zu orientalischen Palästen und Grabmälern ist ein Indikator für ein geringes Mehrprodukt in Europa. Im Zuge der europäischen Siedlungsauswanderung hat sich der Kapitalismus unter Zurücklassung des Feudalismus auf einen Teil der »Neuen Welt« ausgedehnt, nicht aber auf Lateinamerika, in das gerade der europäische Feudalismus und die Sklaverei exportiert wurden. Für die Entstehung des Kapitalismus waren weder eine ursprüngliche Akkumulation im Sinne von Marx noch eine protestantische Ethik im Sinne von Weber, sondern im Sinne von Elsenhans nur Bedingungen notwendig, die steigende Masseneinkommen zur Folge hatten. Insofern ist Elsenhans Keynesianer, Ökonomist und Internalist.

In rentenbasierten Systemen hingegen entstehen Einkommen aus politischer Kontrolle über rententrächtige Ressourcen. Dazu gehört zuallererst der Boden, aber auch die im Boden vorhandenen Rohstoffe wie z.B. Öl oder Gas, der Handel mit lebensnotwendigen Gütern (z.B. Salz) oder der Außenhandel. Wer die Macht hat, ist in der Lage, sich die aus deren Bewirtschaftung resultierenden Einkommen als Renten anzueignen und den Produzenten nur so viel zu belassen, wie zum Lebensunterhalt ausreicht. Heutzutage lassen sich Renten aus allen Aktivitäten generieren, die zur Schattenseite der Weltwirtschaft (Drogenhandel, Waffenhandel, Schutzgeld, Piraterie, Geldwäsche, Lösegeld aus Hackerangriffen etc.) gehören. Selbst Entwicklungs- oder gar Katastrophenhilfe kann eine Quelle von Rente sein.

Um die Rente zu maximieren und ihr künftiges Aufkommen zu sichern, muß folglich ein Teil anders als im Kapitalismus nicht zur Steigerung der Arbeitsproduktivität, sondern zur Steigerung der politischen Kontrolle in Machtmittel (Leibgarde, Armee, Polizei und rivalisierende Geheimdienste, neuerdings auch wieder auswärtige Söldner) »investiert« werden. Das Übrige fließt in den Luxuskonsum der Herrschenden, wird gehortet oder für die Bauten der staatlichen Repräsentation aufgewendet, die dazu beitragen sollen, die rentenbasierte Ordnung zu legitimieren – die sogenannte Selbstprivilegierung von Staatsklassen. Die Subventionierung des Brotpreises oder anderer Grundnahrungsmittel, heute die Subventionierung von Wasser oder Benzin, dient nur der Schaffung von Massenloyalität. Ansonsten bleiben die Einkommen der breiten Bevölkerung niedrig, da kein expandierender Markt für Massenkonsumgüter für die Stabilität des Systems notwendig ist. Für Stabilität zu sorgen hat der Machtapparat. Luxusgüter werden importiert, Massenkonsumgüter, soweit gefertigt, werden exportiert zur Belieferung von kapitalistischen Märkten anderswo, die steigende Masseneinkommen bedienen. Deshalb setzt sich in den ölexportierenden Ländern ebenso wie in der rohstoffbasierten russischen Exportökonomie auch kein Kapitalismus durch. Strukturell unterscheiden sich Putin und seine Oligarchen nicht von arabischen »Ölscheichs«.

Die Folge ist eine hohe Konzentration der Einkommen bei denen, die die politische Macht haben, während die breite Masse über kaum mehr als das zur Deckung der Lebenshaltungskosten Notwendige verfügt. In den Exportsektoren müssen dauerhaft niedrige Löhne gezahlt werden, um in den arbeitsintensiven Branchen konkurrenzfähig zu sein. Das ist nur möglich, weil die Lebenshaltungskosten vergleichsweise niedrig sind. Soweit sich kapitalistische Ansätze in Form eines privaten Unternehmertums herausbilden, werden sie von der Bürokratie, der sogenannten Staatsklasse, bekämpft, kontrolliert und reglementiert, um eine Transformation der Gesellschaft in Richtung Kapitalismus zu verhindern. So entsteht zwar ein wachsender Markt für Luxusgüter, der früher (etwa im kaiserlichen China) durch besondere handwerkliche Fähigkeiten, heute durch Importe, bedient wird, aber kein Markt für Massenkonsumgüter, der Fordismus, also deren industrielle Fertigung bei steigender Arbeitsproduktivität und steigenden Reallöhnen voraussetzt.

Rentenbasierte Systeme sind demnach durchaus in der Lage, eine technische und künstlerische Entwicklung in Gang zu setzen, Hochkulturen auszubilden und in der Luxusgüterproduktion im Vergleich zu Europa Spitzenleistungen zu vollbringen. Nur führen diese nicht zu Freiheit und Kapitalismus, sondern zu immer elaborierteren Formen von gewaltbasierten Rentenökonomien. Kapitalismus ist deshalb nicht zufällig im gegenüber Asien (Indien und China) rückständigen und bevölkerungsarmen Europa entstanden. Man denke etwa an die Ausbreitung der Pest um 1350, die die europäische Bevölkerung drastisch reduzierte und Arbeitskraft knapp werden ließ. Noch um etwa 1800 dürfte etwa die Hälfte des Weltsozialprodukts auf Indien und China entfallen sein, bis sich als Folge der industriellen Revolution die wirtschaftlichen Gewichte verschoben.

Was heißt das für die Weltsystemtheorie? Weltsysteme hat es auch schon vor der Herausbildung des Kapitalismus in Europa und vor der europäischen Welteroberung gegeben, nur waren diese nicht kapitalistisch dominiert, sondern rentenbasiert. Man denke etwa an das chinesische Tributsystem, das zu Beginn des 15. Jahrhunderts seinen Höhepunkt erreichte und sich bis in das Becken des Indiks erstreckte. Wenn aber Kapitalismus sich nicht im Weltmaßstab durchsetzt, sondern auf Westeuropa und die Gebiete europäischer Siedlungsauswanderung (also den »Westen«) beschränkt bleibt, kommt es nicht zur Globalisierung des Profits, sondern am Ende zur Globalisierung der Rente. Ersteres würde im Licht des Paradigmas nämlich voraussetzen, daß Arbeitskraft im Weltmaßstab knapp zu werden hat und daß sich Gegenmacht weltweit etabliert, daß weltweit Assoziationsfreiheit herrscht, die wiederum weltweit Demokratie voraussetzt. Damit wäre die Herausbildung eines kapitalistischen Weltsystems nicht das Resultat von Welthandel und internationaler Arbeitsteilung, sondern der globalen Etablierung von Gegenmacht, wie es in den demokratisch verfaßten Gesellschaften des Westens der Fall war.

Elsenhans muß also zeigen, daß sich weder in den Öl, Gas oder andere Rohstoffe exportierenden Ländern, unter denen heute Rußland an erster Stelle steht, noch in den lateinamerikanischen oder asiatischen Schwellenländern trotz deren Industrialisierung Kapitalismus durchsetzt. Im Hinblick auf China liefert er so zumindest eine Erklärung, warum die Kommunistische Partei ihre Macht behauptet. Wenn Kapitalismus aber nicht in der Lage ist, die gesamte Welt zu einem sich erweiternden Massenmarkt zu machen, dann ist sein zukünftiger Niedergang vorgezeichnet. Die aus der Logik des Kapitalismus zwingende erweiterte Reproduktion stößt irgendwann an eine Grenze. Je mehr Einkommen weltweit die Gestalt von Renten annehmen, desto weniger bleibt für steigende Masseneinkommen. Der Kapitalismus scheitert an einer Unterkonsumtion im Weltmaßstab. In einer rentenbasierten Weltwirtschaft ist nicht die überlegene Wettbewerbsfähigkeit, sondern politische Macht die entscheidende Variable. So wie die vielen Konflikte in den Ländern des Südens sich als Konflikte um den Zugriff auf Renten interpretieren lassen, müssen im Licht des rententheoretischen Paradigmas künftige internationale Konflikte als Konflikte um die weltweite Verteilung der Renten interpretiert werden frei nach dem Motto: »Ölmultis versus Ölscheichs«.

Was hat dies alles mit Ricardo zu tun? Elsenhans folgt Ricardo insofern, als er die nicht zu leugnenden Industrialisierungsprozesse in nichtwestlichen Gesellschaften ricardianisch erklärt. Branchen werden ausgelagert, wenn anderswo komparative Vorteile, etwa bei arbeitsintensiven Produkten, gegeben sind. Bei Ricardo können alle aus der internationalen Arbeitsteilung einen Vorteil ziehen, bei Elsenhans nicht. Für den komparativen Vorteil zählen nur die niedrigen Arbeitskosten, die im kapitalistischen Westen nicht für den Lebensunterhalt ausreichen. Im rentenbasierten Süden reichen sie aber aus, da dort die Lebenshaltungskosten viel niedriger sind als im Absatzland der Waren. Nur so ist erklärbar, daß sich etwa in Bangladesch oder Äthiopien Arbeitskräfte für die Exportindustrie finden. Internationale Arbeitskosten messen den Preis von Arbeit in konvertierbaren Währungen. Insofern sind die Wechselkurse entscheidend, die nicht notwendig die Kaufkraftparitäten widerspiegeln. Auf diesen Unterschied zwischen niedrigen Arbeitskosten und niedrigen Reallöhnen hingewiesen zu haben, ist sicher ein Verdienst. Ein Land wie China würde im Sinne seiner Theorie erst kapitalistisch, wenn dort Arbeitskraft knapp wird und sich freie Gewerkschaften bilden dürfen. Beides ist angesichts von 1,4 Milliarden Menschen, einer unerschöpflichen Reservearmee und einer Kommunistischen Partei an der Macht kaum vorstellbar.

Angesichts des fortgeschrittenen Alters steht zu befürchten, daß Elsenhans wie seine Vorgänger nicht mehr in der Lage sein wird, seinen Sechs-Bücher-Plan zu realisieren. Auch hier wird es der Rekonstruktion durch einen posthumen Bearbeiter anhand der sicherlich zahlreichen hinterlassenen Manuskripte bedürfen.[15]

Ein Postskriptum aus aktuellem Anlaß

Der bizarre Marsch auf Moskau des Warlords Prigoschin und seiner Söldnertruppe Wagner und deren überraschende Götterdämmerung nach nur einem Tag am 24. Juni 2023, obwohl man in kürzester Zeit via Autobahn bis auf 200 Kilometer an die Stadt herangekommen war, ohne auf großen militärischen Widerstand zu stoßen, läßt sich rententheoretisch erklären. Prigoschin, der für seine Dienste etwa 1 Milliarde US-Dollar pro Jahr vom russischen Staat kassierte, ist nur der prominenteste unter den zahlreichen russischen Warlords, die in Rußland, aber auch weltweit die »Drecksarbeit« zur politischen Einflußnahme und damit zur Sicherung oder Erschließung neuer Rohstoffrenten verrichten, überall da, wo Rußland engagiert ist – etwa in Syrien, Libyen, Mali, Sudan, Mosambik, Madagaskar, Venezuela und anderswo.[16] Prigoschin und seine Unterstützer waren offenbar zu der Einsicht gelangt, daß Putins Krieg gegen die Ukraine wegen der massiven westlichen Unterstüt-

15 Laut seiner Internetseite {https://hartmutelsenhans.net} stammt die letzte Publikation aus dem Jahre 2018.

16 Vgl. dazu die Karte mit den gesicherten oder vermuteten Einsätzen der Wagner-Truppe in der *Frankfurter Rundschau* vom 26. Juni 2023.

zung nicht zu gewinnen ist und daß Putin die Renteneinkommen zur Bedienung seiner imperialen Ambitionen verprasst. Der Krieg erweist sich sogar als ein »Verlustgeschäft«, weil er aufgrund der westlichen Sanktionen die Renteneinkommen der Oligarchen schmälert und deren luxuriösen Lebensstil an der Côte d'Azur, in London oder St. Moritz bedroht und deren Auslandskonten blockiert. Also sollte Putin und seine Kamarilla gestürzt werden, damit nicht am Ende das gesamte System kollabiert wie in den Jahren 1989/90. Daß der Marsch auf Moskau abgebrochen wurde, ist aus dieser Logik mit dem Argument zu erklären, daß sich die Unterstützer Prigoschins nicht aus der Deckung getraut haben bzw. daß andere Fraktionen des Machtapparats wie der Tschetschenen-Warlord Kadyrow weiter auf die Karte Putin gesetzt haben, weil er als der bessere Garant des Systems angesehen wird.

Der naheliegende Vergleich des Marschs auf Moskau mit dem Sturm auf das Washingtoner Kapitol am 6. Januar 2021 hinkt. Die radikalen Trumpisten wollten die Ablösung des autoritären Populisten Trump zugunsten eines Vertreters des liberalen Establishments verhindern. Hier hat sich das liberale, auf der Logik des Profits basierende Amerika behauptet. Der Warlord Prigoschin wollte Putin stürzen, um den befürchteten Niedergang des rentenbasierten Systems zu stoppen, auf dem auch sein eigenes Geschäftsmodell basiert.

IV
Das Ende der großen Erzählung vom Segen der Globalisierung

7. Corona und andere Totengräber der Globalisierung

Die Globalisierung ist mit Ausbruch der Coronakrise metaphorisch an die Kette gelegt worden. Um diesen epochalen Vorgang zu verstehen, bedarf es der Klärung einiger Fragen. Der Begriff meint keine Epoche der Weltgeschichte, wie die Redeweise vom »Zeitalter der Globalisierung« suggeriert, sondern einen Prozeß. Wann dieser begonnen hat, ist ein gerade unter Historikern kontrovers diskutiertes Thema. Auch wurde er von Anfang an von einem Prozeß der Fragmentierung begleitet,[1] weil es immer Gewinner und Verlierer der Globalisierung gibt. Gewinner wie Verlierer können einzelne Länder, länderübergreifende Großregionen, sogar ganze Großreiche, aber auch Regionen eines Landes bzw. Teile einer Gesellschaft sein, ist Globalisierung doch in vieler Hinsicht ein Nullsummenspiel. Der Aufstieg des Westens führte zum Niedergang des Ostens bzw. der chinesischen (1435) und japanischen (1639) Selbstisolation. Die nachholende Industrialisierung in Ost- und Südostasien führte zur Deindustrialisierung der alten Industrieregionen in Westeuropa und Nordamerika, ein Prozeß, der euphemistisch als Strukturwandel bezeichnet wird. Die Parallelität der beiden globalen

1 Ulrich Menzel, *Globalisierung versus Fragmentierung*, Frankfurt am Main 1999.

Trends ist einer der Gründe für das Pro und Contra im Globalisierungsdiskurs, der Debatte über Ursprung, Wesen, Umgang mit und Konsequenzen der Globalisierung. Diese wird nicht nur in Bezug auf die Gegenwart geführt, sondern auch bezüglich der sogenannten ersten Welle der Globalisierung in der zweiten Hälfte des 19. Jahrhunderts sowie deren Vorläufern ausgetragen.[2] Dem britischen Ökonom Angus Maddison gebührt das Verdienst, für den Bereich der Wirtschaft eine Datengrundlage für die vergangenen 1000 Jahre geschaffen zu haben.[3] Immer dann, wenn die Vorteile der Globalisierung im öffentlichen Bewußtsein überwiegen, geraten die Globalisierungsbefürworter in die Offensive, verstärkt sich der Eindruck der Nachteile bzw. der Fragmentierung, erhält die Globalisierungskritik Auftrieb, wie man seit einigen Jahren beobachten kann.

Globalisierung ist (wie Fragmentierung) kein linearer Prozeß des immer mehr, immer weiter und immer schneller, sondern verläuft in Wellen, die immer wieder von Rückschlägen unterbrochen werden, den Prozeß sogar völlig zum Erliegen bringen können wie im Anschluß an die Ausbreitung der Pest Mitte des 14. Jahrhunderts über die eurasische Landmasse oder während

2 Vgl. dazu Paul Hirst und Grahame Thompson, *Globalisation in Question: The International Economy and the Possibilities of Governance*, Cambridge, 2. Aufl., 1999 [1996]; Kevin H. O'Rourke und Jeffrey G. Williamson, *Globalization and History: The Evolution of the Nineteenth-Century Atlantic Economy*, Cambridge/Mass. 1999; Antony G. Hopkins (Hg.), *Globalization in World History*, London 2002.

3 Angus Maddison, *The World Economy – A Millennial Perspective*, Paris 2001.

des Dreißigjährigen Krieges, der nicht nur in Europa, sondern auch in Teilen Lateinamerikas, vor der westafrikanischen Küste und in Südostasien ausgetragen wurde. Die Aufschwungsphasen sind durch einen, anfänglich unmerklichen, exponentiellen Verlauf gekennzeichnet. Sie gehen zu Ende, wenn in einer oder mehrerer ihrer Dimensionen Kippunkte erreicht werden, deren Konsequenzen nicht mehr handhabbar sind. Aktuelle Beispiele solcher Kippunkte sind die Lehman-Pleite im Oktober 2008, die Flüchtlingskrise 2015, die Coronakrise 2020 und zuletzt Putins Krieg gegen die Ukraine 2022 mit dem anschließenden Kurssturz an den Finanzmärkten, der Abschottung und Fragmentierung des Schengenraums, den Lockdowns mit gravierenden wirtschaftlichen, sozialen und im Einzelfall sogar psychischen Weiterungen und zuletzt der gegenseitigen Boykottspirale mit den Folgen von Energiekrise und Inflation. Mehr Desavouierung der Globalisierung ist kaum vorstellbar.

Meine Definition von Globalisierung lautet: Globalisierung ist die Intensivierung und Beschleunigung grenzüberschreitender Transaktionen bei deren räumlicher Ausdehnung oder kürzer: Globalisierung ist die Kompression von Raum und Zeit. Der Begriff »grenzüberschreitende Transaktionen« meint nicht nur den Handel von Waren und Dienstleistungen oder Kapitalströme aller Art, sondern auch die freiwillige oder erzwungene Wanderung von Menschen, die Verbreitung von Nachrichten und Informationen, Emissionen in Luft und Gewässer, die Ausbreitung von Moden und Lebensstilen, die Missionierung in anderen Kulturräumen, den Gebrauch einer Sprache (früher Latein und Französisch, heute Englisch) unter den Gebildeten bzw. Kosmopoliten weltweit, die Verbreitung von Epidemien und vieles mehr. So hat z. B. der transatlantische Sklavenhandel die Globalisierung befeuert. Intensivierung heißt, daß der Umfang dieser Transaktionen, gemessen am korrespondierenden nationalen Aufkommen, immer weiter zunimmt und die Konsequenzen für die Betroffenen immer größer werden. Heute transportiert ein einziges Containerschiff ein Vielfaches der Ladung sämtlicher Segelschiffe, die im 16. Jahrhundert auf dem »Seeweg nach Indien« zwischen Asien und Europa verkehrten. Beschleunigung meint die wachsende Umschlagsgeschwindigkeit der Transaktionen. Mitte des 14. Jahrhunderts bedurfte es etwa zwanzig bis dreißig Jahre, bis die Pest aus der zentralchinesischen Provinz Wuhan in die Küstenstädte bzw. die Endpunkte der alten Seidenstraße gelangte, und eines weiteren Jahres, bis sie auf den See- und Landrouten Italien erreichte, um sich von dort entlang der Routen des europäischen Fernhandels über ganz Europa auszubreiten. Im Jahre 2020 dauerte es nur wenige Flugstunden, bis Corona von Shanghai ins niederrheinische Heinsberg gelangte, um sich von dort buchstäblich in Windeseile zu verbreiten. Die Kommunikation zwischen den Amsterdamer und Londoner Zentralen der Vereenigde Oost-Indische Compagnie und der East India Company mit ihren Gouverneuren in Batavia oder Kalkutta benötigte viele Monate oder gar Jahre; heute würde sie per Videokonferenz in Echtzeit geschehen. Damals verfügten die Gouverneure der Kolonialgesellschaften daher über hohe Eigenständigkeit und waren von den europäischen Zentralen nur schwer zu kontrollieren. Räumliche Ausdehnung meint, daß nicht mehr nur die Hafenstädte und Küstensäume oder die Umschlagplätze auf den Landrouten, sondern als Folge von Eisenbahn und Fernstraßen auch das Landesinnere bis in den letzten Winkel von der Globalisierung erfaßt wird. Erst damit wurde es wirtschaftlich sinnvoll, nicht nur Güter mit hohem spezifischem Wert wie Gewürze, Pfeffer, Salz und Zucker oder orientalische Luxuswaren, sondern auch Massenfrachtgüter wie Holz, Kohle, Erze, Metallwaren, Getreide, Vieh, Wolle und Baumwolle über lange Strecken zu transportieren, weil zuvor die Transportkosten ein Vielfaches des Warenwerts betragen hätten. Der Entfernungsschutz wirkte lange wie eine Bremse für die Globalisierung. Erst im Jahre 1872 übertraf erstmals das Volumen der Dampfschifffracht das Volumen der Segelschifffracht.[4]

Die Dimension der räumlichen Ausdehnung in Kombination mit der Frage, wann der Prozeß der Globalisierung begonnen hat, verleitet zu einer eurozentrischen Sichtweise. Gleichviel ob man die Reisen des Marco Polo auf der Seidenstraße, die Erkundung des Atlantiks durch die portugiesischen Seefahrer, die erste Reise des Kolumbus, den Vertrag von Tordesillas zur Aufteilung der Welt zwischen Portugal und Spanien, die Gründung der privaten Kolonialgesellschaften als den ersten multinationalen Konzernen der Geschichte, die Eroberung der europäischen Kolonialreiche, die Erfindung von

4 O'Rourke/Williamson, *Globalization and History*, S. 34.

Dampfschiffahrt, Eisenbahn und Gefrierverfahren, den Bau von Suez- und Panamakanal oder die sogenannte erste Welle der Globalisierung zwischen 1870 und 1914 zum Ausgangspunkt nimmt: Immer wird eine europäische bzw. westliche Perspektive eingenommen, werden Genua und Venedig, Lissabon und Sevilla, Amsterdam und London, New York und San Francisco zu Orten, an denen die Globalisierung begann.

Was ist aber mit der Globalisierung vor der Globalisierung,[5] etwa der Ausbreitung des Islam von der Arabischen Halbinsel über die Levante, den Südrand des Mittelmeers bis nach Spanien, durch die Sahara und entlang der ostafrikanischen Küste, in die Schwarzmeerregion, zu Land nach Indien und Zentralasien bis in den Westen Chinas oder zu Wasser über die Malaiische Halbinsel bis in die indonesische und philippinische Inselwelt? Arabischer Fernhandel und Missionierung gingen hier Hand in Hand. Was ist mit der Eroberung eines großen Teils der eurasischen Landmasse inklusive Chinas und Persiens durch die mongolische Reiterei, die den asiatischen Steppengürtel bis in die ungarische Taiga als Aufmarschfeld nutzte? Im Schutz der Pax Mongolica verstetigten sich auf den Routen der Seidenstraße die ersten dauerhaften Kontakte zwischen China und Europa,[6] das erste Weltsystem 1250-1350, das nicht nur dem Handel mit asiatischen Kostbarkeiten, sondern auch dem Austausch von Informationen und am Ende der

5 Vgl. dazu das Kapitel »Die Globalisierung vor der Globalisierung« in: Ulrich Menzel, *Paradoxien der neuen Weltordnung. Politische Essays*, Frankfurt am Main 2004, S. 31-50.

6 Dazu John Keay, *The Spice Route: A History*, Berkeley 2006.

Ausbreitung der Pest diente.[7] Mit diesem ersten Weltsystem beginnt die Geschichte der Globalisierung, da hier die Kriterien meiner Definition erfüllt sind. Was ist mit dem chinesischen Tributsystem, das zwischen 1403 und 1433 in der Ming-Dynastie seine größte Ausbreitung erfuhr, als zeitweise 40 bis 60 »Staaten« dem chinesischen Kaiser tributpflichtig waren? Es gibt eine chinesische Weltkarte aus dem Jahre 1402, auf der die südlichen Umrisse Afrikas inklusive des Nils mit seinen beiden Quellflüssen, das Rote Meer und der Persische Golf in groben Zügen zu erkennen sind. Demnach waren die Chinesen auf dem Seeweg nach Europa schon sehr weit vorangekommen. Und schließlich die Ausbreitung des Osmanischen Reiches in der Nachfolge der Mongolen von Anatolien über drei Kontinente, verbunden mit einer neuen Welle der Islamisierung, die Südosteuropa erfasste und bis heute prägt. 38 heutige Staaten waren einmal Teil des Osmanischen Reiches.

Aus einer asiatischen Perspektive geraten demnach Mekka, Karakorum, Nanking und Istanbul zu Ursprungsorten der Globalisierung, spielten Handel, militärische Eroberung, Mission und Migration dieselbe Rolle wie bei der von Europa ausgehenden. Ein Unterschied war, daß nicht nur Galeeren, Karavellen, Galeonen, Karacken und Fleuten, sondern auch die nomadischen Reiterheere eine wesentliche Rolle spielten. Dafür bedurfte es nicht nur der bahnbrechenden nautischen Revolution, sondern im eurasischen Steppengür-

7 Janet L. Abu-Lughod, *Before European Hegemony: The World System A.D. 1250-1350*, New York 1989; André Gunder Frank, *ReOrient: Global Economy in the Asian Age*, Berkeley 1998.

tel der Kavallerierevolution, nämlich der Erfindung von Steigbügel und Reflexbogen sowie der Fähigkeit zur Koordination großer Reiterheere.[8] Insofern war die von Asien ausgehende Globalisierung immer auch eine kontinentale Richtung Westen, während das für Europa erst im Zeitalter des Eisenbahnbaus zutraf, ablesbar an den transkontinentalen Verbindungen in Nordamerika oder dem Bau der Transsibirischen Eisenbahn.

Eine wesentliche Differenzierung bezüglich ihrer relativen Bedeutung ergibt sich aus den Größenverhältnissen der Länder. Empirisch, etwa mittels Berechnung der Außenhandelsquote, läßt sich als Faustregel belegen: Je größer das Land, desto geringer ist die relative Bedeutung seiner Außenbeziehungen.[9] Relevant für die Größe eines Landes ist in erster Linie die Bevölkerungszahl und in zweiter Linie die Fläche, während das BSP oder das BSP pro Kopf nahezu keine Relevanz besitzen. Länder wie China, die USA, Indien und Rußland sind viel binnenorientierter und selbstbezogener in jeder Hinsicht als kleine oder mittelgroße Länder, haben tendenziell immer die Alternative des Isolationismus. Insofern ist es auch nicht verwunderlich, daß in der Rangliste der Gewinner und Verlierer der Globalisierung, gemessen am Saldo der Leistungsbilanz im Verhältnis zum Brut-

8 Karl A. Wittfogel, *China und die osteurasische Kavallerie-Revolution*, Wiesbaden 1978.

9 Dazu empirisch Ulrich Menzel, »Der Differenzierungsprozeß in der Dritten Welt und seine Konsequenzen für den Nord-Süd-Konflikt und die Entwicklungstheorie«, in: *Politische Vierteljahrsschrift* 24/1 (1983), S. 31-59; vgl. dazu auch Hirst/Thompson *Globalisation in Question* mit dem Appendix »The Trade to GDP Ratio Controversy«, S. 62-65.

toinlandsprodukt des Jahres 2015, kleine Länder wie die Schweiz mit 11,28 Prozent, Irland mit 10,21 Prozent, Norwegen mit 8,73 Prozent und die Niederlande mit 8,66 Prozent ganz oben und kleine Länder des Südens ganz unten stehen, während große Länder wie China mit 3,04 Prozent, der Euroraum insgesamt mit 3,11 Prozent, Indien mit 1,62 Prozent sich positiv und die USA mit -2,57 Prozent negativ im Mittelspektrum bewegen. In absoluter Hinsicht ist Deutschland mit 8,47 Prozent wegen des viel größeren Volumens als im Falle der Schweiz und anderer kleiner Länder der weltweit größte Globalisierungsgewinner, Großbritannien mit -5,37 Prozent einer der größten Globalisierungsverlierer.[10] Allein diese Statistik wirft ein erhellendes Licht auf den Grundtenor des landestypischen Globalisierungsdiskurses.

Die Geschichte der Globalisierung lehrt, daß sie niemals nur zwangsläufige Folge des technischen Fortschritts, insbesondere des Wandels im Bereich des Transport- und Kommunikationswesens, war. Es bedurfte vielmehr immer der Institutionen, die diesem Wandel freie Bahn verschafft haben. Im praktischen Sinne gemeint sind bi- oder multilaterale Abkommen wie z. B. ein Freihandelsvertrag oder internationale Organisationen für die Verteilung der Gebühren beim grenzüberschreitenden Postwesen oder die Koordination nationaler Fahrpläne von Eisenbahnen. Im theoretischen Sinne gemeint ist die Bereitstellung internationaler Öffent-

10 Heiner Flassbeck und Paul Steinhardt, *Gescheiterte Globalisierung. Ungleichheit, Geld und die Renaissance des Staates*, Berlin 2018, S. 311-312.

licher Güter. Zu ihrer Erläuterung bedarf es eines Rückgriffs auf die Gütertheorie.

Tabelle 1: Die vier Güterarten

		Rivalität	
Ausschließbarkeit	ja	private Güter	Clubgüter
	nein	Allmendegüter	öffentliche Güter
		ja	nein

Öffentliche Güter sind definiert durch die Kriterien Nichtrivalität und Nichtausschließbarkeit. Niemand kann von ihrem Gebrauch ausgeschlossen werden, die Inanspruchnahme durch einen Nutzer geht nicht zu Lasten eines anderen. Die Verkehrsampel ist ein Beispiel. Private Güter sind definiert durch Rivalität und Ausschließbarkeit wie z. B. eine Mietwohnung. Wenn ich die Miete nicht aufbringen kann, bin ich von der Nutzung ausgeschlossen. Die Wohnung, die der eine gemietet hat, steht dem anderen nicht mehr zur Verfügung. Öffentliche Güter werden durch den Staat mittels Steuern, private Güter durch die Eigenmittel privater Unternehmer finanziert. Die Regeln für die Nutzung bestimmt im ersten Fall der Staat, im erwähnten Beispiel durch die Straßenverkehrsordnung, im zweiten Fall der (Wohnungs-)Markt. Im Falle von Nichtrivalität und Ausschließbarkeit spricht man von Clubgütern (pay TV, Fitnessstudio), die von einem Verein bzw. Club exklusiv für seine Mitglieder bereitgestellt und durch deren Mitgliedsbeiträge finanziert werden. Dessen Satzung bestimmt die Regeln der Nutzung. Im Falle von Nichtausschließbarkeit und Rivalität spricht man von Allmendegütern, die als freie Gabe der Natur, etwa für die Anrainer eines Flusses, verfügbar sind. Die Regelung ihrer Nutzung ist schwierig und orientiert sich an historisch gewachsenen Konventionen.

Wenn man sich auf die internationale oder gar globale Ebene begibt, kommt im Falle der internationalen Öffentlichen Güter als drittes Kriterium hinzu, daß die Nutzung, was zunächst paradox klingt, kostenlos ist. Ein klassisches Beispiel ist der Leuchtturm.[11] Jedes Schiff kann seinen Dienst nutzen, und zwar kostenlos, wobei die Nutzung des einen die anderer nicht beeinträchtigt. Leuchttürme waren zu früheren Zeiten unverzichtbar für die internationale Schiffahrt und insofern ein wichtiges Medium der Globalisierung. Heute ersetzt das GPS dessen Funktion. Der Gebrauch genügt dabei denselben Regeln wie im Falle des Leuchtturms. Jeder LKW auf den Autobahnen, jedes Fracht- oder Kreuzfahrtschiff auf den Weltmeeren verwendet GPS zum Nulltarif. Das Hypertext Transfer Protocol (HTTP) ist ein anderes Beispiel, das jedes Smartphone weltweit nutzt. Es muß aber, damals wie heute, jemanden geben, der für die Kosten des Leuchtturms bzw. die Entwicklung und Installierung von GPS oder HTTP aufkommt und die Regeln der Nutzung festlegt.

11 Charles P. Kindleberger, »Dominance and Leadership in the International Economy: Exploitation, Public Goods, and Free Riders«, in: *International Studies Quarterly* 25/2 (1981), S. 242-254; ders., »International Public Goods without International Government«, in: *American Economic Review* 76/1 (1986), S. 1-13.

Eine Variante bilden die internationalen Clubgüter. Deren Nutzung steht nicht zur allgemeinen Verfügung, sondern nur denjenigen zu, die zu einem »Club« gehören – etwa den Mitgliedern der EU, den Anrainern eines grenzüberschreitenden Flussystems oder den Anrainern der Neuen Seidenstraße. Auch sind internationale Clubgüter nicht kostenlos, sondern werden durch die Beiträge der Mitglieder des Clubs finanziert. Ein Beispiel für ein internationales Allmendegut ist die Hohe See, wo jedermann Schiffahrt, Fischfang oder Tiefseebergbau betreiben darf. Als freie Gabe der Natur entstehen zwar keine Kosten zu ihrer Bereitstellung, sehr wohl aber zu ihrer Nutzung, muß doch jemand in der Lage sein, etwa das Prinzip Freiheit der Meere durchzusetzen, damit die Schiffahrt nicht beeinträchtigt wird.

Die wichtigsten internationalen Öffentlichen Güter sind Sicherheit, Stabilität und Konnektivität. Unter Sicherheit versteht man die Sicherheit auf den Routen des Fernhandels, den Schutz vor Piraterie, den Schutz des Eigentums inklusive des Urheberrechts im Ausland, die Verschlüsselung von Daten im Internet u. a. Unter Stabilität versteht man stabile wirtschaftliche Rahmenbedingungen, die z. B. durch die Konvertibilität der Währungen, die Bereitstellung eines internationalen Zahlungsmittels mit der Funktion des Weltgeldes, tarifäre und nichttarifäre Abkommen zur Abwicklung des Handels oder die Rolle des letzten Kreditgebers gewährleistet sind. Unter Konnektivität versteht man die passgenaue Abstimmung des grenzüberschreitenden Verkehrs durch Normen, einheitliche Maße und Gewichte, Kalender, abgestimmte Fahrpläne, Veterinärbestimmungen, TÜV-Auflagen und vieles mehr. So richteten sich z. B. die Abfahrtszeiten der italienischen Galeeren am Ende des Mittelalters auf den Routen des Mittelmeers nach den Perioden des Monsuns im Arabischen Meer, weil sich so berechnen ließ, wann die Karawanen im Nildelta oder an der syrischen Küste eintrafen, um die Pfeffersäcke unverzüglich auf die Galeeren verladen zu können, damit in Venedig oder Genua ein optimaler Preis erzielt werden konnte.

Theoretisch denkbar ist, daß internationale Öffentliche Güter auf kooperative Weise bereitgestellt werden, um die Anarchie der Staatenwelt mit ihren nationalen Eigeninteressen zu zügeln. Die Geschichte zeigt aber, daß es in der Praxis immer die großen Mächte waren, die den wesentlichen oder gar den alleinigen Aufwand zu ihrer Bereitstellung getrieben haben. Nicht der Multilateralismus, sondern die Hierarchie der Staatenwelt war verantwortlich für die internationale Ordnung. Unter großen Mächten werden diejenigen verstanden, die jeweils an der Spitze stehen und über die größte Wettbewerbsfähigkeit verfügen. Gemeint sind also nicht nur China, etwa im Zeitalter der Ming-Dynastie, oder die USA heute, sondern Portugal im 16. Jahrhundert, die Niederlande im 17. Jahrhundert, Großbritannien im 18. und 19. Jahrhundert, selbst die italienischen Stadtstaaten Venedig und Genua, die in ihrer großen Zeit im Übergang vom Mittelalter zur Frühen Neuzeit den Fernhandel dominierten. Sie waren dazu bereit, weil sie den größten Nutzen daraus zogen und folglich das größte Interesse daran hatten und weil sie über die notwendigen Ressourcen und technischen

Fähigkeiten verfügten. Große Mächte stehen immer vor dem Freiwilligendilemma. Entweder sie machen es, oder es macht keiner. Mit anderen Worten: Globalisierung konnte immer dann an Fahrt aufnehmen, wenn es eine große Macht gab, die für die Bereitstellung der internationalen Öffentlichen Güter aufkam. Insofern fallen die Phasen, in denen große Mächte in ihrem Zenit stehen, immer zusammen mit den Aufschwungsphasen der Globalisierung. Ein historisches Beispiel ist die Kavallerie der Mongolen, die für die Sicherheit der italienischen Fernhändler auf den Routen der Seidenstraße sorgte, während italienische Münzen, Maße, Gewichte und Kreditbriefe, bis China gültig, für die wirtschaftliche Stabilität sorgten. Insofern waren die Italiener die Freerider der Mongolen in puncto Sicherheit und die Mongolen die Freerider der Italiener in puncto Stabilität. Ein anderes Beispiel sind die von den portugiesischen Entdeckern für den Atlantik erstellten Karten und Segelhandbücher, die von niederländischen und englischen Seefahrern verwendet wurden, ohne daß sie an den Kosten der Entdeckungsfahrten beteiligt waren. Auch weil sie die Entdeckungskosten sparten, waren sie in der Lage, die Portugiesen aus dem Estado da Índia zu vertreiben und »Indien« unter sich in Britisch- und Niederländisch-Indien aufzuteilen.

Die Bereitstellung internationaler Öffentlicher oder internationaler Clubgüter erfolgt allerdings nur reibungslos in der großen Zeit der großen Mächte. Geraten sie in die Krise oder befinden sich gar im Niedergang, schwinden die Bereitschaft und die Fähigkeit, dafür aufzukommen, wächst der Druck auf die Freerider, sich an den Lasten zu beteiligen. Geschieht das nicht, kommt es zu einem ordnungspolitischen Vakuum, gerät auch der Prozeß der Globalisierung ins Stocken, ist sogar rückläufig. Phasen des hegemonialen oder imperialen Übergangs von der absteigenden zu einer aufsteigenden Macht, insbesondere wenn der Übergang konfliktreich verläuft, sind deshalb auch immer Phasen der Fragmentierung der Welt, weil die Anarchie der Staatenwelt zurückkehrt und alle nur noch auf ihr nationales Interesse bedacht sind. Der Zusammenbruch des ersten Weltsystems Mitte des 14. Jahrhunderts, ausgelöst durch die Pest und die Auflösung des Mongolenreiches, der Dreißigjährige Krieg, der auch ein Hegemonialkonflikt zwischen Spanien und Frankreich bzw. den Niederlanden war, die Kontinentalsperre (1806-1815) während der Napoleonischen Kriege, die den britischen Kolonialhandel von Kontinentaleuropa fernhalten sollte, oder die Phase vom Beginn des Ersten bis zum Ende des Zweiten Weltkriegs waren solche Einbrüche.

Daß die Macht, die jeweils an der Spitze der Hierarchie der Staatenwelt steht, bereit ist, für die internationale Ordnung aufzukommen und sogar die Freerider zu tolerieren, bedarf ferner einer großen Erzählung, die verkündet, daß internationale Arbeitsteilung, Freihandel, Freiheit der Meere, Wanderung, internationaler Austausch von Ideen und wissenschaftlichen Erkenntnissen, alles das, was Globalisierung ausmacht, gut ist für alle, die daran partizipieren.

Ein prominentes Beispiel für eine solche große Erzählung ist David Ricardos Außenhandelstheorie. In seinen *Grundsätzen der politischen Ökonomie und der Besteuerung* entwickelt er in dem Kapitel »Über den auswärtigen Handel«, exemplifiziert am Handel zwischen England und Portugal, sein zwei Länder/zwei Güter-Modell.[12] Die beiden Güter Wein und Tuch waren insofern nicht willkürlich gewählt, als zu Zeiten Ricardos der berühmte Portwein ein wichtiger Exportartikel Portugals und Wolltuch ein wichtiger Exportartikel Englands waren. Ricardo will mit seinem Zahlenbeispiel begründen, warum internationale Arbeitsteilung auf der Basis nationaler Spezialisierung nach Maßgabe der komparativen Kosten für beide Partner von Vorteil ist, weil sie Kosten im Sinne der für die Erzeugung notwendigen Arbeitsstunden sparen. Wie später Marx war auch Ricardo Arbeitswerttheoretiker. Die Weinerzeugung ist in Portugal aufgrund der besseren klimatischen Bedingungen kostengünstiger, während das regnerische Klima in England die Weidewirtschaft, damit die Schafhaltung und die Wollerzeugung begünstigt. Folglich soll Portugal die Wollerzeugung und England die Weinerzeugung aufgeben, dafür aber die Wein- bzw. Wollerzeugung verdoppeln, um den Bedarf des Handelspartners zu decken. Damit sich der komparative Vorteil voll auswirken kann, darf er nicht durch Zölle kompensiert werden, sondern muß durch einen Freihandelsvertrag flankiert werden. In Ricardos Beispiel

12 David Ricardo, *Grundsätze der politischen Ökonomie und der Besteuerung*, herausgegeben von Fritz Neumark, Frankfurt am Main 1972 [1817]. Die in den beiden nachfolgenden Tabellen verwendeten Zahlen orientieren sich an Ricardos fiktivem Beispiel, auch wenn dieser nicht die Matrix-Form verwendet.

war das der 1703 in Lissabon geschlossene Methuenvertrag zwischen Portugal (mit seinen Kolonien) und England, vereinbart als Gegenmaßnahme für den französischen Zugang zu den spanischen Kolonien.

Tabelle 2: Arbeitsaufwand zur Erzeugung einer bestimmten Menge Wein oder Tuch in Stunden vor und nach (fette Werte) der Spezialisierung bei absolutem Kostenvorteil

	Portugal		England		Summe	
Wein	80	**160**	120	0	200	**160**
Tuch	100	0	90	**180**	190	**180**
Summe	180	**160**	210	**180**	390	**340**

In seinem zweiten Zahlenbeispiel zeigt Ricardo, daß internationale Arbeitsteilung selbst dann noch für beide von Vorteil ist, wenn ein Land bei der Herstellung beider Güter einen Kostenvorteil hat. Das Land mit den höheren Kosten, in diesem Falle England, spezialisiert sich dann auf das Produkt, bei dem der relative Kostennachteil am geringsten ist. Selbst dann sparen Portugal zehn und England zwanzig Stunden, beide zusammen (bzw. die Welt) dreißig Stunden.

Tabelle 3: Arbeitsaufwand bei relativem Kostenvorteil

	Portugal		England		Summe	
Wein	80	**160**	120	0	200	**160**
Tuch	90	0	100	**200**	190	**200**
Summe	170	**160**	220	**200**	390	**360**

Auch wenn Ricardo mit der unterschiedlichen natürlichen Faktorausstattung (Klima, Böden, Wasser, Mineralien etc.) der Länder argumentiert und erst spätere Außenhandelstheoretiker wie die Schweden Eli Heckscher und Bertil Ohlin, angeregt durch die dramatische Senkung der Transportkosten durch Eisenbahn und Dampfschiff und damit die Reduzierung des Entfernungsschutzes, mit dem Faktorproportionentheorem[13] andere Kostenfaktoren wie die Höhe der Löhne berücksichtigten, um die Vorteile internationaler Arbeitsteilung zwischen einer arbeits- und kapitalintensiven Fertigung zu begründen, so kann Ricardo doch als der eigentliche Gründungsvater des Globalisierungsdiskurses bezeichnet werden, auf den die Lehre zurückgeht, daß Freihandel und internationale Arbeitsteilung für alle Länder von Vorteil ist. Nicht nur die WTO beruft sich auf Ricardo, auch der heutige Neoliberalismus fußt im Kern auf seinen Ideen. Was er oder Heckscher/Ohlin nicht berücksichtigt haben, ist, daß die Mobilität der Produktionsfaktoren Kapital und Arbeit mittlerweile so hoch ist, daß nicht nur innerhalb eines Landes die Wanderung zwischen den Branchen möglich ist, sondern auch zwischen den Ländern. Für das zweite Zahlenbeispiel Ricardos bedeutet das, daß es sinnvoll ist, die Wein- *und* die Tuchproduktion nach Portugal auszulagern, so daß für England nichts mehr bleibt

13 Eli Filip Heckscher, *The Effect of Foreign Trade on the Distribution of Income*, Bern 1948 [1933]; Bertil Ohlin, »Die Beziehungen zwischen internationalem Handel und internationalen Bewegungen von Kapital und Arbeit«, in: *Zeitschrift für Nationalökonomie* 2 (1930/31), S. 161-199.

bzw. daß die portugiesischen Arbeitskräfte nach England auswandern und dort die Lohnkosten drücken. Die Konsequenz ist entweder der Niedergang der englischen Textilindustrie oder Konkurrenz zwischen den englischen Arbeitern und den portugiesischen (heute durch den Schengenraum privilegierten osteuropäischen) Einwanderern um die weniger werdenden industriellen Arbeitsplätze. Wir nähern uns der aktuellen Situation.

Die Formulierung einer juristischen oder volkswirtschaftlichen Theorie à la Grotius über die Freiheit der Meere oder Ricardo über den Freihandel allein reicht aber nicht aus, sie muß im öffentlichen Diskurs gegenüber konkurrierenden Lehrmeinungen auch hegemonial werden. William Welwood (1613) und John Selden (1652) begründeten im Gegensatz zu Grotius für die Nordsee, den Kanal und die Irische See den Mare-clausum-Anspruch aus Sicht des damaligen Nachzüglers England gegen den Fischerei- und Seehandelsanspruch der überlegenen Niederländer.[14] Die englische Navigationsakte (1651) ist aus diesem Denken hervorgegangen, ein wesentliches Instrument, das den Aufstieg Englands zur See- und Handelsmacht flankierte. Auch die französische Kontinentalsperre hatte mit Auguste Ferrier einen frühen, wenn man so will, Antiglobalisierungstheoretiker, der begründen wollte, warum und wie der Wirtschaftskrieg mit England dem wirtschaft-

14 William Welwood, *An Abridgement of All Sea-Laws*, London 1613; John Selden, *Mare Clausum: Of the Dominions, or Ownership of the Sea*, Clark 2004 [1652].

lichen Aufholen Frankreichs dienlich ist.[15] In der Tradition von Ferrier und anderen Franzosen argumentierte später Friedrich List mit seinem *Nationalen System der politischen Ökonomie* (1841) aus der Perspektive des industriellen Nachzüglers gegen die englische Freihandelslehre mit dem Argument, daß Freihandel nur für den von Nutzen ist, der an der Spitze der internationalen Wettbewerbsfähigkeit steht.[16] Der Nachzügler hingegen muß auf einen Protektionismus auf Zeit setzen, um seine produktiven Kräfte zu entfalten, bis er sich an die Spitze emporgearbeitet hat. Erst dann kann er die Vorteile internationaler Arbeitsteilung wahrnehmen und zum Freihandel übergehen. England gegenüber den Niederlanden wie später Deutschland gegenüber England hinderte der eigene Protektionismus nicht, sich gleichzeitig als Freerider des Vorreiters zu gebärden, der das Prinzip Freiheit der Meere durchsetzt oder einseitig zum Freihandel übergeht.

Die Geschichte der Politischen Ökonomie lehrt, daß von Land zu Land unterschiedliche Zeiträume notwendig waren, bis das liberale Denken das herrschende merkantilistische Denken im öffentlichen Diskurs verdrängen konnte. Das gilt selbst für das Mutterland des Liberalismus, wo 1838 die Anti-Corn Law League gegründet wurde, um Lobbyarbeit im Sinne des Freihandels zu betreiben. Erst als der Liberalismus den öffent-

15 Fr. L. Auguste Ferrier, *Du gouvernement considéré dans ses rapports avec le commerce: ou de l'administration commerciale opposée aux économistes du 19e siècle*, Paris 1805.

16 Friedrich List, *Das nationale System der Politischen Ökonomie*, Jena 1920 [1841].

lichen Diskurs beherrschte, war die Politik bereit, das neue Denken auch praktisch werden zu lassen. Dies geschah zuerst in England durch die Aufhebung der Navigationsakte, der Stapelakte, der Kornzölle und anderer protektionistischer Bestimmungen seit 1842 einseitig. Später schloß England eine ganze Serie von bilateralen Freihandelsverträgen mit europäischen Partnern, etwa den Cobden-Chevalier-Vertrag mit Frankreich 1860, die über die Meistbegünstigungsklausel verknüpft waren und so den Charakter eines regelrechten Freihandelssystems annahmen. Voraussetzung dafür war wiederum, daß auch in den Partnerländern das liberale Denken hegemonial geworden war. Der von der Bank of England garantierte Goldstandard sorgte für die Konvergenz der Wechselkurse, ein weiteres Schmiermittel der Globalisierung.

Das Freihandelsprinzip wurde aber nicht nur auf vertragliche Weise, sondern auch mit Gewalt durchgesetzt, die sich naturrechtlich im Sinne von Grotius bzw. volkswirtschaftlich im Sinne von Ricardo legitimieren ließ. Im 16. Jahrhundert waren es die niederländischen und englischen Freibeuter, die die spanischen Galeonen in der Karibik oder die portugiesischen Karacken auf dem Seeweg nach Indien kaperten. Im 19. Jahrhundert waren es die Engländer und Franzosen, die in den beiden Opiumkriegen (1842 und 1858) die Öffnung Chinas militärisch durchsetzten, oder die amerikanischen »Schwarzen Schiffe« des Commodore Perry, der mit einer bloßen Drohung 1853 die Öffnung Japans erzwang. Erst seitdem konnte die Globalisierung auch in Asien wieder an Fahrt aufnehmen und die sogenannte erste Welle der Globalisierung in Gang setzen, die mit Ausbruch des Ersten Weltkriegs abrupt zu einem Ende kam, weil internationale Arbeitsteilung und freier Handel friedliche Beziehungen zwischen den Staaten verlangen. Der hegemoniale Konflikt zwischen der absteigenden Macht England und der aufsteigenden Macht Deutschland hatte dazu geführt, daß das internationale öffentliche Gut Sicherheit nicht mehr gewährleistet war.

Der neuerliche Einbruch im Prozeß der Globalisierung reichte demnach vom Ausbruch des Ersten bis zum Ende des Zweiten Weltkriegs. Die Weltwirtschaftskrise der dreißiger Jahre im Anschluß an den Schwarzen Freitag an der Wall Street, auch eine Art Kippunkt und vergleichbar mit der Lehman-Pleite 2008, sorgte dafür, daß auch das internationale öffentliche Gut Stabilität nicht mehr gewährleistet war. Großbritannien war dazu nicht länger in der Lage, die USA noch nicht dazu bereit. Die Massenarbeitslosigkeit wurde mit dem New Deal bekämpft, zugleich der Moment, in dem das keynesianische Denken gegenüber dem Neoliberalismus hegemonial wurde.[17] Seitdem wurde dem Staat anstelle des Marktes wieder eine wichtige Steuerungsfunktion beigemessen. Außenwirtschaftlich bedeutete das die Rückkehr des Neomerkantilismus mit der Gründung wirtschaftlicher Großräume wie dem hochprotektionistischen Smoot-Hawley Tariff in den USA, dem Sterling-Block, dem Yen-Block, dem »Sozialismus in ei-

17 John Maynard Keynes, *Allgemeine Theorie der Beschäftigung, des Zinses und des Geldes*, Berlin 1936 [1935].

nem Land« als sowjetische und der Eroberung von »Lebensraum im Osten« als deutsche Variante. Der Zerfall der Welt in Wirtschaftsblöcke gehört zur Vorgeschichte des Zweiten Weltkriegs. Alles zusammen führte zu einem überproportionalen Einbruch der Weltwirtschaft, weil niemand mehr bereit oder in der Lage war, die internationalen Öffentlichen Güter Sicherheit und Stabilität zu garantieren.

Die neuerliche Wende, um der Globalisierung wieder freie Bahn zu verschaffen, wurde erst auf der Konferenz von Bretton Woods 1944 eingeleitet, als die USA das Zepter in die Hand nahmen und bereit waren, als internationale Ordnungsmacht nicht nur für Sicherheit, sondern auch für Stabilität zu sorgen. Programmatischer Ausdruck war die Inauguraladresse von Harry S. Truman 1949 mit seinem Vier-Punkte-Programm aus Stärkung der Vereinten Nationen, Garantie einer liberalen Weltwirtschaftsordnung, Gründung der NATO und Versprechen auf Entwicklungshilfe. Die auf amerikanische Initiative gegründeten Organisationen des Internationalen Währungsfonds, der Weltbank und des Allgemeinen Zoll- und Handelsabkommens, aus dem die WTO hervorgegangen ist, lieferten die institutionellen Rahmenbedingungen, die mit dem Washington-Konsens von US-Regierung und in Washington ansässigen internationalen Organisationen auch paradigmatisch zum Ausdruck kamen. Seit den achtziger Jahren war es die Renaissance des Neoliberalismus,[18] der u.a. von Milton

18 Der Begriff »Neoliberalismus« bzw. »Neoklassik« wurde seit 1879 mit Alfred Marshalls *The Pure Theory of Foreign Trade* (London 1930) gebräuchlich. Insofern muß man, seit dieser den

Friedman propagiert wurde, der erst gegenüber dem Keynesianismus hegemonial werden mußte, um das Handeln der Politik zu bestimmen. Die neoliberal dominierte Politik der Haushaltskonsolidierung, Deregulierung der Märkte, Privatisierung der öffentlichen Dienste (bzw. öffentlichen Güter) und Staatsbetriebe wie der Bahn und der Post und immer neue Zollsenkungsrunden, der freie Zugang zu den Finanzmärkten, dem Mediensektor und anderen Dienstleistungen verschaffte der später so genannten »zweiten Welle der Globalisierung« freie Bahn.[19] Waren die Staaten in der ersten Welle noch die Antreiber, so wurden sie in der zweiten Welle zu den Getriebenen.

Der Zusammenbruch der Sowjetunion und die Auflösung des sozialistischen Lagers führten dazu, daß das neoliberale Denken kurzzeitig sogar im ehemaligen Ostblock hegemonial wurde und auch dort der Globalisierung freie Bahn verschaffte. Rußland wurde 2012 in die WTO aufgenommen. Diese Feststellung gilt explizit nicht für China, das seit 1978 zwar seinen radikalen Isolationismus der Mao-Ära aufgab, sich schrittweise in die internationale Arbeitsteilung integrierte und 2001 auch der WTO beitrat, damit aufgrund der quantitati-

Keynesianismus als herrschende Lehre abgelöst hat, von der Renaissance des Neoliberalismus sprechen.

19 Empirisch dazu für den Zeitraum 1960-1990 Mathias Albert, Lothar Brock, Stephan Hessler, Ulrich Menzel und Jürgen Neyer, *Die Neue Weltwirtschaft. Entstofflichung und Entgrenzung der Ökonomie*, Frankfurt am Main 1999. Ohne daß der Begriff damals schon geläufig war, wurde in dem Forschungsprozeß, der dem Buch zugrunde lag, die Globalisierung regelrecht entdeckt.

ven Dimension seines Außenhandels der Globalisierung einen großen Schub verlieh, sich aber als klassischer Freerider verhielt, der die von den USA offerierten internationalen Güter für seine Exportoffensive nutzte, seine am Modell des bürokratischen Entwicklungsstaates orientierten Ordnungsvorstellungen aber nicht preisgab. Der 2004 von Joshua Cooper Ramo so genannte »Beijing-Konsens« war das Gegenmodell zum Washington-Konsens.[20]

Die derzeitige Krise der Globalisierung, die zu einer neuen Fragmentierung von noch nicht absehbarer Intensität und Dauer führen wird, hat demnach verschiedene Ursachen struktureller, institutioneller, ideologischer und aus den Widersprüchen der Globalisierung selbst resultierender Art, die sich bündeln und mit der Coronakrise und den Folgen von Putins Krieg gegen die Ukraine auf die Spitze getrieben wurden. Ersteres ist ein weiteres Beispiel, daß der Exponent eines globalen Trends, in diesem Fall die Ausbreitung des Virus über die Welt, so stark geworden ist, daß ein Kippunkt erreicht wurde, der das ganze System globaler Verflechtung zum Einsturz bringen kann wie seinerzeit die Ausbreitung der Pest von China nach Europa entlang der Fernhandelsrouten.

Die Krise der Globalisierung beginnt also nicht, wenn sich die Globalisierungskritik meldet, sondern dann, wenn die Kritik so stark wird, daß der globalisierungsbefürwortende Diskurs nicht mehr hegemonial ist und

20 Joshua Cooper Ramo, *The Beijing Consensus*, London: Foreign Policy Center 2004.

seinen Einfluß auf die Politik verliert. In Großbritannien hat es seit Ende des 19. Jahrhunderts mehrere Runden der Debatte über den *British decline* gegeben, ohne daß dadurch die britische Außenwirtschaftspolitik protektionistische Züge angenommen hätte. Man war lange bereit, den Deindustrialisierungsprozeß hinzunehmen, weil er durch eine starke Position bei den internationalen Dienstleistungen, insbesondere im Finanzsektor, kompensiert wurde. Erst wenn die Globalisierungskritik den Diskurs beherrscht, weil die Folgen der strukturellen oder aktuellen Probleme sich nicht mehr leugnen lassen, wächst die Skepsis im politischen Raum und beginnt das Denken und Handeln der politischen Akteure zu beeinflussen, zumal diese, in Demokratien besonders, auch der politischen Akzeptanz ihres Handelns bedürfen, den Verlust von Wählern und den Auftrieb für populistische Parteien fürchten, die sich auf die Ängste der Globalisierungsverlierer stützen. Insofern ist, gerade im Falle der großen Mächte, die Innenpolitik für deren außenpolitisches Verhalten und damit für die übrige Welt entscheidend. Sie fangen an, die Bereitschaft, allein für die internationalen Öffentlichen Güter aufzukommen, in Frage zu stellen, verlangen Lastenteilung von ihren bisherigen Freeridern, ersetzen das Prinzip des freien Handels durch das Prinzip des fairen Handels und zetteln Handelskriege an, um das neue Prinzip durchzusetzen – immer mit Blick auf die Globalisierungsverlierer im eigenen Land.

Damit verschlechtern sich die Rahmenbedingungen für Globalisierung, und zwar zuerst für die Freerider, weil große Mächte immer die Alternative des Isolationismus haben. In den Ländern, die sich so lange in der Rolle des Freeriders gefallen haben und sich auf die Sozialpolitik konzentrieren konnten, weil der Hegemon die internationale »Drecksarbeit« übernommen hat, stößt dessen Sinneswandel zunächst auf Unverständnis und nur wenig Bereitschaft, sich an den Lasten zur Bereitstellung der internationalen Öffentlichen Güter zu beteiligen. Hinzu kommt, daß nicht nur die internationale Arbeitsteilung, sondern auch die Migranten den Sozialstaat unter Druck setzen. Von der in den neunziger Jahren in Europa von idealistischen Autoren so gerne propagierten Global Governance durch internationale Organisationen, Abkommen, Weltkonferenzen und Weltberichte ist keine Rede mehr.[21] Eher wächst die Bereitschaft, sich bei einer anderen bzw. der aufsteigenden neuen großen Macht anzulehnen. Kommen noch akute Krisen hinzu, wird eine regelrechte Kaskade in Gang gesetzt, in deren Verlauf nicht nur der Globalisierungsdiskurs delegitimiert wird, sondern die Globalisierung selbst in die Krise gerät.

Damit sind wir in der Gegenwart, die Ende der neunziger Jahre begonnen hat. Das 1997 erschienene schmale Buch des hochdekorierten Ökonomen Dani Rodrik *Grenzen der Globalisierung* markierte den Auftakt der Globalisierungsskepsis, weil sich hier eine renommierte und fachlich hochkompetente Stimme zu Wort

21 Z. B. neben anderen Michael Zürn, *Regieren jenseits des Nationalstaats. Globalisierung und Denationalisierung als Chance*, Frankfurt am Main 1998.

gemeldet hatte.[22] 2011 legte er mit *Das Globalisierungsparadox* nach, indem er auf das Trilemma aus Demokratie, nationaler Souveränität und Hyperglobalisierung verwies.[23] Später avancierte er zur Leitfigur der linken Brexit-Befürworter, die sich auch, nicht zuletzt um die Arbeitsmigranten abzuwehren, in der Labour Party finden, was ihren Schlingerkurs in der Brexit-Frage erklärt. Auf Rodrik folgten aus unterschiedlichen Perspektiven globalisierungskritische Beiträge von Elmar Altvater und Birgit Mahnkopf (*Grenzen der Globalisierung*), Joseph Stiglitz (*Die Schatten der Globalisierung*) oder Walden Bello (*De-Globalisierung*).[24] Aus der Globalisierungskritik wurde der Antiglobalisierungsdiskurs, der 2018/19 zu einer regelrechten Welle anschwoll. Genannt seien nur Heiner Flassbeck und Paul Steinhardt mit *Gescheiterte Globalisierung* und Michael Hüther, Mathias Diermeier sowie Henry Goecke mit *Die erschöpfte Globalisierung* für den deutschsprachigen sowie Colin Crouch *The Globalization Backlash* und Mi-

22 Dani Rodrik, *Grenzen der Globalisierung. Ökonomische Integration und soziale Desintegration*, Frankfurt am Main, New York 2000 [1997]; ferner vom selben Autor »Goodbye Washington Consensus, Hello Washington Confusion? A Review of the World Bank's Economic Growth in the 1990s: Learning from a Decade of Reform«, in: *Journal of Economic Literature* 44 (2006), S. 973-987.

23 Dani Rodrik, *Das Globalisierungsparadox. Die Demokratie und die Zukunft der Weltwirtschaft*, München 2011.

24 Elmar Altvater und Birgit Mahnkopf, *Grenzen der Globalisierung. Ökonomie, Ökologie und Politik in der Weltgesellschaft*, Münster, 4. Aufl., 1999; Joseph E. Stiglitz, *Die Schatten der Globalisierung*, Berlin 2002; Walden Bello, *De-Globalisierung. Widerstand gegen die neue Weltordnung*, Hamburg 2005.

chael O'Sullivan mit *The Levelling: What's Next After Globalization* für den angelsächsischen Bereich.[25] Die zitierten Bücher sind wohlgemerkt alle vor dem Ausbruch der Covid-19-Pandemie verfaßt worden, stehen eher unter dem Eindruck der Finanz- und Flüchtlingskrise.

Sortiert man die zitierte Globalisierungsliteratur, lassen sich grob fünf Positionen unterscheiden. Erstens der frühere neoliberale Mainstream, der Globalisierung grundsätzlich gut findet und deshalb alles empfiehlt, was die Globalisierung fördert. Dieses Denken, das jahrelang die Politik bestimmt hat, ist in die Defensive geraten, auf jeden Fall nicht mehr hegemonial. Zweitens die neoidealistische Position, die unterstellt, die weitere Globalisierung sei nicht aufzuhalten, aber der Staat müsse als regulierende Instanz auf eine neue Ebene gehoben werden, um unter den Begriffen »Global Governance« bzw. »Weltregieren ohne Weltregierung« dem entfesselten Markt Paroli bieten zu können. Bei diesem Ansatz spielt die Durchsetzung internationaler Normen, um die Macht durch das Recht in den internationalen Beziehungen zu ersetzen, eine zentrale Rolle. Diese Position ist in der Debatte nahezu verstummt. Drittens die neorealistische Position, daß nicht auf multilaterale, sondern auf hegemoniale Weise durch Welt-

25 Flassbeck/Steinhardt, *Gescheiterte Globalisierung*; Michael Hüther, Mathias Diermeier und Henry Goecke, *Die erschöpfte Globalisierung. Zwischen transatlantischer Orientierung und chinesischem Weg*, Wiesbaden 2018; Colin Crouch, *The Globalization Backlash*, Cambridge 2019; Michael O'Sullivan, *The Levelling: What's Next After Globalization*, New York 2019.

ordnungspolitik des »benevolenten Hegemons«, der nicht nur sein Eigeninteresse, sondern auch das Interesse der Gefolgschaft der Freerider im Auge hat, die Globalisierung mittels der Bereitstellung der internationalen Öffentlichen Güter in geordneten Bahnen gelenkt werden kann. Diese Position hat derzeit mit der Problematik des hegemonialen Übergangs umzugehen, weil der alte Hegemon schwächelt und sich verweigert, während der neue Anwärter noch nicht in der Lage oder nicht willens ist. Viertens die linken Globalisierungsgegner, die durch die Rückkehr des Staates in die Politik und die Renaissance des Keynesianismus bzw. Post-Keynesianismus[26] eine zumindest partielle Deglobalisierung erzwingen wollen. Und schließlich fünftens die rechten Globalisierungsgegner, die zwar über kein stimmiges theoretisches Konzept verfügen, aber bereit sind, jede populistische Ad-hoc-Forderung zu unterstützen nach dem Motto »Man bräuchte doch bloß …«.

Als Ursachen für die Krise der Globalisierung werden im globalisierungskritischen Diskurs sowohl strukturelle wie aktuelle Faktoren angeführt. Die wesentlichen strukturellen Faktoren sind der relative wirtschaftliche Niedergang der USA, hervorgerufen durch den Verdrängungswettbewerb aus Ost- und Südostasien, die Auslagerung von industrieller Fertigung und Dienstleistungen in diese Region und der damit einhergehende globale Strukturwandel, dem die alten Industrieregionen, nicht nur in den USA, sondern auch in Europa,

26 John E. King, *Post-Keynesianismus. Eine Einführung*, Wien 2022 [2015].

ganz besonders ausgesetzt sind. Dafür wurde noch in den achtziger Jahren die »japanischer Herausforderung« verantwortlich gemacht, der, wie von amerikanischen Revisionisten wie Chalmers Johnson und anderen gefordert, mit Industriepolitik nach japanischem Muster begegnet werden sollte.[27] Industriepolitik war damals die Metapher dafür, daß die Vereinigten Staaten protektionistisch werden sollten. Unter dem Begriff des *American decline* wurde sogar gemutmaßt, daß die USA ihre internationale Führungsposition verlieren werden, weil sie vor dem Dilemma zwischen wirtschaftlichem Positions- und ordnungspolitischem Statusverlust stünden. Spekuliert wurde, daß japanische Revisionisten unter dem Begriff *Nihon ichiban* (Japan als Nr. 1) in einem zweiten Anlauf nach der Weltmacht streben würden. George Friedman und Meredith LeBard prognostizierten in ihrem Buch *The Coming War with Japan* sogar, daß der Wirtschaftskrieg mit Japan in eine Neuauflage des Pazifikkrieges münden werde, obwohl Japan militärisch keinerlei Ambitionen zeigte, durch die Verfassung daran regelrecht gehindert wurde und sich in der Rolle des politischen und militärischen Freeriders der USA sehr gut aufgehoben fand.[28]

Diese Debatte vermochte, obwohl damals sehr populär und mit Paul Kennedys *Aufstieg und Fall der großen*

27 Chalmers Johnson, *MITI and the Japanese Miracle: The Growth of Industrial Policy, 1925-1975*, Stanford 1982; ders., *Japan: Who Governs? The Rise of the Developmental State*, New York 1995; Karel van Wolferen, *Vom Mythos der Unbesiegbaren. Anmerkungen zur Weltmacht Japan*, München 1989.

28 George Friedman und Meredith Lebard, *The Coming War with Japan*, New York 1991.

Mächte ihren Höhepunkt erreichend,[29] das herrschende neoliberale Paradigma in den USA nicht grundsätzlich zu erschüttern,[30] weil die Mehrheit der Autoren und Politikberater die Abwehr des Statusverlusts als wesentlicher ansah als die Abwehr des Positionsverlustes, eine Parallele zu den frühen Debatten über den *British decline*. Sie verstummte nahezu über Nacht, weil die Vereinigten Staaten mit dem Zusammenbruch der Sowjetunion und der Auflösung des sozialistischen Lagers einen gewaltigen Machtzuwachs erfuhren, ohne dazu selbst besonders beigetragen zu haben. Macht ist wohlgemerkt eine relative Kategorie, die auch immer von der Macht der anderen abhängt. Außerdem sah es für eine Weile so aus, als würde sich das neoliberale Denken in den ehemaligen »Ostblock« ausdehnen, dort sogar hegemonial werden und der Globalisierung einen neuen Schub verleihen. Der Washington-Konsens erfuhr eine neue Reichweite. Daß China von alldem kaum betroffen war, wurde geflissentlich übersehen.

Während Japan mittlerweile selbst unter Druck geraten und dem Verdrängungswettbewerb asiatischer Nachbarn ausgesetzt ist, wird in der zweiten Runde der Debatte unter dem Stichwort *second American decline* China für den Niedergang verantwortlich gemacht. Seit der Öffnung des Landes im Jahre 1978 hatte es einen

29 Paul Kennedy, *Aufstieg und Fall der großen Mächte. Ökonomischer Wandel und militärischer Konflikt von 1500 bis 2000*, Frankfurt am Main 1989.

30 Vgl. dazu Hartwig Hummel, *Der neue Westen. Der Handelskonflikt zwischen den USA und Japan und die Integration der westlichen Gemeinschaft*, Münster 2000.

welthistorisch einmaligen Take-off mit zehnprozentigen Wachstumsraten über nahezu vier Dekaden zu verzeichnen. Neueste Schätzungen gehen davon aus, daß China etwa 2028 die USA in der Wirtschaftsleistung überholt haben wird. Anders als Japan, einer der Verlierer des Zweiten Weltkriegs, unterliegt China keinen militärischen Restriktionen, sondern vollzieht mit Zeitverzögerung einen parallelen Prozeß des Aufstiegs zur militärischen Großmacht, die nicht mehr wie zu Zeiten Maos der Landesverteidigung dienen soll, sondern expansionistische Absichten erkennen läßt. China fordert also nicht nur die Position der USA als wirtschaftliche Führungsmacht heraus, sondern perspektivisch auch ihren Status als internationale Ordnungsmacht. Es nutzt zwar den Liberalismus der westlichen Länder für sein exportgetriebenes Wachstum, hält selbst aber am Modell des bürokratischen Entwicklungsstaates fest, der politisch mit dem unbedingten Machtmonopol der Kommunistischen Partei Chinas korrespondiert. Damit stellt es unter Beweis, daß man wirtschaftlichen Aufstieg und sozialen Wandel, anders als die Modernisierungstheorie behauptet, sehr erfolgreich auch ohne Demokratie und Marktwirtschaft vollziehen kann. Insofern ist es attraktiv für die Autokraten weltweit und stellt damit auch den American Way of Life, eine wesentliche Komponente der amerikanischen Hegemonie in kultureller Hinsicht, in Frage. China ist dabei mitnichten ein Globalisierungsgegner, sondern steht für eine andere Art der Globalisierung, bei der nicht die Logik des Profits à la Ricardo, sondern die Logik der Rente à la Elsenhans die Richtschnur vorgibt. Viele Globalisierungsgewinner wie die Ölstaaten am Persischen Golf, aber auch die rohstoffreichen afrikanischen Staaten und selbst Rußland sind rentenbasierte und nicht profitbasierte Ökonomien. Die hohen Einkommen der Herrschenden bzw. der Staatsklasse entstehen dort nicht aus unternehmerischer Tätigkeit, sondern aus der politischen Kontrolle über einkommensträchtige Ressourcen. Folglich wird ein Teil der Einkommen nicht investiert, um international wettbewerbsfähig zu bleiben, sondern für die Organe des Sicherheitsapparats verausgabt, um die Macht und damit den Zugriff auf die Rente zu behaupten.

In den USA führt der sich daraus ergebende Strukturwandel von den im Niedergang befindlichen alten Industriestaaten im Rust Belt des Nordostens zu den aufstrebenden Staaten im Sun Belt des Südwestens wie in anderen ehemaligen Industrieländern zu einer Polarisierung zwischen Verlierern und Gewinnern der Globalisierung bzw. zur Spaltung in ein populistisches und ein kosmopolitisches Milieu. In Europa ist der Niedergang der Volksparteien und der Strukturwandel des Parteiensystems eine Folge der Globalisierung.[31] In den Vereinigten Staaten ist neben die überkommene ethnische und die religiöse Spaltung der US-Gesellschaft so eine dritte getreten. Damit bekommt die Globalisierungs-

31 Vgl. dazu empirisch im Hinblick auf Deutschland Ulrich Menzel, »Der Niedergang der Volksparteien und der Umbruch des Parteiensystems. Teil I«, in: *Jahrbuch 2018 der Braunschweigischen Wissenschaftlichen Gesellschaft* (2019), S. 281-320, und ders., »Der Niedergang der Volksparteien und der Umbruch des Parteiensystems. Teil II«, in: *Jahrbuch 2019 der Braunschweigischen Wissenschaftlichen Gesellschaft* (2020), S. 80-98.

kritik eine neue innenpolitisch grundierte Facette, weil die populistischen Globalisierungskritiker das Spektrum erweitert haben und großen Zulauf bekommen. Die Wahl Trumps 2016 läßt sich darauf zurückführen, daß ihm der Einbruch in die demokratischen Hochburgen im alten Industriegürtel des Nordostens gelungen ist. Auch nach vier Jahren Trump war die Unterstützung von seiten dieser Klientel ungebrochen, hatte absolut sogar noch zugenommen. Nicht nur bei weißen US-Amerikanern hatte Trump zugelegt, auch 32 Prozent der Latinos, 31 Prozent der *Asian Americans* und sogar 12 Prozent der Afroamerikaner, die gewählt haben, stimmten 2020 für Trump.[32] Daß Joe Biden dennoch obsiegte, lag neben der gestiegenen Wahlbeteiligung auch daran, daß er in ehemaligen republikanischen Hochburgen im Südwesten, wo die Globalisierungsgewinner leben, punkten konnte.

In den USA gibt es gegenüber fast allen europäischen Ländern die Besonderheit des radikalen Mehrheitswahlrechts. Deshalb ist es für eine populistische Partei sehr schwer, sich als dritte Kraft neben Demokraten und Republikanern zu etablieren. Statt dessen haben die amerikanischen Populisten, angefangen mit der Tea-Party, die Grand Old Party von innen unterwandert, in Trump ihre zugkräftige Galionsfigur gefunden und mit dem Trumpismus eine neue amerikanische Version des Populismus etabliert. Insofern hat die Globalisierung dazu

32 Daten bei Holger Stark, »Die Macht des Verlierers. Trump mag verschwinden, aber der Trumpismus bleibt: der US-Präsident hat die amerikanische Rechte dauerhaft verändert«, in: *Die Zeit* (12. November 2020).

beigetragen, sich selbst abzuschaffen, weil dieser neue Populismus mit griffigen Slogans wie »America first« und »Make America great again« (MAGA) den Antiglobalisierungsdiskurs bestimmt. Auch die Biden-Regierung muß den strukturellen Faktoren Rechnung tragen und wird keineswegs alles das, was in der Trump-Ära an Antiglobalisierungspolitik betrieben wurde, wieder rückgängig machen. Bidens »buy American« annonciert dasselbe Ziel wie Trumps Politik und ist mit einem 370 Milliarden US-Dollar schweren Subventionspaket unter dem verschleiernden Namen »Inflationsreduzierungsgesetz« ausgestattet.

Dasselbe Phänomen läßt sich auch in Europa konstatieren. In England rekrutieren sich die Brexit-Befürworter auch aus ehemaligen Labour-Wählern in den alten Industrieregionen der Midlands und des Nordostens, auch hier wurde die Konservative Partei von Populisten gekapert, war Boris Johnson der englische Trump, der Brexit die englische MAGA-Variante. Der Zulauf zu populistischen Parteien in Kontinentaleuropa mit seinem Verhältniswahlrecht resultiert aus den begründeten oder eingebildeten Ängsten vor einem sozialen Abstieg, wobei nicht nur der Verdrängungswettbewerb aus Asien, sondern auch die Migration in all ihren Formen als andere Facette der Globalisierung eine wesentliche Rolle spielt. Diese Art von »Faktormobilität« hatten Ricardo & Co. sicher nicht auf dem Schirm. Umgekehrt wächst das kosmopolitische Milieu der Globalisierungsgewinner, was sich im Erstarken liberaler oder grüner und damit europafreundlicher Parteien äußert.

Was sind die Konsequenzen der strukturellen Aspekte für die Globalisierung? Aus einer ricardianischen Perspektive ist die Verlagerung der alten Industrien nach Asien und die Konzentration auf die Finanzdienstleistungen, die Branchen der New Economy und der Internetökonomie mit den Internetgiganten Google, Amazon, Facebook und Co. gut. Was aus volkswirtschaftlicher Sicht stimmen mag, ist für die vom Strukturwandel Betroffenen schlecht, kann doch nicht jeder Bergmann oder Stahlkocher zum Programmierer oder Molekularbiologen umgeschult werden (oder in der Coronakrise ins Home-Office wechseln). Also wählen sie Populisten wie Donald Trump oder Boris Johnson, die versprechen, durch eine Antiglobalisierungspolitik den Strukturwandel zu stoppen oder gar rückgängig zu machen. Die internationalen Konsequenzen sind die Anzettelung von Handelskriegen, der Austritt aus internationalen Organisationen, die Kündigung internationaler Abkommen, gar deren grundsätzliche Infragestellung bzw. die Weigerung, an deren Fortentwicklung mitzuwirken. Theoretisch gesprochen zeigen die USA eine nachlassende Bereitschaft, für die internationalen öffentlichen Güter aufzukommen, was zwangsläufig abträgliche Konsequenzen für die weitere Globalisierung haben muß. Daß der Multilateralismus gerade in der Krise keine zuverlässige Alternative zu einer hegemonialen Weltordnung ist, zeigt die aktuelle Krise der EU, die nicht nur durch Großbritannien, sondern auch das Verhalten osteuropäischer Mitglieder offenbar geworden ist, die sich gerne innerhalb der EU als Freerider Deutschlands gefallen, aber an einer innereuropäischen Lastenteilung kein Interesse haben.

Umgekehrt ist der große Globalisierungsgewinner China noch weit davon entfernt, die Rolle einer neuen internationalen Führungsmacht zu übernehmen. In militärischer Hinsicht wird das noch viel länger als in wirtschaftlicher Hinsicht dauern. Deshalb kann nicht davon ausgegangen werden, daß es einen nahtlosen Wechsel in der Führungsrolle von den USA auf China geben wird, sondern eine längere Phase des hegemonialen Übergangs, bei dem offen ist, ob er friedlich oder konfliktreich verläuft. Möglich ist deshalb für die Übergangsphase die Rückkehr der Anarchie oder wahrscheinlicher die Regionalisierung der Staatenwelt. Anders als beim Übergang von Großbritannien auf die USA, der sich durch normative Kontinuität ausgezeichnet hat, ist derzeit der liberale Grundkonsens nicht vorhanden, steht dem Washington-Konsens bzw. dem Post-Keynesianismus doch das Modell des Beijing-Konsens gegenüber. Insofern ist es im Falle Chinas nicht nur eine Frage der Möglichkeit, sondern auch der Bereitschaft, anstelle der USA demnächst für die internationalen Öffentlichen Güter aufzukommen. China nutzt zwar den Liberalismus der westlichen Partner, ist aber nicht bereit, seinen eigenen bürokratischen Autoritarismus aufzugeben und den westlichen Handelspartnern den freien Zugang zum chinesischen Markt zu gewähren. In einer zentralen Dimension der Globalisierung, den grenzüberschreitenden Transaktionen von Informationen und Meinungen, setzt die Volksrepublik sogar alles daran, mit dem Bau einer digitalen Großen Mauer bzw. einer »Great Firewall« diesen Zugang zu verwehren und zunächst medial wie die Ming nach 1433 real einen neuen Isolationismus zu praktizieren, hat doch das Machtmonopol der Partei, das nicht durch die Globalisierung der Medien und die grenzenlose Kommunikation jedes einzelnen Users in Frage gestellt werden darf, die oberste Priorität.

Der Kern der Problematik des künftigen hegemonialen Übergangs besteht darin, daß die alte absteigende und die neue aufsteigende große Macht unterschiedlichen Dilemma-Situationen ausgesetzt sind. Die USA stehen vor dem Dilemma zwischen Positions- und Statusverlust. Solange sie über eine starke Position im Sinne hoher internationaler Wettbewerbsfähigkeit verfügten, verfolgten sie nicht nur selbst eine liberale Wirtschaftspolitik, sondern sorgten dafür, daß die liberale Weltordnung restauriert wurde, wie sie bis zum Ersten Weltkrieg bestanden hatte. Das verschaffte ihr den Status der Führungsmacht. In dem Maße, in dem sie ihre internationale Wettbewerbsfähigkeit gegenüber aufholenden Konkurrenten wie Japan, Deutschland oder zuletzt China verloren, drohte ihnen der Verlust der wirtschaftlichen Führungsposition und damit auch der Verlust an Ressourcen, die nötig sind, den Status zu exekutieren, sprich, für die internationalen Öffentlichen Güter allein aufzukommen und bereit zu sein, die Freerider zu tolerieren. Wenn sie also weiterhin eine liberale Wirtschaftspolitik verfolgen, droht der weitere Positionsverlust. Wenn sie aber protektionistisch oder gar isolationistisch agieren, um den Positionsverlust abzuwehren, verlieren sie den Status als internationale Ordnungsmacht.

Tabelle 4: Das hegemoniale Dilemma der USA

		Wirtschaftspolitik	
		liberal	protektionistisch
Wettbewerbsfähigkeit	hoch	Hegemonie durch die Bereitstellung int. öffentlicher Güter	Verweigerung der int. öffentlichen Güter
	niedrig	Positionsverlust als wirtschaftliche Führungsmacht	Statusverlust als ordnungspolitische Führungsmacht

Die Trump-Regierung hatte sich entschieden, anders als Großbritannien Ende des 19. Jahrhunderts, den Positionsverlust gravierender als den Statusverlust zu bewerten – nicht zuletzt aus innenpolitischer Rücksichtnahme auf die Klientel der eigenen Globalisierungsverlierer. Erleichtert wird ein Rückzug aus der Welt, weil die USA ein großes Land sind, das der Welt weniger bedarf als die Welt der USA. Allerdings droht trotz des Statusverlusts der weitere Positionsverlust, weil selbst ein radikaler Kurswechsel nicht reicht, einen einmal vollzogenen Strukturwandel rückgängig zu machen. Auch die Biden-Regierung ist diesem Dilemma ausgesetzt. Was Trump und Biden verschweigen, ist der Umstand, daß die Jobs im alten Industriegürtel nicht nur dem asiatischen Verdrängungswettbewerb, sondern auch der Automatisierung und Digitalisierung zum Opfer gefallen sind. Auch zur Ersetzung von Arbeit durch Maschinen hatte sich Ricardo bereits 1817 in dem Kapitel »Über Maschinenwesen« durchaus positiv geäußert mit dem Argument, daß ohne deren Einsatz die Arbeit in Länder wandere, in denen die Löhne und damit die Kosten niedriger sind. Was er noch nicht sehen konnte, war, daß inzwischen auch die Maschinen in diese Länder gewandert sind.

China als potentieller Nachfolger der USA in der Rolle der Führungsmacht sieht sich umgekehrt mit dem Dilemma des Freeriders konfrontiert. Als bisheriger Freerider der amerikanischen Ordnungspolitik war es deren Nutznießer, der sich kaum, jedenfalls viel weniger, als aufgrund seiner Leistungsfähigkeit möglich gewesen wäre, an den Kosten der internationalen Öffentlichen Güter beteiligt hat, aber den Liberalismus der Vereinigten Staaten als Chinas wichtigsten Absatzmarkt genutzt hat. Wenn es jetzt, nachdem es einen dramatischen Positionszuwachs als Wirtschaftsmacht erzielt hat, angesichts des amerikanischen Politikwandels untätig bleibt, verliert es die Vorteile des Freeriders. Wenn es umgekehrt die Rolle der USA übernimmt, muß es auch für die Kosten der internationalen Ordnung aufkommen, also selbst für Sicherheit und Stabilität sorgen.

Tabelle 5: Das Freeriders-Dilemma Chinas

		Wirtschaftspolitik	
		liberal	protektionistisch
Wettbewerbs-fähigkeit	hoch	Übernahme der hegemonialen Kosten	mangelnde Bereitstellung der int. öffentlichen Güter
	niedrig	blockierter Aufstieg	Freerider

Der chinesische Ausweg aus dem Dilemma besteht darin, daß die Volksrepublik vorerst nicht bereit ist, die Rolle der USA als *globale* Führungsmacht zu übernehmen, zumal Chinas militärische Kapazitäten noch weit davon entfernt sind, diese in absehbarer Zeit ausfüllen zu können. Vielmehr begnügt es sich damit, für die Bereitstellung internationaler Clubgüter zu sorgen – nämlich für alle Länder, die sich dem »Club« anschließen, die sich den bürokratischen Ordnungsvorstellungen à la China unterwerfen. Die Analogie zum Tributsystem, das zu Beginn der Ming-Periode Anfang des 15. Jahrhunderts seine größte Ausprägung erfuhr, ist offensichtlich.

Für diese These sprechen eine Reihe von Initiativen und organisatorischen Schritten, die bereits vor einigen Jahren eingeleitet wurden und insofern nicht die Reaktion auf eine akute Krise sein können. Am wichtigsten ist die Initiative der Neuen Seidenstraße, die die alten kontinentalen und maritimen Routen zwischen China und Europa stärken bzw. wiederbeleben soll.[33] Die Herstellung von »Konnektivität« ist nicht umsonst ein von China verwendeter Schlüsselbegriff bei dieser Initiative. Durch den Bau von Eisenbahnen, Straßen, Pipelines, Stromtrassen und Nachrichtenverbindungen bzw. die großzügige Kreditvergabe[34] an die Partner auf der Haupt-

33 Vgl. dazu das Dokument des Büros der Forschungsgruppe, »Die Neue-Seidenstraßen-Initiative: Konzept, Praxis und Chinas Beitrag«, Peking 2015.

34 John Hurley, Scott Morris und Gailyn Portelance, »Examining the Debt Implications of the Belt and Road Initiative from a Policy Perspective«, Center for Global Development, März 2018; online verfügbar unter: {https://www.cgdev.org/sites/default/

trasse durch Kasachstan, Usbekistan, Turkmenistan, den Iran und die Türkei, aber auch durch die Angleichung aller möglichen Vorschriften für Verkehr, Handel und Kommunikation ist China dabei, das Clubgut Stabilität für die Partner der Initiative, die bis nach Ost- und Südeuropa mit den Endpunkten Griechenland und Italien reicht, bereitzustellen. Damit korrespondiert die chinesische Militärpolitik seit 2012 durch den Bau und die Indienststellung einer Flotte von fünf Flugzeugträgern,[35] den Bau von Flugplätzen auf künstlichen Inseln im Südchinesischen Meer, den Bau von Häfen in Myanmar, Sri Lanka, Male (Flughafen) und Pakistan, die Einrichtung einer Marinebasis in Djibouti, den Kauf des Hafens von Piräus und die Entsendung von »Schutztruppen« für chinesische Investitionen in Pakistan. Alle diese Maßnahmen lassen sich als der Versuch interpretieren, auch für das Clubgut Sicherheit sorgen zu wollen.

Der 14. Fünf-Jahres-Plan (2021-2026) mit seinen zwei Wirtschaftskreisläufen weist in dieselbe Richtung. Die zwei Wirtschaftskreisläufe sind eine Metapher dafür, den chinesischen Binnenmarkt (erster Wirtschaftskreislauf) durch Anhebung der Massenkaufkraft zu stärken, um Einbrüche im Außenhandel (zweiter Wirtschaftskreislauf), etwa als Folge des Handelskriegs mit

files/examining-debt-implications-belt-and-road-initiative-policy-perspective.pdf}.

35 Jamie Seidel, »Here's What We Know About China's Newest Aircraft Carriers«, News Corp Australia Network (23. April 2018); online verfügbar unter: {https://www.news.com.au/technology/innovation/military/heres-what-we-know-about-chinas-newest-aircraft-carriers/news-story/746053 9e54fe026976276dd4cbfaa2e1}.

den USA, zu kompensieren. China reagiert demnach auf den von der Trump-Regierung betriebenen Neoisolationismus zumindest partiell ebenfalls neoisolationistisch. Die Volksrepublik ist dazu wie die Vereinigten Staaten grundsätzlich in der Lage, weil sie ein großes Land mit einem großen Binnenmarkt ist, der sich noch gewaltig erweitern läßt, weil es mittlerweile, in der langen chinesischen Geschichte bislang unbekannt, eine zahlungskräftige Mittelschicht gibt. Auch hier liefert China das Gegenmodell zu den USA. In China profitiert die Mittelklasse als Gewinner der Globalisierung, was der Parteiführung Legitimation verschafft, in den USA verliert sie in den alten Industrieregionen des Nordostens, was den Populisten Zulauf verschafft. Wieder ein schönes Beispiel, wie sehr in großen Ländern die Innenpolitik die Außenpolitik und damit die ganze Welt betrifft.

Auch das asiatisch-pazifische Freihandelsabkommen der Regional Comprehensive Economic Partnership (RCEP) zwischen China, Japan, Südkorea, den zehn ASEAN-Staaten sowie Australien und Neuseeland, aber unter Ausschluß Indiens (!), deutet in diese Richtung. Damit ist die Asia-Pacific Economic Partnership, die die Länder beiderseits des Pazifiks und damit China und die USA zusammenbringen wollte, tot. Die Volksrepublik hat mit dem RCEP-Abkommen einerseits eine Freihandelszone geschaffen, die mit dreißig Prozent des Welthandels größer ist als der EU-Binnenmarkt, andererseits aber einer weltwirtschaftlichen Regionalisierung Vorschub geleistet, die die USA ausschließt. Welche normative Thematisierungsmacht China bereits besitzt, geht aus dem Umstand hervor, daß Bestimmungen zum Arbeits- und Umweltschutz nicht Teil des Abkommens sind. In gewisser Weise handelt es sich um die Restauration des alten Tributsystems mit China im Zentrum, nach der Seidenstraßeninitiative ein weiterer symbolträchtiger Rückgriff auf die chinesische Geschichte. Da die Verkündung eines neuen Fünf-Jahres-Plans wie die Aushandlung eines Abkommens unter 15 Staaten eines langen Vorlaufs bedürfen, ist auszuschließen, daß es sich um bloße Reaktionen auf die Coronakrise handelt. Es wird vielmehr deutlich, daß die chinesische Politik in Kenntnis der skizzierten strukturellen Konstellation von einem bereits seit langem diskutierten strategischen Kalkül ausgeht, ihr Freerider-Dilemma aufzulösen. Es ist zu befürchten, daß auch das andere transregionale Handelsforum ASEM zur Disposition steht. Die Transatlantic Trade and Investment Partnership als drittes transregionales Forum wurde bereits von Trump sabotiert.

Damit sind wir bei den akuten Gründen, den eingangs genannten Kippunkten, die neben den strukturellen die Globalisierung in Frage stellen und den aktuellen globalisierungskritischen Diskurs bestimmen. Die erste Erschütterung erfuhr die große Erzählung vom Segen der Globalisierung durch die Lehman-Pleite 2008 und die daraus resultierende globale Finanzkrise, die manche Länder an den Rand des Staatsbankrotts führte. Sie war nur durch einen konzertierten staatsinterventionistischen Kraftakt und nicht mehr durch die Kräfte des Marktes zu bewältigen. Die Erschütterung war deshalb so groß, weil nicht nur die globalen Finanzjongleure, euphemistisch »Investmentbanker« genannt, sondern auch die Mittelständler betroffen waren, die, angestachelt durch die große Erzählung, aus Gier nach der hohen Verzinsung ihr Erspartes aufs Spiel gesetzt hatten. Null Zinsen auf Spareinlagen und ihr Gegenstück, die explodierenden Immobilienpreise und Mieten, weil das Kapital auf der Suche nach neuen Renditen in den Immobiliensektor drängte, sind bis heute der Preis, den auch die kleinen Leute für die Globalisierung der Finanzmärkte zu zahlen haben. Hier liegt einer der Gründe, warum die Verteilung der Einkommen und Vermögen sich immer weiter spreizt.[36]

Die nächste Bresche in den Mythos vom Segen der Globalisierung schlug die neue Völkerwanderung, die nach einem langen und zunächst allmählichen Anstieg Europa 2015 mit voller Wucht erreichte. Aus einer neoliberalen Perspektive ist Migration, zumindest die Migration von Arbeitskräften, gut, weil sie zum Ausgleich der »Produktionsfaktoren« führt. Für das Einwanderungsland liefert sie angesichts des demographischen Wandels ein zusätzliches Angebot dringend benötigter Arbeitskräfte, das sogar kostensenkend wirkt, im Auswanderungsland reduziert sie die Arbeitslosigkeit und führt dort zu steigenden Löhnen. Die globalen Arbeitsmärkte geraten ins Gleichgewicht. So weit die neoliberale Theorie. Allerdings hat Migration, mehr noch als der ostasiatische Verdrängungswettbewerb und die Finanzkrise, auch außerökonomische Konsequenzen, näm-

36 Dazu Thomas Piketty, *Das Kapital im 21. Jahrhundert*, München 2016.

lich das Erstarken eines populistischen Milieus, dessen Mitglieder über all das nicht verfügen, über das die Kosmopoliten verfügen – nämlich ein überdurchschnittliches Bildungs- und Einkommensniveau, Umweltbewußtsein, Fremdsprachenkenntnisse, Weitgereistheit und anderes. Nicht vergessen sollte man allerdings, daß den Bewohnern der sozialen Brennpunkte eine ganz andere Integrationsleistung abverlangt wird als den Bewohnern der gutbürgerlichen oder gar Villenviertel der Kosmopoliten, konzentrieren sich doch in Ersteren die alten Verlierer der Globalisierung und die neuen Migranten. Die Korrespondenz mit den politischen Hochburgen von populistischen und kosmopolitischen Parteien ist augenscheinlich. Es fällt allenthalben schwer zu akzeptieren, daß Europa, das in früheren Zeiten seine Perspektivlosen in die Neue Welt geschickt hat, die dort die Einheimischen in Reservate verdrängt oder gar ausgerottet haben, was die soziale Frage hierzulande milderte, selbst zum Fluchtpunkt der Perspektivlosen weltweit geworden ist. In den Zonen der begrenzten Staatlichkeit regiert nur die Fragmentierung, ist Globalisierung im westlichen Sinne gar nicht möglich. Für die Migranten aus diesen Zonen wirkt die Globalisierung des Westens als Pull-Faktor, der paradoxerweise durch die Medien der Globalisierung befeuert wird, besitzt doch fast jeder Migrant zumindest ein Handy.

Das populistische Milieu speist sich aus den Verlierern der Globalisierung, denen, die die Fremde nur aus dem Fernsehen oder in der Malle-Version kennen, und denen, die die Hauptlast der Integration zu tragen haben. Da auch deren Mitglieder einer anderen Erzählung ausgesetzt sind, nämlich dem Diskurs über die kulturelle Überfremdung, ist es im Sinne des konstruktivistischen Arguments gleichgültig, ob deren Ängste eine reale Grundlage haben oder nur eingebildet sind. Mit Trump hat auch die globale Fremdenfeindlichkeit ein Gesicht und eine Stimme bekommen. Trump spricht nicht nur aus, was im populistischen Milieu gedacht wird, er verspricht auch, wie man der Migration Einhalt gebieten und das Fremde abwehren kann. Wenn er gegen China einen Handelskrieg anzettelt und vom »China virus« spricht, belebt er die Erinnerung an die »gelbe Gefahr«, die erstmals Ende des 19. Jahrhunderts im Westen beschworen wurde, die bereits in den neunziger Jahren in Huntingtons *Kampf der Kulturen* und Barbers *Coca Cola und heiliger Krieg* einen Subtext bildete.[37]

Eine tiefe Bresche in die große Erzählung schlug das Thema Klimawandel, das 2019 dank der Bewegung Fridays for Future ins Bewußtsein einer breiten Öffentlichkeit geraten ist, weil die Folgen des Klimawandels aus Dürren, Waldbränden, Starkregen, abschmelzenden Gletschern und abnehmendem Polareis, Überschwemmungen und Stürmen auch für den Laien erfahrbar werden. Diesmal wird aber nicht das populistische, sondern das kosmopolitische Milieu globalisierungskritisch mobilisiert, weil der Zusammenhang von Globalisierung

37 Samuel P. Huntington, *Der Kampf der Kulturen. The Clash of Civilizations. Die Neugestaltung der Weltpolitik im 21. Jahrhundert*, Wien 1996; Benjamin R. Barber, *Coca Cola und heiliger Krieg: Der grundlegende Konflikt unserer Zeit*, Frankfurt am Main 2001 [1995].

und Klimawandel zum Thema wird, weil sie den massenhaften Verbrauch von Rohstoffen und fossilen Energieträgern und damit die Emission von CO_2 angeheizt hat. Begriffe wie Flugscham, die Kritik an Kreuzfahrten, Inlandsflügen und SUVs, an der Brandrodung des Tropenwalds, um Flächen für den Sojaanbau zu schaffen, der die Massentierhaltung hierzulande ermöglicht, die die »Vorprodukte« liefert für die mit osteuropäischen Wanderarbeitern »bestückten« Schlachtbetriebe, um die Kühlschiffe für den Schweinefleischexport ausgerechnet nach China zu beladen, prägen den anderen globalisierungskritischen Diskurs. Dieses Milieu setzt auf regionale Bioprodukte, mindestens aber auf fairen Handel im Eine-Welt-Laden, auf Rückkehr zur Subsistenzwirtschaft, auf Aufforstung, Humusbildung und Bio-Kohle, auf vegan, zweimal schön und unverpackt, auf Lastenfahrrad, E-Roller und öffentliche Verkehrsmittel, auf Wanderurlaub daheim. Der alte identitätsstiftende Begriff »Heimat« erfährt paradoxerweise im kosmopolitischen Milieu eine Renaissance. Auch hier ist eine Diskussion über die Grenzen Europas entbrannt. Es geht um die Frage, ob die Erweiterung der EU nach Osteuropa, gar in Richtung Türkei, noch sinnvoll und zu verantworten ist, wenn sich gleichzeitig die Engländer verabschieden und die wohlhabendsten Europäer in der Schweiz und Norwegen sich abstinent verhalten.

Die vorletzte und brutalste Infragestellung der Globalisierung begann Anfang 2020, als im November 2019 im zentralchinesischen Wuhan – in derselben Region, in der im 14. Jahrhundert die Pest ausbrach – das Coronavirus auf den Menschen übersprang und zunächst von den lokalen Kadern verschwiegen wurde, in autoritären Systemen keine Seltenheit, weil nicht sein kann, was nicht sein darf. In dem Maße, wie sich herausstellte, daß China gar nicht mehr so fern ist, daß die weltweite Verbreitung des Virus keine 25 bis 30 Jahre dauert wie zu Zeiten der Pest, sondern nur noch 25 bis 30 Tage, daß nicht nur dessen genauso ferne Nachbarn Südkorea und Japan oder der Iran als Zwischenglied auf der Neuen Seidenstraße betroffen sind, sondern auch Europa und daß wieder Italien als Einfallstor diente, und vor allem, seit ins öffentliche Bewußtsein gedrungen ist, daß die Pandemie auch eine Folge der Globalisierung ist, auch wenn nicht mehr die Flöhe im Fell der Lasttiere oder im Fell der Ratten, die die Karawanen und Segelschiffe begleitet haben, sondern die Passagiere in den Flugzeugen und auf den Kreuzfahrtschiffen die Verbreiter des Virus sind, verlor der Globalisierungsdiskurs seine Legitimation. Nicht auszudenken sind die Folgen für eine massive weitere Deglobalisierung, wenn sich herausstellen sollte, daß Corona kein singuläres Ereignis ist, sondern eine Reaktion der Natur auf Klimawandel und Überausbeutung der Erde, der noch weitere Pandemien mit unbekannten Erregern folgen werden.

Aber selbst die Coronakrise wurde am 24. Februar 2022 noch getoppt mit Putins Krieg in der Ukraine. Einer der »Kollateralschäden« war die Erkenntnis, in welchem Maße die westeuropäische, insbesondere die deutsche Wirtschaft, abhängig ist von den Gas- und Öllieferungen aus Rußland. Die Sprengung der beiden Ostsee-Pipelines hat unmißverständlich klargemacht, welche gravierenden Folgen die Globalisierung der Energieversorgung buchstäblich bis in den letzten Haushalt hat, wenn die Raumtemperatur gesenkt werden muß, um Energie zu sparen. Die tatsächliche oder vermeintliche Verknappung von Öl und Gas hat die Preise explodieren lassen, ablesbar an den Preistafeln der Tankstellen, und in der Folge die Inflation angeheizt. Damit wurden in Deutschland lange als überwunden geglaubte Ängste um das Ersparte wiederbelebt. Wieder gibt es Gewinner und Verlierer. Die Gewinner waren die Energiekonzerne, die im Jahr 2022 exorbitante Gewinne verbuchen konnten.

Internationale Arbeitsteilung führt, so die Erkenntnis aus der in immer dichterer Folge sich ergießenden Krisenkaskade, nicht nur zu Wohlstandsmehrung und kultureller Bereicherung, sondern auch zu Abhängigkeiten, lauert hinter jeder globalen Krise auch die Unterbrechung der für das ricardianische Komparative-Kosten-Theorem unverzichtbaren Produktions- und Lieferketten. So gesehen hat die internationale Arbeitsteilung sich selbst das Grab geschaufelt, ist Deutschland, weil in der Rangliste der Globalisierungsgewinner absolut der größte, auch der größte Globalisierungsverlierer. Wenn Gesichtsmasken und Schutzanzüge nicht mehr lieferbar sind, weil sie in China produziert werden und dort die Produktion bzw. der Export coronabedingt eingestellt wurde, wenn die hiesige Arzneimittelproduktion gefährdet ist, weil 300 Wirkstoffe als Vorprodukte aus der Volksrepublik stammen, dann macht Globalisierung Angst. Wenn die Dunkelziffer das Zehnfache der registrierten Fälle ausmacht, dann macht das noch mehr Angst, die bereits durch den schieren Begriff »Dunkelziffer« geschürt wird. Wenn sich herausstellt, daß eine abgeschottete All-inclusive-Hotelanlage in Übersee oder ein Kreuzfahrtschiff nicht nur dem luxuriösen Urlaub dient, sondern zur Falle wird, wenn sich ein Infektionsverdacht offenbart, dann macht auch der globalisierte Tourismus Angst, führt zu massenhaften Stornierungen von gebuchten Urlauben, weil man hier, wie bei den Hamsterkäufen, selbst etwas tun kann. Tourismusunternehmen wie TUI oder Fluggesellschaften wie Lufthansa stehen zwangsläufig vor dem Ruin, nicht zu sprechen von Flughafenbetreibern, Hafenbetrieben, Reedereien, Werften und Flugzeugbauern nebst deren Zulieferfirmen. Der Markusplatz in Venedig und die Piazza del Duomo in Mailand mit den angrenzenden Läden und Restaurants verwaisen – nicht nur weil die Areale zu Sperrzonen erklärt werden, sondern weil die Touristen von alleine wegbleiben, weil der chinesische Massentourismus aus Angst vor kollektiver Anfeindung, die aktuelle Facette der »gelben Gefahr«, ausfällt. Letzteres ist die Angst vor der Angst der anderen bzw. der Einstieg in eine gegenseitige negative Wahrnehmungsspirale und ein gefundenes Fressen für die Populisten. Wenn im Sinne des Konstruktivismus nur noch die Wahrnehmung den Diskurs beherrscht, hat eine kritische und differenzierte Analyse der Fakten keine Chance.

Fazit: Wir erleben aus strukturellen wie aus akuten Gründen einen regelrechten Paradigmenwechsel im Hinblick auf den Globalisierungsdiskurs. Die Globalisierung wird nicht nur von linken Globalisierungskritikern wie Attac und rechten Populisten in Frage gestellt, vielmehr hat die Kritik auch den Mainstream der Wirtschafts- und Sozialwissenschaften erreicht, lange bevor Corona die Globalisierung vollends entzaubert hat. Sind doch gerade ihre so beliebten Aushängeschilder wie der Ferntourismus zu Wasser, zu Lande und in der Luft mit den ihn ermöglichenden Dienstleistern und Produzenten, den Lieferketten und Logistikzentren in die Krise geraten. Umgekehrt reüssiert alles, was auf die Region und lokale Wirtschaftskreisläufe setzt unter Missachtung des ricardianischen Denkens über die Vorteile von Spezialisierung und internationaler Arbeitsteilung. Insofern kehrt auch das listianische Denken einer »Nationalen Politischen Ökonomie« zurück, um die vor Ort verloren gegangenen produktiven Kräfte im Sinne des in der Entwicklungstheorie verwendeten Begriffs der »autozentrierten Entwicklung« erneut zu beleben.[38]

Wenn aber der Neoliberalismus auf unabsehbare Zeit delegitimiert ist und nicht mehr den öffentlichen Diskurs beherrscht, dann legitimiert der Paradigmenwechsel das Handeln der Politik, das in Reaktion auf die massiven wirtschaftlichen Einbrüche als Folge der Coronakrise selbst bzw. der Maßnahmen, um die Ausbreitung der Pandemie einzudämmen, auf die Rückkehr des Staates in die Wirtschaft setzt bzw. sogar alternativlos setzen muß. Sogar die Wirtschaftsverbände, in früheren Zeiten eher auf die Kraft des Marktes vertrauend,

38 So der »Listianer« Dieter Senghaas, »Deglobalisierung. Eine Kontroverse mit überfälligen Folgen«, in: *Soziologie heute* (Oktober 2020), S. 10-11.

rufen nach dem Staat. In der Finanzkrise war es die Teilverstaatlichung der Commerzbank, nun die Teilverstaatlichung der Lufthansa, selbst der Ruf nach der Teilverstaatlichung von Thyssen/Krupp wird lauter. Verbunden damit ist die Rückkehr des Nationalismus bzw. die Schwächung des Multilateralismus. Das gilt gerade auch für die EU, die viele Jahre lang in Europa und den assoziierten afrikanischen, karibischen und pazifischen Staaten (AKP-Staaten) als institutionelles Schwungrad der Globalisierung gedient hat. Daran hat auch der Übergang von der Trump- zur Biden-Regierung nichts geändert, weil die strukturellen Probleme der USA geblieben sind. Auch Biden drängt auf Lastenteilung mit Europa, wird das internationale Engagement der Vereinigten Staaten zurückfahren, wird den Konflikt mit China weiter austragen, toleriert die zweite Ostsee-Pipeline nicht bzw. hat sie womöglich sogar sprengen lassen.[39]

Umgekehrt wird China weiter an der Ausgestaltung des Clubs derjenigen Länder arbeiten, die bereit sind, sich seinen bürokratischen Ordnungsvorstellungen zu unterwerfen, bzw. sich von dessen Lockangeboten wie den Krediten und Investitionen auf der neuen Seidenstraße ködern lassen. Auch wenn die Globalisierung sich nicht in allen Facetten und schon gar nicht komplett zurückdrängen läßt, so wird es doch in der Phase des neuen hegemonialen Übergangs ein Anhalten ge-

39 So zumindest die These des Investigativjournalisten Seymour Hersh, »How America Took the Nord Stream Pipeline« (8. Februar 2023); online verfügbar unter: {https://seymourhersh.substack.com/p/how-america-took-out-the-nord-stream}.

ben, dessen Dauer nicht absehbar ist, womöglich sogar eine Spaltung der Welt in eine von China, eine von den USA und eine von Westeuropa unter deutscher Führung beherrschte Sphäre. Auch das wäre eine Fragmentierung der Welt. Auf jeden Fall sind wir Zeuge der Rückkehr des Staates in viele gesellschaftliche Bereiche, der nicht zuletzt die entfesselte Globalisierung zu Grabe trägt. Zu den Totengräbern gehören Lehman Brothers, der Klimawandel, die Schleuser auf den Fluchtrouten, Corona und Putin.

8. Der Einfluß der Globalisierung auf den Strukturwandel des Parteiensystems

Die Bundestagswahl des Jahres 2021 hat den schon lange diskutierten Befund vom Niedergang der Volksparteien eindrucksvoll bestätigt. Während dieser sich für die SPD bereits mit der Bundestagswahl 2009 manifestierte, als sie weniger als 10 Millionen Stimmen erzielte und damit wieder bei der Größenordnung von 1957 angelangt war, bestätigte er sich jetzt auch für die Union, die mit gut 11 Millionen Stimmen schlechter als 1953 abschnitt, obwohl es 1953 wie 1957 und damit vor der Wiedervereinigung aufgrund des Bevölkerungswachstums in der alten Bundesrepublik, der Wiedervereinigung und der Senkung des Wahlalters 1970 von 21 auf 18 Jahre viel weniger Wahlberechtigte gab als heute. Damit wird in Deutschland ein Prozeß nachgeholt, der in vielen europäischen Nachbarländern, allen voran Frankreich und Italien, schon viel früher eingesetzt hat.

Bei der Ursachenforschung verweist ein Strang der Literatur auf die personellen Querelen, parteiinternen Machtkämpfe und den häufigen Wechsel des Führungspersonals, die SPD wie CDU in den letzten Jahren fast schon zerrissen haben.[1] Auch wenn die Bedeutung eines akteursorientierten Ansatzes nicht grundsätzlich ge-

1 Z.B. der »*Spiegel*-Bestseller« von Robin Alexander, *Machtverfall. Merkels Ende und das Drama der deutschen Politik: Ein Report*, München 2021.

leugnet wird, so soll hier statt dessen ein struktureller verfolgt werden.[2] Verschleiert wurde der Niedergang der Volksparteien, die zu ihren besten Zeiten bis zu 90 Prozent der Wählerschaft an sich binden konnten, lange Zeit durch den Umstand, daß die Wahlberichterstattung und deren Analyse immer nur mit relativen Zahlen operiert. Wie viel Prozent hat eine Partei gegenüber der letzten Wahl gewonnen oder verloren? Wie viel Prozent hat sie mehr oder weniger als der politische Gegner erhalten? Welche relative Verteilung ergibt sich daraus im Parlament als dem eigentlichen politischen Ergebnis der Wahl? Aufgrund der wachsenden Zahl von Überhang- und Ausgleichsmandaten wurde der Bundestag immer weiter aufgebläht, so daß sich eine Niederlage gar nicht in einer rückläufigen Zahl von Mandaten niederschlagen mußte und wie ein Pflaster auf die Wunden der Verlierer wirkte. Da die Gewinner einen zusätzlichen Bonus kassierten, waren sie nicht an einer Reform des Wahlrechts interessiert. So konnte die Union 2009 als große Wahlsiegerin gefeiert werden, obwohl sie zwei Millionen Stimmen weniger als 2005 erreicht hatte. Da die SPD mehr als sechs Millionen Stimmen eingebüßt hatte, reichte es *relativ* für einen Zuwachs. Die

2 Die hier verwendeten Daten als Grundlage der Graphiken sind ausführlich dokumentiert in Ulrich Menzel, »Der Niedergang der Volksparteien und der Umbruch des Parteiensystems«, in: *Jahrbuch 2018 der Braunschweigischen Wissenschaftlichen Gesellschaft* (2019), S. 281-320; ders., »Der Niedergang der Volksparteien und der Strukturwandel des Parteiensystems. Teil II«, in: *Jahrbuch 2019 der Braunschweigischen Wissenschaftlichen Gesellschaft* (2020), S, 80-98. Die Fortschreibung für die Jahre 2019-2021 basiert auf den Angaben des Bundeswahlleiters bzw. der Parteien.

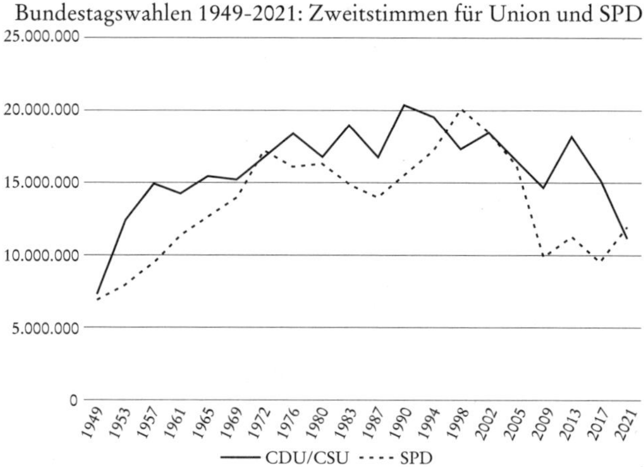

Abbildung 5: Zweitstimmen für die Union und die SPD bei den Bundestagswahlen von 1949-2021

acht Millionen verlorenen Stimmen beider Parteien wanderten aber nur zum geringeren Teil zu FDP, Grünen und Linken. Das eigentlich herausragende Ergebnis der Wahl war, daß das Lager der Nichtwähler von 13,8 auf 18,2 Millionen angeschwollen war, was den Kommentatoren allenfalls eine Randnotiz wert war.

Demnach erfuhren SPD und Union seit 1949 zunächst einen stetigen Aufwärtstrend, weil sie die kleinen Parteien am linken und rechten Rand des Spektrums, die in den drei ersten Bundestagen noch vertreten bzw. an der Fünf-Prozent-Hürde gescheitert waren, aufsogen. 1961 etablierte sich die vertraute Struktur von zwei großen und einer kleinen Partei (FDP), die im politischen Farbenspiel die Deutschlandfahne Schwarz-Rot-Gold

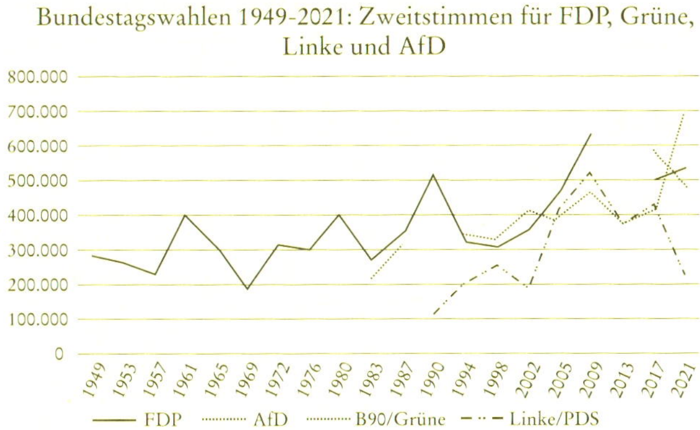

Abbildung 6: Zweitstimmen für die FDP, die Grünen, die Linke und die AfD bei den Bundestagswahlen 1949-2021, Bündnis 90/Grüne waren 1990 und FDP 2013 an der Fünf-Prozent-Hürde gescheitert.

(Gelb) abbildet. 1990 erreichten die Union mit Helmut Kohl als Spitzenkandidat, nicht zuletzt vereinigungsbedingt, mit 20,4 Millionen Stimmen und 1998 die SPD mit Gerhard Schröder als Spitzenkandidat mit 20,2 Millionen Stimmen jeweils ihre absoluten Höhepunkte. Seitdem haben beide fast eine Halbierung auf 11,2 Millionen (Union 2021) bzw. 9,6 Millionen Stimmen (SPD 2017) hinnehmen müssen. Von Volksparteien kann wahrlich keine Rede mehr sein. Parallel zum Abstieg hat sich das Spektrum der im Bundestag vertretenen Parteien wieder gespreizt mit den Grünen seit 1983, der Linken seit 1990 und der AfD seit 2017, was neue Koalitionskonstellationen nicht nur möglich macht, sondern sogar erzwingt, weil selbst eine »Groko«, mittlerweile ein antiquierter Begriff, keine Mehrheit mehr garantiert.

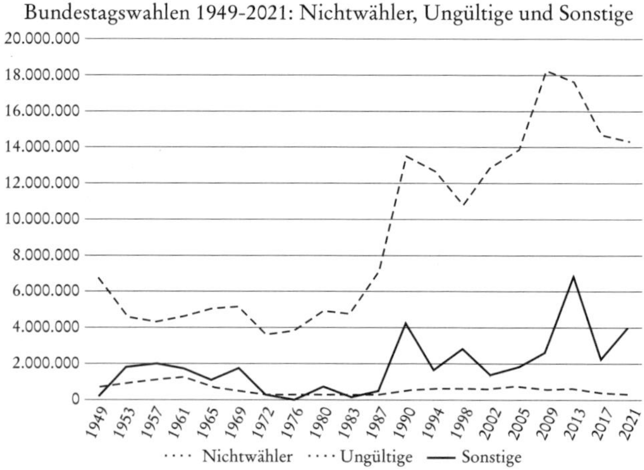

Abbildung 7: Anzahl der Nichtwähler, der ungültigen Stimmen und der Stimmen für Kleinstparteien bei den Bundestagswahlen von 1949 bis 2021

Der eigentlich frappierende Befund ist der rasante Zuwachs der Nichtwähler, deren Anzahl sich 1972 auf 3,7 Millionen belief, ein historischer Tiefpunkt und Ausdruck der damaligen Politisierung der Gesellschaft, und bis 2009 auf 18,2 Millionen zunahm. Daß deren Zahl in den letzten beiden Wahlen wieder rückläufig war, täuscht, weil gleichzeitig die Zahl der Wähler, die auf Splitterparteien entfallen, drastisch zugenommen hat: von bloß 33 600 (1976) auf 4 Millionen (2021). Deren hohe Werte für 1990 und 2013 täuschen, da erst die Grünen und dann die FDP knapp an der Fünf-Prozent-Hürde gescheitert waren. Rechnet man noch die Zahl der ungültig Wählenden, auch eine Art Wahlalternative, hinzu, die um die 500 000 schwanken, ergibt sich ein stabiler Sockel von etwa 18,5 Millionen, die entweder nicht abstimmen, ungültig wählen oder für Splitterparteien votieren, die keine Chance auf den Einzug in den Bundestag haben – für die Wahlforschung ein unbeschriebenes Blatt. Alle drei Gruppen sind vermutlich Varianten eines Spektrums von Bequemlichkeit über Desinteresse bis Protest mit Schnittmengen zum volatilen Wählerpotential der AfD und im Osten sogar solcher Wähler der Linken, die kein Problem damit haben, direkt zur AfD zu wandern.

Ein ähnliches Bild bietet die Mitgliederentwicklung der Parteien. Nach starker Fluktuation bzw. aufgrund unklarer Datenlage mit Mehrfachzählungen in der Frühphase der BRD konnte zuerst die SPD und wenig später die CDU einen starken Mitgliederzuwachs verzeichnen. Die SPD erreichte den Gipfel 1976 mit 1022 191 Mitgliedern, eine Folge der Mobilisierung in der Brandt-Ära und der sozialliberalen Koalition. Die CDU verzeichnete 1990 mit 789 609 Mitgliedern den höchsten Stand, eine Reaktion auf Kohl, die Wiedervereinigung und die Komplettübernahme der Blockpartei CDU-Ost. Zählt man die CSU mit 186 198 (1990) hinzu, kamen beide Volksparteien in die lichte Höhe von einer Million Mitglieder. Seitdem marschieren beide im Gleichschritt abwärts und waren Ende 2021 in der trüben Dunkelheit von 393 727 (SPD),[3] 384 204 (CDU) bzw. 132 593 (CSU) angelangt – für Volksparteien definitiv zu wenig, wirkt doch jedes Mitglied wie ein Multiplikator in der Fami-

3 Ende 2022 waren es nur noch 379 861.

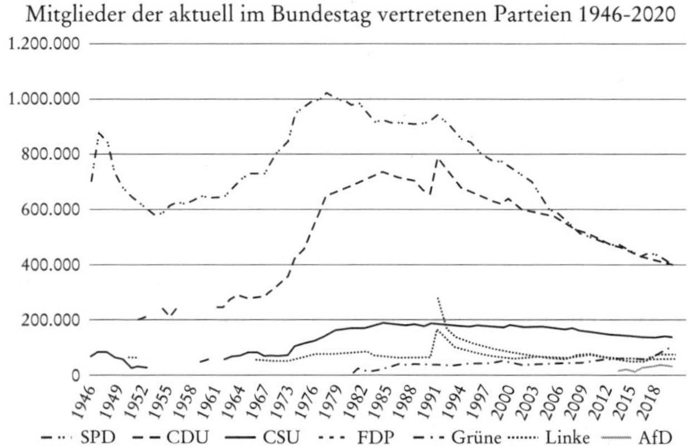

Abbildung 8: Entwicklung der Mitgliederzahlen der 2023 im Bundestag vertretenen Parteien von 1946 bis 2020

lie, in der Nachbarschaft, auf der Arbeit, im Verein und in der Kneipe. Die aus dem Mitgliederschwund resultierende nachlassende Multiplikatorenwirkung sollte nicht unterschätzt werden. Nur zum Vergleich: Der FC Bayern München hat etwa 295 000 Mitglieder und demzufolge eine bundesweite Fangemeinde.

Parallel dazu veränderte sich die Altersstruktur der Parteien. Weil in der Aufschwungsphase viele junge Mitglieder eingetreten waren, sank der Altersschnitt, in der Abschwungsphase nahm der Schnitt wieder zu, weil weniger (Junge) eintraten als starben, austraten oder ausgeschlossen wurden wegen säumiger Mitgliedsbeiträge. Ein Teufelskreis. Je älter die Parteimitgliedschaft wird, desto weniger attraktiv ist sie für potentielle junge Neumitglieder. Bei den Grünen war es genau umgekehrt.

Sie sind von den bescheidenen Anfängen 1979 mit 11 156 Mitgliedern mittlerweile auf 129 126 (Ende 2021) gewachsen, wobei sich der Zuwachs seit 2017 beschleunigt. In Bezug auf das Durchschnittsalter sind sie deshalb jung geblieben. Ein Engelskreis. Die Mitgliedschaft der FDP schwankte durchgängig um die 65 000, ist aber bis Ende 2021 auf rund 77 000 angewachsen. Der Peak des Jahres 1990 war wie bei der CDU ein flüchtiger Mitnahmeeffekt der anderen Blockpartei Liberal-Demokratische Partei Deutschlands. Die Linke hat (relativ) den dramatischsten Mitgliederschwund zu verzeichnen von 280 882 (1990) auf nur mehr 54 214 (Ende 2022), handelt es sich doch nicht um eine neue, sondern um eine ganz alte Partei, die erst in der KPD, dann der SED und zuletzt der PDS ihre Wurzeln hat. Aufgrund der noch lebenden ehemaligen SED-Kader hat sie den höchsten Altersdurchschnitt aller Parteien.

Bleibt die AfD. Deren Aufwärtstrend von 17 687 (2013) auf 28 636 (Juli 2022) wurde immer wieder gebrochen bzw. abgebrochen durch die mehrfachen Häutungen, die den bürgerlich-konservativen Teil abgestoßen haben. Eine klassische konservative Partei wie etwa in England fehlt im deutschen Parteienspektrum. Die letzte war die Deutschnationale Volkspartei, die 1933 zur NSDAP übergelaufen und 1945 über spärliche Wiederbelebungsversuche nicht hinausgekommen ist. Der Konservatismus wird von der Union nur zum Teil bedient, wirkt in ihr doch immer noch die Zentrumstradition fort. Aus diesen Trends resultieren ganz unterschiedliche Relationen zwischen Mitglied- und Wählerschaft im Zeitverlauf, die eine eigene Analyse wert sind.

So weit die Empirie. Zu deren Erklärung bieten sich zwei Theorien an. Die erste ist die von den Politikwissenschaftlern Seymour Martin Lipset und Stein Rokkan 1967 formulierte Cleavage-Theorie.[4] Sie besagt, daß Parteien, die Massenparteien werden und nicht Honoratiorenparteien bleiben wollen, sich an innergesellschaftlichen Konflikt- oder Bruchlinien (*cleavages*) zu orientieren haben. In der Formationsphase, der zweiten Hälfte des 19. Jahrhunderts, waren das die *cleavages* zwischen Kapital und Arbeit, Staat und Kirche, Stadt und Land sowie Zentrum und Peripherie aus Mehrheitsgesellschaft und ethnischen, nationalen oder religiösen Minderheiten. Im Deutschen Reich war die erste für die SPD relevant, die zweite für das Zentrum, das zusammen mit der Bayerischen Volkspartei (BVP) die katholische Minderheit im Reichstag vertrat, während die Protestanten wegen der Nähe von Thron und Altar gerade in Preußen einer eigenen politischen Partei nicht bedurften. Die dritte markierte die Interessenlage der städtisch-gewerblichen Bevölkerung, die von den Liberalen vertreten wurde, gegenüber der von den Konservativen bedienten ländlich-agrarischen. Die vierte war im Unterschied zu Großbritannien, Belgien oder Spanien im Deutschen Reich weniger relevant, auch wenn es politische Vertretungen der Polen, Dänen und Franzosen (Elsaß-Lothringen) im Reichstag gab.

Die zweite Erklärung bzw. Theorie lautet, daß Mas-

4 Seymour Martin Lipset und Stein Rokkan, »Cleavage Structures, Party Systems and Voter Alignments: An Introduction«, in: dies. (Hg.), *Party Systems and Voter Alignments: Cross-National Perspectives*, New York 1967, S. 1-64.

senparteien bzw. Volksparteien in sie tragenden sozialen Milieus verankert sein müssen. Für die SPD war es das gewerkschaftliche Milieu, das nicht nur aus den Gewerkschaften, sondern auch dem dritten Bein der Arbeiterbewegung, den Genossenschaften, bestand, ferner ihrer Presse, den Verlagen, Bildungs- und Sozialeinrichtungen wie Arbeiterwohlfahrt und Arbeiter-Samariter-Bund sowie den vielen Vereinen vom Fußball (Eintracht oder Rot-Weiß) über die Bergmannskapelle bis zu den Taubenzüchtern. Für Zentrum/BVP und nach 1945 für CDU/CSU war es das kirchliche Milieu, das nicht nur aus den Kirchen, dem Kirchenjahr und der Begleitung der Familienfeste von der Taufe bis zur Beerdigung, sondern auch aus den vielen kirchlichen Institutionen bestand vom Kindergarten über die Schule bis zur Alten- und Krankenpflege, den Jugendorganisationen, Kirchenchören und Bibelkreisen. Auch die katholischen Gewerkschaften gehörten dazu. Die Arbeiterschaft im katholischen Ruhrgebiet hat bis 1933 auch Zentrum oder sogar polnisch und keineswegs nur SPD oder KPD gewählt! Liberale und Konservative waren nicht in vergleichbar breite Milieus eingebettet, sondern blieben dem Typus der Honoratiorenparteien mit ihren persönlichen Netzwerken verhaftet, was für die FDP bis heute gilt.

In dem Maße, wie der Strukturwandel von der Agrar- über die Industrie- zur Dienstleistungsgesellschaft bis hin zur virtuellen Ökonomie des Internets Platz greift, werden die alten gesellschaftlichen Bruchlinien geschliffen. Der Aufstieg Ost- und Südostasiens zur »Werkbank der Welt« wurde erkauft mit dem Niedergang der alten

Industrieregionen des Westens. Hier kommt ganz augenscheinlich der Faktor Globalisierung ins Spiel, die sich, anders als Ricardo argumentierte, als Nullsummenspiel erweist. Die neue internationale Arbeitsteilung, aber auch die Automatisierung und Digitalisierung, führen dazu, daß es hierzulande immer weniger Arbeiter, immer weniger Gewerkschafts- und Genossenschaftsmitglieder gibt. Man denke nur an das Schicksal von Konsum, Neue Heimat, Bank für Gemeinwirtschaft und Volksfürsorge. Weitere Kennzeichen der Globalisierung sind Prozesse der Säkularisierung und des kulturellen Wandels, die gerade die Kirchen betreffen mit der Folge von Mitgliederschwund, rückläufiger Kirchensteuer und der Notwendigkeit, kirchliche Leistungen zu reduzieren und Institutionen ganz abzubauen. Auf dem Land betreut ein Pfarrer nicht mehr eine, sondern bis zu fünf oder sechs Gemeinden. Leerstehende Kirchen werden zum Verkauf angeboten.

Umgekehrt haben sich neue Bruchlinien gebildet, die zu Zeiten von Lipset und Rokkan noch unbekannt waren. Gemeint ist die zwischen Gewinnern und Verlierern der Globalisierung nicht nur im Weltmaßstab, sondern auch innerhalb der ehemaligen Industriegesellschaften. Die Gewinner sitzen in den Metropolen und arbeiten in den expandierenden Branchen des FIRE-Sektors (*finance*, *insurance*, *real estate*). Seit der Finanzkrise und der Null-Zins-Politik zu ihrer Bekämpfung boomt die Immobilienbranche besonders. Die Verlierer der Globalisierung sitzen in den alten Industrieregionen, dort, wo sich die Industriebrache ausbreitet, im Rust Belt der USA, in den englischen Midlands, wo die industrielle Revolution ihren Ausgang nahm, im Nordosten von Frankreich oder im Ruhrgebiet. Hierzulande gibt es sogar die doppelten Verlierer, erst der Wiedervereinigung und dann der Globalisierung, ist der deutsche Osten doch erst seit 1990 mit der Globalisierung konfrontiert worden. Die zweite neue Bruchlinie ist die zwischen Ökonomie und Ökologie – in anderer Hinsicht ein Resultat der Globalisierung. Die vielen Beispiele aufzuzählen, etwa den Energieverbrauch und die Emissionen auf den »Lieferketten« des weltweiten Gütertransports zu Wasser und zu Lande, erübrigt sich.

Was bedeutet das für die Milieus? Auf der einen Seite zerbröselt das gewerkschaftliche Milieu genauso wie das kirchliche mit den genannten Konsequenzen für Mitglied- und Wählerschaft von SPD und Linken bzw. CDU und CSU. Die FDP ist kaum betroffen, gehören ihre Mitglieder und Wähler doch zu den Gewinnern der Globalisierung. Gleichzeitig haben sich zwei neue Milieus etabliert, die hier als das kosmopolitische und das populistische bezeichnet werden.[5] Im kosmopolitischen Milieu versammeln sich die Gewinner der Globalisierung, die mit den überdurchschnittlichen Einkommen, die Gebildeten, die Weitgereisten, die Fremdsprachenkundigen, die Globalisierung auch in kultureller Hinsicht als Bereicherung empfinden. Hierzu gehört paradoxerweise auch ein Teil der Globalisierungskriti-

5 Vgl. dazu mit anderer Terminologie Wolfgang Merkel, »Kosmopolitismus versus Kommunitarismus. Ein neuer Konflikt der Demokratie«, in: Philip Harfst et al. (Hg.), *Parties, Governments and Elites: The Comparative Study of Democracy*, Wiesbaden 2017, S. 9-23.

ker, der durch den Konflikt zwischen Ökonomie und Ökologie mobilisiert wird. Dieses Milieu wurzelt in der 68er-Bewegung, der Friedensbewegung, den Dritte-Welt-Gruppen, den Anti-AKW- und Umweltgruppen, den Menschenrechts-, Feminismus-, Gender- und neuerdings Flüchtlingsinitiativen. Auch wenn dessen Mitglieder überwiegend einen bürgerlichen Hintergrund haben, so verstehen sie sich zwar nicht mehr sozioökonomisch, aber doch kulturell als links. Alles das erklärt den Aufstieg der Grünen, zwar (noch) nicht zur Volkspartei, aber zu einer neuen bürgerlichen Partei mit wachsender, wenn auch nicht widerspruchsfreier Schnittmenge zur FDP und abnehmender Schnittmenge zur SPD. Insofern ist die neue Koalitionsregierung nicht nur das arithmetische Resultat der Wahl bzw. der falschen personellen Entscheidungen über die Spitzenkandidatur bei Union (Laschet statt Söder) und Grünen (Baerbock statt Habeck), sondern zutiefst strukturell bedingt.

Auch die Etablierung des populistischen Milieus ist eine Reaktion auf die Globalisierung – in sozioökonomischer Hinsicht durch den Verdrängungswettbewerb, in kultureller Hinsicht durch die Migration insbesondere dann, wenn der Faktor Islam hinzukommt. Hier wird Globalisierung nicht als Bereicherung, sondern als Bedrohung empfunden, nicht zuletzt deshalb, weil die eigentliche Integrationsarbeit nicht in den gutbürgerlichen Vierteln der Kosmopoliten, sondern in den sozialen Brennpunkten, dort, wo die Wahlbeteiligung besonders niedrig ist, geleistet werden muß. In den »neuen Ländern« kommt der vereinigungsbedingte Verdrängungswettbewerb hinzu – auch innerhalb Deutschlands ein Nullsummenspiel. Aus dem populistischen Milieu rekrutieren sich in den USA die Trump-Wähler, in England die Brexit-Befürworter, in Frankreich die des Rassemblement National, in Italien die der Fratelli d'Italia und in Deutschland die der AfD. Untereinander sich überlappende und nicht widerspruchsfreie Komponenten des sehr heterogenen Milieus sind die Reichsbürger, Identitären, Verschwörungstheoretiker, Querdenker, Pegida, Putin-Versteher, alte und neue Nazis, Esoteriker, Impfgegner, Sekten, aber auch alte Waffennarren und neue Kampfsportgruppen, Rocker, Hooligans und radikale Fangruppen des Fußballs. Zwischen AfD-Wählern, rechtsradikalen Splitterparteien, Nichtwählern und ungültig Wählenden sind die Grenzen fließend, weshalb auch die Mitglied- und Wählerschaft der AfD sehr volatil ist. Bei ihr beträgt die Relation von Mitgliedern zu Wählern etwa 1:120, während sie bei SPD und Union nur 1:20/30, bei den Grünen 1:64 und bei der FDP 1:80 beträgt.

Daß es zwar kaum in den alten, sehr wohl aber in den neuen Bundesländern eine direkte Wählerwanderung von der Linken zur AfD gibt, hat demnach auch strukturelle Gründe, insofern es im »Osten« besonders viele Globalisierungsverlierer im doppelten Sinne gibt. Im Chemiedreieck des mitteldeutschen Braunkohlereviers gibt es in dem Maße, in dem die Bruchlinie zwischen Ökologie und Ökonomie zugunsten der Ökologie geschliffen wird, weil Braunkohle durch Flüssiggas aus aller Welt ersetzt wird, sogar noch eine Steigerung auf der Verliererskala. Aus dieser Perspektive sind selbst die Querfrontinitiativen von Sahra Wagenknecht zur Sammlung linker und rechter Verlierer der Globalisierung aus dem populistischen Milieu eine Reaktion auf Globalisierung und nachvollziehbar, daß sie den klassischen Internationalismus der Linken durch einen »nationalen Sozialismus« ersetzen will. Der Begriff ruft in Deutschland keine guten Erinnerungen hervor.

Solange die alten Bruchlinien sich weiter abschleifen, die neuen Bruchlinien sich weiter schärfen und die neuen Milieus weiteren Zulauf bekommen, werden der Niedergang der alten Volksparteien und der Strukturwandel des Parteiensystems sich fortsetzen unabhängig von der Frage, welche personellen Angebote die Parteien machen. Selbst ein künftiger Bruch der Koalition ist aus einer strukturellen Perspektive nicht auszuschließen, weil deren Vorhaben (z. B. Digitalisierung, ökologischer Umbau der Wirtschaft) Konsequenzen für die alten wie die neuen Bruchlinien haben und sie damit auch die alten und neuen Milieus, in denen die Koalitionsparteien verankert sind oder waren, stärken oder weiter schwächen.

V
Zeitenwende

9. Der Strukturwandel des internationalen Systems in Richtung Ost-West-Konflikt 2.0

Am 1. Februar 1970 wurde in Essen der erste Erdgas-Röhren-Vertrag zwischen der alten Bundesrepublik und der Sowjetunion (SU) unterzeichnet, nachdem zuvor ähnliche Vorhaben am amerikanischen Röhrenembargo gescheitert waren. Die USA hatten Anfang 1950 sogar ein diesbezügliches Coordinating Committee gegründet, das immer neue Listen von Gütern mit Röhren an der Spitze herausgab, die nicht an die SU geliefert werden durften. Sie verpflichtete sich, vom 1. Oktober 1972 bis 1992 52 Milliarden Kubikmeter Erdgas zu liefern. Im Gegenzug sollten Mannesmann und Thyssen Röhren zur Verlegung von 2000 Kilometer Gaspipelines bereitstellen. Finanziert wurde das Barter-Geschäft durch einen Vertrag der Deutschen Bank mit der Außenhandelsbank der UdSSR. Ab Oktober 1973 floß via Ukraine und ČSSR bei Waidhaus in Bayern, bis heute ein wichtiger Übergabepunkt, das erste Gas in das Netz der Ruhrgas AG. Nach diesem Muster folgten bis Januar 1978 weitere vier Verträge mit der Konsequenz, daß die Ost-West-Integration via Pipelines immer dichter wurde und der sowjetische Marktanteil an der deutschen Gasversorgung immer größer. Der Ostausschuß der deutschen Wirtschaft feierte das 50-jährige Jubiläum dieses »Jahrhundertgeschäfts«, das gegen amerikanischen Widerstand durchgesetzt werden mußte, noch 2020 in seinem Jahrbuch.[1] Die geopolitische Kooperation wurde gegen amerikanische Kritik mit dem friedenspolitischen Argument gerechtfertigt: »Wer Handel miteinander treibt, der schießt nicht aufeinander«, zumal es sich gut in die neue Ost-Politik der sozialliberalen Koalition unter dem Motto »Wandel durch Annäherung« einfügte. Die Ersetzung des giftigen und aufwändig durch die Vergasung von Steinkohle erzeugten Stadtgases ließ sich zudem außenhandelstheoretisch mit dem Theorem der komparativen Kostenvorteile rechtfertigen. Ganz nebenbei war der Vorgang auch ein wesentlicher Schritt in Richtung Globalisierung, lange bevor der Begriff in den deutschen Wortschatz Eingang gefunden hatte.

Ob die Implosion der SU und die Auflösung des Ost-Blocks nach der Wende 1989/90 eher auf deren imperiale Überdehnung zurückgeführt werden können, weil sie im Rüstungswettlauf auf Kosten des zivilen Sektors nicht mehr mithalten konnte, oder die Aufweichung von innen aufgrund der Ostverträge und den Vereinbarungen im Rahmen der Konferenz über Sicherheit und Zusammenarbeit in Europa in Helsinki, darüber streiten sich die Experten bis heute. Von konservativer Seite lautete das Argument, der Osthandel habe die Lebensdauer der SU verlängert, weil dessen Einnahmen den Rüstungssektor finanzierten. Umgekehrt wurde argu-

1 Andreas Metz, »50 Jahre Röhren gegen Gas: Deutsch-russisches Jahrhundertgeschäft und deutsch-amerikanischer Wirtschaftskrimi«, in: *Ost-Ausschuss – Osteuropaverein der deutschen Wirtschaft, Jahrbuch 2020*, S. 20-35.

mentiert, die SU habe sich als verläßlicher Lieferant von Gas, Öl, Kohle, Holz, Getreide und Erzen erwiesen und maßgeblich zur Versorgungssicherheit Europas beigetragen. Geopolitisch grundierte Globalisierung als Instrumentalisierung für Frieden und Wohlstand. An dieser Stelle gab es sogar ein gemeinsames Interesse von BRD und DDR, die aufgrund ihrer europäischen Mittellage das Terrain hätten sein können, auf dem der dritte Weltkrieg begonnen hätte.

Ein innenpolitischer Nebenaspekt war seit den Regierungen von Brandt und Schmidt die Begründung einer besonderen Beziehung der SPD zur sowjetischen Führung, die sich in den Gorbatschow-Jahren auszahlte und von Schröder fortgesetzt wurde, was lange Zeit durchaus begrüßt wurde. Während Großbritannien und Frankreich bei den Zwei-plus-Vier-Verhandlungen der deutschen Wiedervereinigung reserviert gegenüberstanden, sich die USA eher wohlwollend zeigten, war die Zustimmung Gorbatschows letztlich entscheidend unter der Auflage, daß es eine monetäre Kompensation für den Abzug der Sowjet-Truppen aus der DDR gibt zum Bau von neuen Unterkünften und daß die Bundeswehr nicht östlich der Elbe stationiert werde. Ohne den langen Vorlauf des Osthandels und der vertrauensbildenden Wirkung der Ostpolitik hätte es, so meine These, keine Wiedervereinigung gegeben, hätte sich das Fenster der Gelegenheit bald wieder geschlossen. Unter einem Putin wäre es nie geöffnet worden. Insofern haben Kohl und Merkel nur die Politik der Vorgänger fortgesetzt, und deshalb sind auch Merkel wie Schröder heute nicht bereit, sich von dieser Politik zu distanzieren. Ob im Kontext der Zwei-plus-Vier-Gespräche auch eine Vereinbarung über den Verzicht einer NATO-Osterweiterung getroffen wurde, wie von russischer Seite behauptet, ist umstritten. Zumindest haben die damaligen Zeitzeugen sich später widersprüchlich erinnert.

Von globaler Bedeutung war die Auflösung des sowjetischen Imperiums insofern, als sie das Ende der alten bipolaren Weltordnung markierte. Die USA waren 1990 als »einzige Supermacht« übriggeblieben, aus dem »unipolar moment« schien eine dauerhafte Konstellation zu werden,[2] in der die USA als erste Hegemonialmacht der Weltgeschichte mit globaler Reichweite unter der Präsidentschaft des älteren Bush eine »Neue Weltordnung« propagierte, in der sich Frieden, Demokratie und Wohlstand ausbreiten würden.[3] Kassiert werden konnte eine Friedensdividende, die sich in sinkenden Rüstungsausgaben und steigenden Sozialausgaben manifestierte. Butter statt Kanonen. Im Falle der Bundeswehr wurde der Personalbestand von knapp 500000 Mann auf etwa 180000 reduziert. Der Etat des Verteidigungsministeriums, lange Zeit auf Augenhöhe mit dem des Sozialministeriums, schrumpfte im Verhältnis auf ein Drittel. Rußland war in der Jelzin-Ära so geschwächt, daß es der Ost-Erweiterung von NATO und EU nichts entgegensetzen konnte. Die Kalaschnikows und MGs der Roten Armee landeten auf arabischen und afrikanischen Wochenmärkten, deren Soldaten heuerten bei privaten

2 Charles Krauthammer, »The Unipolar Moment«, in: *Foreign Affairs* 70/1 (1990-91), S. 23-33.

3 Dazu kritisch Ulrich Menzel, *Paradoxien der neuen Weltordnung. Politische Essays*, Frankfurt am Main 2004.

Militärfirmen an. Die USA mußten sogar finanziell einspringen, um zu verhindern, daß die Experten des Nuklearsektors in den Iran oder andere nukleare Schwellenländer abwanderten.

9/11 markierte eine neue Zäsur, insofern unter der Präsidentschaft des jüngeren Bush der War on Terror die oberste Priorität bekam, aber anders als bei den NATO-Verbündeten nur der Militärhaushalt der Vereinigten Staaten wieder hochgefahren wurde, weil sie als das eigentliche Angriffsziel mit der Rolle des Weltpolizisten eine weitere globale Zuständigkeit im Sinne der Bereitstellung internationaler öffentlicher Güter übernahmen. Die hybride Kriegsführung mit weltweiter Reichweite trat an die Stelle des klassischen zwischenstaatlichen Krieges. Länder wie die BRD leisteten seit dem Kosovo-Einsatz unter dem Label »Humanitäre Intervention« nicht viel mehr als einen symbolischen Beitrag, weil die Umstellung der Bundeswehr auf Auslandseinsätze mangels Ausrüstung und Ausbildung nur schleppend vorankam. Da die Mittel weiter schrumpften, war die Neuorientierung nur durch Umschichtung zu Lasten der Landesverteidigung zu realisieren. Seitdem lautete die Arbeitsteilung: Die USA sind für die internationale »Drecksarbeit« zuständig, Mittelmächte wie Deutschland gerieren sich als Free- oder Cheaprider der US-Hegemonie, indem sie an deren Bereitstellung internationaler öffentlicher Güter wie GPS, nukleare Sicherheit, Durchsetzung des Prinzips Freiheit der Meere oder Kampf gegen den Terror fast zum Nulltarif partizipieren und ungerührt weiter am Ausbau des Sozialstaates arbeiten. Genau diese Attitüde führte unter amerikanischen Neokonservativen wie Robert Kagan lange vor Trump zu wachsender Kritik.[4]

Erst seitdem nicht mehr die SU, sondern China als der neue Herausforderer wahrgenommen wird, wächst der amerikanische Druck auf die NATO-Mitglieder, einen Teil der Lasten zu übernehmen und zwei Prozent des Sozialprodukts für das Militär auszugeben. Die SU wollte die USA in ihrer offensiven Phase vom Sputnik-Schock 1957 bis zur Kubakrise 1962 auf einem schwachen wirtschaftlichen Fundament militärisch herausfordern. Im Falle Chinas ist es umgekehrt. Erst seitdem dort ein starkes wirtschaftliches und technologisches Fundament geschaffen wurde, holt man auch militärisch auf. Doch ist es ein weiter Weg, will man von Landesverteidigung auf globale Operationsfähigkeit umschalten. Soeben wurde der dritte chinesische Flugzeugträger zu Wasser gelassen, der erst in Jahren einsatzfähig sein wird. Die USA unterhalten elf und dazu modernere, drei weitere sind im Bau bzw. in Planung. Hinzu kommen ein weltweites Netz von Basen für Marine und Luftwaffe und in Europa und Asien stationierte Truppen.

Nur durch die Fixierung auf China wurde Rußland aus den Augen verloren und übersehen, daß dort seit Beginn der Putin-Ära eine zumindest teilweise Restauration des maroden militärischen Sektors erfolgt ist, die wie zu UdSSR-Zeiten durch den Export von Rohstof-

4 Robert Kagan, »Macht und Schwäche. Was die Vereinigten Staaten und Europa auseinandertreibt«, in: *Blätter für deutsche und internationale Politik* 47/10 (2002), S. 1194-1206; ders., *Macht und Ohnmacht. Amerika und Europa in der neuen Weltordnung*, Berlin 2003.

fen finanziert wird. Der Preis, den Rußland durch die exklusive Verwendung der Einnahmen zahlen mußte, war die Etablierung einer neuen Klasse von Oligarchen mit Putin an der Spitze auf Basis der überkommenen Rohstoffexportökonomie statt des Umbaus der Wirtschaft in Richtung Marktwirtschaft mit der Konsequenz, weiter hochwertige Konsum- und Ausrüstungsgüter importieren zu müssen. An die Stelle von zentraler Planwirtschaft und Staatskonzernen ist die Rentenorientierung der Oligarchen getreten, die sich im Chaos der Jelzin-Ära die Rohstoffkombinate zum Schnäppchen-Preis unter den Nagel gerissen haben, weil der marode Staat verzweifelt nach Einnahmen suchte.

Putin bleibt, das ist der persönliche neben dem strukturellen Faktor, als Folge des Klimawandels, der Ersetzung fossiler Energien durch erneuerbare und des absehbaren Schwindens der Renteneinkünfte aus dem Rohstoffexport nicht mehr viel Zeit, sein eigentliches Ziel zu verfolgen: die Restauration des zaristischen Imperiums mit Zar Wladimir I. bzw. Wladimir dem Schrecklichen an der Spitze und dem Patriarchen Kyrill, auch er ein ehemaliger KGB-Mitarbeiter, an seiner Seite, der sich als Oberhaupt aller orthodoxen Kirchen inklusive der ukrainischen versteht. Sie läuft Putin weg, weil er als über Siebzigjähriger wie alle Diktatoren diesen Triumph noch selbst erleben will.[5] Zudem gibt es Indizien, daß er an einer bösartigen Tumorerkrankung leidet, die mit Cortison behandelt wird. Die Folge sind Flüssigkeits-

5 Zu Putins Motiven vgl. Galio Ackermann und Stéphane Courtois (Hg.), *Schwarzbuch Putin*, München 2023.

ablagerungen, die seine angeschwollenen Gesichtszüge erklären könnten. Mit dem Ende der fossilen Energieträger wird die wirtschaftliche Basis seiner imperialen Politik, die in Georgien begonnen und in Syrien getestet wurde, absehbar. Der Widerstand gegen die zweite Ostsee-Pipeline, die für weitere Renteneinkommen sorgen sollte, war vielfältig – auf seiten der USA, weil sie selber mit Flüssiggas ins Geschäft kommen wollen, auf seiten der osteuropäischen Länder, weil sie als Durchleitungsländer auf den Landrouten umgangen werden können und ihre Durchleitungsgebühren verlieren, und innenpolitisch, weil die zweite Pipeline die Fortschreibung des Vertrauens auf fossile Energie bedeutete. Wenn man die Frage nach dem cui bono stellt, spricht vieles dafür, daß die Ostsee-Pipelines von amerikanischen Experten gesprengt wurden oder diese zumindest im Hintergrund unterstützt haben. Warum sollte Putin die Sprengung veranlaßt haben? Ihm genügte es doch, den Gashahn nur zuzudrehen, um dieselbe Wirkung zu erzielen und zugleich die Option offenzuhalten, ihn künftig wieder aufdrehen zu können.

Doch mit dem Beginn des russischen Angriffs am 24. Februar 2022 auf die Ukraine ist über Nacht eine neue Zeitwende angebrochen, die in ihrem Tiefgang der Machtergreifung Hitlers, dem Fall der Berliner Mauer und dem Angriff auf das World Trade Center entspricht. Nachdem zuletzt in immer dichterer Abfolge die Welt durch immer neue Krisen erschüttert wurde – 2008 die Finanzkrise, zu deren Bekämpfung eine Null-Zins-Politik verfolgt wurde, die wiederum zur Verlagerung renditesuchenden Kapitals in den Immobiliensektor geführt hat, was wiederum die Immobilienpreise und Mieten hat explodieren lassen, 2015 die Flüchtlingskrise mit der Folge eines erstarkenden Populismus, 2018, angefacht durch Fridays for Future, das wachsende Bewußtsein um die lange schwelende Umweltkrise mit der Folge, daß der energetische Umbau endlich angegangen wird, 2019 die Coronakrise mit der Folge von Lockdowns, Unterbrechung der Lieferketten, blockierter Containerterminals, wachsender Globalisierungs- und Neoliberalismuskritik und der Renaissance staatlicher Eingriffe in die Wirtschaft und zuletzt Putins Krieg, der die liebgewonnene Friedensordnung in Europa wie die überbordende Globalisierung gleichermaßen in Frage stellt mit Konsequenzen, die noch gar nicht alle absehbar sind. Sicher ist nur deren wechselseitige Verstärkung. Es ist schon paradox: Ausgerechnet die Fridays for Future haben Putin, bewußt oder unbewußt, zu raschem Handeln gedrängt, während umgekehrt die Maßnahmen, sich aus der energetischen Abhängigkeit von Putin zu lösen, die Umweltkrise verschärfen.

Während von Krise zu Krise die Nachfrage nach internationaler Ordnung zu deren Bewältigung gestiegen ist, waren die USA aus strukturellen wie aus innenpolitischen Gründen seit Trumps Losung »America first« immer weniger bereit, diese auch zu bedienen. Mit der Biden-Regierung hat sich zwar das politische Klima geändert, doch ist das strukturelle Dilemma der USA zwischen Positions- und Statusverlust geblieben. Sollen sie, um dem Wettbewerbsdruck aus China zu begegnen, protektionistisch werden und so den Status als internationale liberale Ordnungsmacht verlieren oder umgekehrt? Trump hat die erste Option favorisiert. Wenn sie auf die liberale Option setzen, müssen sie den Druck auf die Verbündeten zur Lastenteilung erhöhen.

Inzwischen ist die Klimax dieser Krisenkaskade erreicht und hat in vieler Hinsicht im Denken wie im Handeln einen regelrechten Paradigmenwechsel ausgelöst. Erschüttert ist das Axiom des idealistischen Denkens, das auf die Kooperation der Staaten setzt, weil der Mensch vernünftig und lernfähig ist, also seine Lehren aus der Geschichte zieht. Die Kosten eines Kriegs sind immer, auch für den Gewinner, höher als der Nutzen. Unterschiedliche Interessen können durch Kompromiss und Ausgleich, internationale Abkommen und Organisationen, durch die Regeln des Völkerrechts und normenbasiertes Handeln zum Ausgleich gebracht werden. Je verflochtener und verregelter die Welt, so die konkurrierende Lehre des Institutionalismus, desto friedfertiger wird sie. Doch Despoten vom Schlage eines Putin sind weder vernünftig noch lernfähig, noch an einem rationalen Kosten-Nutzen-Kalkül orientiert, sondern leben in der Welt der Mythen. Deshalb ist im Westen Ernüchterung eingekehrt, das komplette Denkgebäude der klassischen Friedens- und Konfliktforschung ins Abseits geraten und statt dessen das klassische realistische Denken zurückgekehrt, das auf die Logik der Abschreckung setzt und, wenn diese versagt, auf die Logik der Sanktionen. Konflikte können zwar nicht beseitigt, aber eingehegt werden. Damit diese Logik funktioniert, bedarf es wirtschaftlicher und militärischer Macht, die aber nicht nur an sich vorhanden sein, sondern demonstriert und im Zweifelsfalle sogar exekutiert werden muß, um glaubhaft zu sein. Insofern ist die Globalisierung kontraproduktiv für politisch motivierte Sanktionen, weil sie den Boykotteur, wie wir jetzt erleben, auch selbst treffen. Neben die Rüstungsspirale tritt die Boykottspirale. Putin war in der Lage, dem Westen im wahrsten Sinne des Wortes den Gashahn abzudrehen. Das Argument dürfte im Hintergrund auch im Falle Taiwans eine Rolle spielen, sollte China die Taiwan-Frage mit Gewalt lösen wollen und der Westen mit Boykotten reagieren.

Die Grenze des Handels bestimmt demnach nicht die Gesinnungs-, sondern die Verantwortungsethik, die immer das Ergebnis des Handelns mitdenken muß. Das ist auch der Kern der Debatte zwischen Jürgen Habermas' Intervention »Krieg und Empörung« und seinen Kritikern wie Paul Mason mit seiner Replik »Wenn wir keine Untoten werden wollen«.[6] In diesem Sinne ist Olaf Scholz ganz nah bei Habermas, der mit seinem »Plädoyer für Verhandlungen« nach zehn Monaten der Erfahrung mit einem eskalierenden Krieg argumentativ nachgelegt hat, und verhält sich verantwortungsvoll und nicht zögerlich.[7] Biden kann zwar Sanktionen verhängen, darf aber militärisch bezüglich der Offensivwaffen nicht über eine schwer definierbare rote Linie hinaus zugunsten der Ukraine intervenieren, weil er dann einen dritten (nuklearen) Weltkrieg riskiert, den Haber-

6 Jürgen Habermas, »Krieg und Empörung«, in: *Süddeutsche Zeitung* (29. April 2022); Paul Mason, »Wenn wir keine Untoten werden wollen«, in: *Frankfurter Rundschau* (21./22. Mai 2022).

7 Jürgen Habermas, »Plädoyer für Verhandlungen«, in: *Süddeutsche Zeitung* (14. Februar 2023).

mas befürchtet. Deshalb sind die amerikanischen wie die deutschen Waffenlieferungen an die Ukraine auch immer an Vorbehalte geknüpft. Putin hingegen kann eine nukleare Drohkulisse aufbauen und damit Habermas beeindrucken, weil Despoten im Unterschied zu Demokraten eine höhere Schadensakzeptanz haben und den »Verlust« von Menschenleben in Kauf nehmen, weil sie weniger Rücksicht auf die öffentliche Meinung nehmen müssen und im Zweifelsfalle sogar eine zweite Front im Innern zu deren Unterdrückung errichten. Dasselbe Argument gilt für die Boykottfront. Auch hier sitzt Putin am längeren Hebel, weil er der eigenen Bevölkerung eher einen Konsumverzicht zumuten kann als westliche Regierungen den ihren trotz oder gerade wegen des viel höheren Wohlstands.

Europa zieht zumindest aktuell wieder an einem Strang. Auch für gestandene Neutrale wie Schweden und Finnland ist es attraktiv, Mitglied in der EU und der NATO zu sein. Selbst in der Schweiz ist eine Diskussion entbrannt, ob man die Neutralität nicht insofern aufweichen sollte, als man Rüstungsgüter an die Ukraine liefert. Ein positives Brexit-Votum in Großbritannien ist derzeit kaum vorstellbar, zentrifugale Tendenzen in Polen und Ungarn kaum mehr erkennbar und wenn, dann sind sie durch geopolitische Zwänge bedingt, weil man als Binnenstaat auf Pipelines angewiesen ist und nicht auf die Lieferung per Tanker ausweichen kann.

In Deutschland hat es sogar einen doppelten Paradigmenwechsel gegeben – exekutiert ausgerechnet von einer nicht konservativ geführten Regierung. Die Erfüllung der Forderung, zwei Prozent des BIP für die Rüstung auszugeben und dazu noch finanziert durch Verschuldung, ist plötzlich möglich verbunden mit einer Strukturreform der Bundeswehr, die wieder vorrangig der Landesverteidigung dienen soll. Auslandseinsätze wird es nur noch bei NATO-Nachbarn, aber nicht mehr am Hindukusch oder in der Sahelzone geben. Im Gespräch oder vereinbart sind eine dritte Panzerdivision, die Ersetzung der Tornados durch F-35-Kampfflugzeuge, die Entwicklung des deutsch-französischen Future Combat Air System, bei dem Drohnen, Raketen und Marschflugkörper einen Jet der sechsten Generation umschwärmen. Bei deren Realisierung wird Deutschland als größte Volkswirtschaft in Europa auch zur größten Militärmacht in Europa – angesichts der deutschen Geschichte ein vor kurzem noch unvorstellbarer Vorgang und dazu noch exekutiert von einer sozialdemokratisch geführten Regierung. Auch das No-Go der Lieferung von Rüstungsgütern in Krisengebiete ist plötzlich aufgehoben.

Genauso radikal ist das strategische Umdenken im Hinblick auf die Energieversorgung mit der Verkehrung der Logik des Erdgas-Röhren-Geschäfts. Die Ölscheichs sind wieder willkommen, aus deren Abhängigkeit man sich nach der zweiten Ölkrise gerade auch mit sowjetischer Hilfe befreien wollte. Ausgerechnet ein grüner Minister mußte Klinkenputzen gehen im Wüstensand und um Öl und Gas betteln. Die Bezugsquellen fossiler Energie sollen diversifiziert, die Deregulierung der Lagerhaltung von Öl und Gas rückgängig gemacht werden, Flüssiggas per Tanker das Erdgas per Pipeline ersetzen, die Kohlekraftwerke doch nicht abgeschaltet – so lange, bis der grüne Wasserstoff die Erlösung bringt. Geopolitik nicht mehr als Friedenspolitik und zur Wahrnehmung komparativer Vorteile im Zeichen der Globalisierung, sondern als Vorbereitung für den Ernstfall, um weniger erpreßbar zu sein. Geändert hat sich ganz im Sinne des konstruktivistischen Arguments nicht die Konstellation, sondern deren Wahrnehmung und damit das Handeln.

Der an die Szene aus dem Film *Die glorreichen Sieben* – gewissermaßen mit Olaf Scholz als Yul Brynner, Robert Habeck als Charles Bronson und Christian Lindner als Steve McQueen – erinnernde Aufmarsch der Koalitionäre vor Industriekulisse nach Abschluß ihrer Verhandlungen im November 2021 bekommt so eine ganz andere Deutung – nämlich das »europäische Dorf« gegen den Banditen Putin alias Calvera zu verteidigen.

Auch wenn Putins Krieg derzeit die Agenda der G7 oder die Münchener Sicherheitskonferenz bestimmt und die chinesische Herausforderung in den Hintergrund gedrängt hat, so läuft doch alles auf den Strukturwandel des internationalen Systems in Richtung eines Ost-West-Konflikts 2.0 der liberalen Welt gegen die autoritäre hinaus, wobei mit Osten der Ferne Osten mit China im Zentrum gemeint ist mit dem kernrussischen Gebiet des alten Moskauer Rus als dessen westlicher Peripherie wie zu Zeiten der Mongolenherrschaft, als Karakorum das Zentrum der Macht war. Die Krimtataren, Nachkommen des westlichsten Khanats der Goldenen Horde mit ihrem Zentrum Sarai an der Wolga, erinnern noch daran. Aus dieser Perspektive gehört Rußland nicht zu Europa, war der Ural nur die von Philipp Johann von Strahlenberg 1730 im Auftrag eines nach Westen orientierten Zaren konstruierte Ostgrenze Europas, um möglichst viel von Rußland Europa zuzuschlagen. Damals handelte es sich um Peter den Großen, der St. Petersburg als westlichen Vorposten an der Ostsee (!) gründete und als Zar und Zimmermann in die Geschichte eingegangen ist. Wladimir der Schreckliche, der ausgerechnet aus St. Petersburg stammt, will Rußland zwar nach Westen ausdehnen, es umgekehrt wie Peter der Große aber von Europa abgrenzen. An der gegenüber Strahlenberg sehr viel weiter westlich gelegenen Grenzziehung des Abraham Ortelius von 1572 dürfte er deshalb den größeren Gefallen finden, die im übrigen der »Huntington-Linie« zwischen dem katholisch-protestantischen und dem orthodoxen Kulturkreis, die quer durch die Ukraine verläuft, recht nahekommt.[8] An dieser Grenze findet derzeit zum Leidwesen der russischen Westler auch eine Art »Kampf der Kulturen« statt, bildet Putin mit seiner Rekonstruktion des orthodoxen Ostens das Gegenstück zu Huntingtons Rekonstruktion des Westens.[9]

Was sich da über die Jahre zusammengebraut hat, war ablesbar an der Abstimmung der UNO-Vollversammlung über die Resolution ES-11/1 im März 2022,

8 Samuel P. Huntington, »The Clash of Civilizations?«, in: *Foreign Affairs* 72/3 (1993), S. 22-49.

9 Ulrich Menzel, »The West Against the Rest: Samuel Huntingtons Rekonstruktion des Westens«, in: ders., *Globalisierung versus Fragmentierung*, Frankfurt am Main 1998. S. 70-96.

mit der Rußlands Einmarsch in die Ukraine verurteilt wurde. In völliger Verkennung wurde diese in der westlichen Presse als Isolierung Rußlands gefeiert, wie das Ergebnis mit 141 Ja-Stimmen, 5 Nein-Stimmen und 35 Enthaltungen auf den ersten Blick verkündet – nicht gerechnet die 12 Länder, die nicht an der Abstimmung teilnahmen, eine raffinierte Form der Enthaltung, bei der man seine Karten nicht aufdeckt. Also haben 52 Länder, mehr als ein Viertel der UNO-Nationen, Putins Krieg nicht verurteilt. Berücksichtigt man den Anteil der Weltbevölkerung, den diese repräsentieren, waren es wegen der Enthaltung von China, Indien, Pakistan, Iran, Vietnam und anderen mehr als die Hälfte, bei den Atommächten mit Rußland, China, Indien, Pakistan und Nordkorea sogar die Mehrheit. Die Hälfte der afrikanischen Länder stimmte nicht zu. Die ehemaligen zentralasiatischen Sowjetrepubliken und der Iran haben sich enthalten oder sind der Abstimmung ferngeblieben. Die Türkei hat zwar zugestimmt, beteiligt sich aber nicht an den Sanktionen.

Die kartographische Abbildung der Abstimmung markiert die Routen der Neuen Seidenstraße. Es erscheinen die Konturen eines von China dirigierten Blocks ihrer künftigen Anrainer. Solange China militärisch noch nicht in der Lage ist, die USA als internationale Ordnungsmacht abzulösen, soll sie als Interimslösung fungieren, bei der es nicht internationale öffentliche Güter, sondern Clubgüter aus Krediten, Infrastruktur und Konnektivität für die Mitglieder im Club der Neuen Seidenstraße bereitstellt. Das wird sich erst ändern, wenn China den amerikanischen vergleichbare Trägerflotten in Dienst gestellt hat und neben die erste Marinebasis in Djibouti weitere wie die kolportierte in Kambodscha getreten sind.

Auch für China steht viel auf dem Spiel. Perspektivisch wird es zwar das russische Gas und Öl abnehmen und im Gegenzug Konsumgüter und Hochtechnologie liefern nach dem Muster des Erdgas-Röhren-Geschäfts und so Rußland aus seiner sanktionsbedingten Isolation befreien. Doch müssen diese Pipelines erst noch gebaut werden. Derzeit bewegt sich der bilaterale Handel nur im Promillebereich, ist der chinesische Handel mit dem Westen essentiell. Wenn überhaupt, dann kann nur China Putin stoppen aus beiderseitigem Interesse – weil die Volksrepublik kein Interesse an einer Weltwirtschaftskrise haben kann und weil Putin auf die Rohstoffeinnahmen angewiesen ist, um das Renteninteresse der Oligarchen zu bedienen. Nur in dieser Hinsicht muß er sich rational verhalten. Ignoriert er deren Interessen zu lange, droht womöglich eine Palastrevolution.

Wie so ein Deal unter Despoten aussieht, hat man im Vorfeld der Olympischen Winterspiele in Peking Anfang Februar 2022 gesehen. Putin hielt sich zurück, bis diese vorbei waren, um ihren Verlauf nicht zu stören, hatte damit zynischerweise sogar noch den antiken »Olympischen Frieden« eingehalten. Dafür bekam er von Xi die Zusage der Rückendeckung, wenn er losschlägt. Siehe das chinesische Abstimmungsverhalten in der UNO. Womöglich wird er neben Butter, auch noch chinesische Kanonen erhalten, wenn ihm die russischen ausgehen.

10. Putins Krieg und die Zukunft der liberalen Weltordnung

Im Jahre 1985 veröffentlichte Jürgen Habermas die Aufsatzsammlung *Die neue Unübersichtlichkeit.*[1] Der Begriff bezog sich damals auf die »Krise des Wohlfahrtsstaats und die Erschöpfung utopischer Energien«. Im Jahre 2022 eignet sich der Begriff zur Charakterisierung der unübersichtlichen Weltlage wie der Erschöpfung utopischer Energie. Die Weltordnung, wie sie sich nach dem Ende des Ost-West-Konflikts offenbarte, ist durch eine Kaskade von immer neuen Einzelkrisen, von denen Putins Krieg gegen die Ukraine mit seinen Folgen nur die bislang letzte war, insgesamt in die Krise geraten. Mit Letzterer werden auch die utopischen Vorstellungen in Frage gestellt, die mit den Paradigmen der Lehre von den Internationalen Beziehungen (IB) wie der Internationalen Politischen Ökonomie (IPÖ) formuliert worden sind, wie und warum die Welt nicht mehr von großen Kriegen heimgesucht wird und die Konflikte dieser Welt regelbasiert und normengeleitet gelöst oder zumindest eingehegt werden können. Insofern stehen wir sogar vor einer doppelten Zeitenwende – bezüglich des Zustands der Welt, wie sie ist, und bezüglich der Vorstellungen, wie sie sein soll.

1 Jürgen Habermas, *Die Neue Unübersichtlichkeit. Kleine Politische Schriften V*, Frankfurt am Main 1985.

Die alte Weltordnung

Die Weltordnung, wie sie sich nach dem Ende des Ost-West-Konflikts darstellte und am 11. September 1990 durch den älteren Bush als »New World Order« apostrophiert wurde,[2] ist vor allem durch zwei Herausforderungen in Frage gestellt worden. Die erste wurde demonstriert durch 9/11, den Angriff auf das World Trade Center am 11. September 2001, exakt elf Jahre nach seiner Rede vor dem Kongress, in der Bush Senior von einer Neuen Weltordnung sprach. War on Terror lautete die Antwort auf die Herausforderung der USA, in ihrer epochalen Bedeutung mit der Herausforderung durch die Sowjetunion zwischen Sputnik-Schock 1957 und den 13 Tagen der Kubakrise 1962 vergleichbar. Die Friedensdividende wurde gestrichen, und die Militärausgaben der Vereinigten Staaten wieder auf das Niveau zu Zeiten des Ost-West-Konflikts hochgefahren. Man wollte aber nicht nur wie seinerzeit die Eindämmung der sowjetischen Expansion (*containment*), sondern die Eliminierung der terroristischen Herausforderer und deren vermeintlichen oder tatsächlichen Unterstützer durch einen *regime change* mit militärischen Mitteln. Dies war das eigentliche Ziel der Kriege in Afghanistan und im Irak, aber auch der britisch-französischen Intervention in Libyen. Es ist nicht nur krachend verfehlt worden, sondern hat im Gegenteil zu weltweitem Widerstand, besonders in der arabisch-islamischen Welt, geführt.

2 Ulrich Menzel, *Paradoxien der Neuen Weltordnung. Politische Essays*, Frankfurt am Main 2004.

Die zweite und wichtigere Herausforderung resultiert aus dem wirtschaftlichen Aufstieg Chinas.[3] Derzeit ist die Volksrepublik militärisch allerdings noch weit davon entfernt, die USA einzuholen, auch wenn sie über den zweitgrößten Militärhaushalt der Welt verfügt. Das Rückgrat einer globalen Militärmacht – Stützpunkte im Ausland, Flugzeugträgerflotten und strategische U-Boote – ist noch sehr schmal. Offiziell bekannt ist nur eine Marinebasis in Djibouti am Eingang des Roten Meeres. In Betrieb sind zwei Flugzeugträger sowjetischer Bauart, ein dritter wesentlich modernerer wird erst in zwei Jahren einsatzbereit sein. Weitere sind in der Planung. Strategische nukleargetriebene U-Boote, auf denen Interkontinentalraketen stationiert sind, besitzt China gar nicht, sondern nur vier kleinere, deren Einsatzgebiet nicht die Welt, sondern das Südchinesische Meer ist. Selbst wenn China bei den laufenden Militärausgaben vielleicht in zehn Jahren mit den USA gleichgezogen hat, wird es noch viele weitere Jahre dauern, um tatsächlich ebenbürtig zu sein, weil die amerikanische Überlegenheit das kumulierte Resultat eines langen militärischen Aufbaus ist, dessen Beginn bis zum Zweiten Weltkrieg zurückreicht.

Wir befinden uns also, das macht die Lage so komplex, in der Phase eines hegemonialen Übergangs. Die USA vollziehen einen relativen Niedergang, China einen relativen Aufstieg. Wie lange diese Phase dauern wird und wie sie ausgeht, ist ungewiss. Entweder schaf-

3 Matthias Naß, *Drachentanz. Chinas Aufstieg zur Weltmacht und was er für uns bedeutet*, München 2021.

fen es die Vereinigten Staaten, sich mit europäischer Unterstützung zu behaupten und einen dritten Hegemoniezyklus zu beginnen, oder China wird, gestützt auf andere autoritär regierte Länder wie Rußland und den Iran, der künftige Hegemon. Insofern geht es um viel mehr, nämlich um die Alternative liberale oder autoritäre Weltordnung. Die Volksrepublik demonstriert, daß Industrialisierung, hohe internationale Wettbewerbsfähigkeit, wachsender Wohlstand und die Herausbildung einer Mittelschicht, die es zuvor in China nie gegeben hat, mit den Instrumenten des bürokratischen Entwicklungsstaates, in gewisser Weise die elaborierte Form der asiatischen Produktionsweise, unter autoritären Vorzeichen möglich sind. Dies widerlegt die Annahme der Modernisierungstheorie, daß Modernisierung nur unter liberalen, das heißt: kapitalistischen, Rahmenbedingungen möglich ist und zwangsläufig zu Demokratisierung führt. Deshalb ist China so attraktiv für andere autoritär regierte und rentenbasierte Länder in vielen Teilen der Welt. Anders als der Westen mischt es sich nicht in deren innere Angelegenheiten ein, wie krass auch immer die politische Unterdrückung und die Verletzung der Menschenrechte sein mögen. Konsequenz des hegemonialen Übergangs ist, daß die Anarchie der Staatenwelt zurückkehrt, weil der alte Hegemon nicht mehr bereit bzw. in der Lage ist, die internationalen öffentlich Güter zum Nulltarif bereitzustellen, die die Ordnung gewährleisten, und der mögliche neue Hegemon noch weit davon entfernt und auch nicht bereit ist, die amerikanische Rolle zu übernehmen.

Die Krisenkaskade als Folge der Globalisierung

Wir erleben aber nicht nur eine strukturelle Krise der internationalen Ordnung, sondern auch eine Krise der Globalisierung, weil in vielen ihrer Dimensionen Kipppunkte erreicht worden sind, wobei der Begriff nicht nur ökologisch, sondern auch wirtschaftlich, politisch, sozial und sogar psychologisch in Bezug auf den Einzelnen gemeint ist. Die Nachfrage nach internationaler Ordnung durch Führung ist demnach dramatisch gewachsen und gleichzeitig ist das Angebot von Führung zurückgegangen.

Die erste Krise war die Folge der neuen internationalen Arbeitsteilung seit den siebziger Jahren, die nicht mehr auf Rohstoffe versus Fertigwaren beruhte. Die Industrialisierung in Ost-, Südost- und Südasien hat zur Deindustrialisierung der alten Industrieregionen des Westens geführt, euphemistisch als globaler Strukturwandel bezeichnet. Inzwischen sind auch viele und nicht nur arbeitsintensive Branchen des Dienstleistungssektors nach Asien mit Indien an der Spitze gewandert. Seit dem WTO-Beitritt Chinas im Jahre 2001 hat der Strukturwandel sich beschleunigt, weil ein ganz großer Akteur nahezu freien Zugang zu den westlichen Märkten bekommen hat. Es hat sich erwiesen, daß es nicht nur Gewinner, sondern auch Verlierer der Globalisierung gibt – eine wesentliche Erklärung für den wachsenden Populismus in den alten Industrieländern, der in den USA das Phänomen Trump und in England den Brexit möglich machte. Nicht nur die WTO, auch die

EU hat zumindest in Europa als Schwungrad der Globalisierung gewirkt.

Die zweite Krise wurde ausgelöst durch 9/11 und den War on Terror der Jahre 2001 ff. Der versuchte *regime change* mit militärischen Mitteln hat zum Widerstand gegen die beabsichtigte Verwestlichung in der nichtwestlichen Welt geführt, dem Terrorismus wie dem Kampf gegen den Terrorismus eine globale Dimension verliehen. Aus etlichen schwachen wurden gescheiterte Staaten, deren Zerfallsprozeß grenzüberschreitenden Charakter hatte und die Nachbarstaaten destabilisierte.

Die dritte Krise war Folge der Lehman-Pleite 2008 und der sich anschließenden globalen Finanzkrise, die etliche Staaten, auch in Europa, an den Rand des Staatsbankrotts geführt hat. Die Null-Zins-Politik der Europäischen Zentralbank, um die nahezu bankrotten Staaten des Euroraums zu sanieren, weil sie die aus der Verschuldung resultierende Zinslast nicht mehr tragen konnten, hatte zur Folge, daß das renditesuchende Kapital in den Immobiliensektor gewandert ist mit der Folge explodierender Immobilienpreise und Mieten. Letztere treffen die Globalisierungsverlierer am unteren Ende der Einkommensskala besonders.

Der Arabische Frühling der Jahre 2010 ff. hat nicht zum Sturz autoritärer Regierungen, zu freien Wahlen und dem Aufbruch in eine liberale Gesellschaft geführt, sondern zu Bürgerkrieg und weiterem Staatszerfall. Seit 2015 war eine der Folgen der Höhepunkt einer neuen Völkerwanderung, die durch vielfältige Motive, nicht nur Krieg und Bürgerkrieg, sondern auch den Klimawandel und die Perspektivlosigkeit, gespeist wird. Menschen, die einer unwirtlichen Situation ausgesetzt sind, haben grundsätzlich drei Möglichkeiten: Stummes Erdulden, Aufbegehren wie im Arabischen Frühling oder Flucht in eine vermeintlich bessere Welt, in der sie sich neue Lebenschancen versprechen.[4] Angesichts der quantitativen Dimension waren die Kräfte und der gute Wille auch in den aufnahmebereiten Ländern rasch erschöpft. Konsequenzen waren die Abschottung und ein wachsender Populismus, der auch stabile Demokratien erschüttert, gar als Krise der Demokratie gewertet werden kann.

Die Fridays-for-Future-Bewegung der Jahre 2018ff., 2022 fortgesetzt durch die Letzte Generation, hat das lange schwärende Thema Klimawandel – auch eine Folge der Globalisierung – ins Bewußtsein einer globalen Öffentlichkeit gebracht. Eigentlich hätte es bereits 1972 mit dem ersten Bericht des Club of Rome geweckt werden müssen, aber dieser blieb nahezu folgenlos. Die Umweltkrise ist die bedrohlichste von allen Krisen und am allerschwersten zu bearbeiten, weil es hier um den Schutz der globalen Allmende geht, die besonders schwer zu verregeln ist.[5] Nationale Alleingänge schließen sich deshalb aus. Das zwingend notwendige kooperative Vorgehen der Staaten scheitert an den nationalen Sonderin-

4 Albert O. Hirschman, *Abwanderung und Widerspruch. Reaktionen auf Leistungsabfall bei Unternehmungen, Organisationen und Staaten*, Tübingen 1974.

5 Dazu grundlegend die Kontroverse zwischen Garret Hardin, »The Tragedy of the Commons«, in: *Science* 162 (1968), S. 1243-1248 versus Elinor Ostrom, *Die Verfassung der Allmende. Jenseits von Markt und Staat*, Tübingen 1990.

teressen, wie die vielen folgenlosen Umweltkonferenzen beweisen.

Damit noch nicht genug. Die Coronakrise der Jahre 2020ff. hat deutlich gemacht, daß auch Epidemien ein globales Phänomen sind. Die Maßnahmen zu deren Eindämmung wie die Lockdowns, besonders radikal in China verfolgt, haben offenbart, welche Abhängigkeiten und Verletzlichkeiten die internationale Arbeitsteilung mit ihren Lieferketten produziert hat, wenn selbst pharmazeutische Grundstoffe oder so banale Produkte wie Schutzmasken nicht ausreichend verfügbar sind, weil sie in China oder Indien produziert werden.

Alle Krisen zusammen mit ihren zahlreichen gegenseitigen Wechselwirkungen haben die große Erzählung vom Segen der Globalisierung in Frage gestellt, weil die vielen Schattenseiten und Widersprüche unübersehbar wurden. Auch hat die skizzierte Krisenkaskade klargemacht, daß die USA allein überfordert sind, ihre alte ordnungspolitische Rolle weiterzuspielen. Aufgrund der konträren Interessenlage von Aufsteiger und relativem Absteiger ist eine amerikanisch-chinesische Kooperation nicht erkennbar und auch nicht vorstellbar.

Putins Krieg

Der vorläufige Kulminationspunkt war erreicht mit dem Beginn von Putins »militärischer Spezialoperation« am 24. Februar 2022, in Wahrheit eine blanke Aggression, die in fundamentalem Widerspruch zur Charta der UNO steht, die Angriffskriege ausdrücklich verbietet und nur Verteidigungskriege zuläßt. Insofern besteht auch ein fundamentaler Unterschied zwischen demjenigen, der einem Angegriffenen Waffen zur Verteidigung liefert, und jemandem, der den Angreifer mit Waffenlieferungen unterstützt. Putins Motive erschließen sich aus einem Text, der am 12. Juli 2021 in russischer, ukrainischer und englischer Sprache unter seinem Namen mit dem Titel »On the Historical Unity of Russians and Ukrainians« auf der Internetseite der russischen Regierung veröffentlicht wurde.[6] Darin liefert Putin mit historischen Argumenten die Legitimation für den Krieg gegen die Ukraine ein Jahr später. Er würde geführt zur Wiederherstellung eines »Großrußlands«, gebildet aus Rußland, Weißrußland, der Ukraine und dem Norden von Kasachstan, ggf. erweitert um die Siedlungsgebiete russischer Minderheiten in weiteren Ländern. Es geht also nicht um die Wiederherstellung der Sowjetunion. Im Gegenteil, der Vorwurf lautet sogar, die Bolschewiki hätten mit der Gründung einer ukrainischen und weißrussischen Sowjetrepublik die Einheit Rußlands zerstört. Beide waren neben der Sowjetunion mit Sitz und Stimme seit 1945 als Gründungsmitglieder in der UNO vertreten, auch wenn dabei ein Kompensationsgeschäft eine Rolle gespielt haben mag, den zögernden Stalin zum Beitritt zur UNO zu bewegen. Es geht Putin also nicht um die Neuauflage der Sowjetunion, sondern um die Wiederherstellung des Zarenreichs. Den früheren sowjetischen Einfluß in

6 Wladimir Putin, »On the Historical Unity of Russians and Ukrainians« (12. Juli 2021); online verfügbar unter: {en.kremlin.ru/events/president/news/66181}.

der arabischen Welt, in Indien oder in Südafrika, der nicht zuletzt durch Waffenlieferungen begründet wurde, möchte er dennoch nutzen oder gar restaurieren wie etwa in Syrien.

Daß er sich mit seiner »Spezialoperation« verrannt hat, gibt seine Armee doch im Hinblick auf Ausrüstung, militärische Führung und Einsatzbereitschaft der Soldaten trotz der massiven quantitativen Überlegenheit gegenüber der ukrainischen Armee ein denkbar klägliches Bild ab, so das Urteil des einstigen CIA-Direktors General David Petraeus,[7] liegt vermutlich daran, daß seine Untergebenen und Geheimdienste ihn im Unklaren über die tatsächliche militärische Stärke gelassen haben. Verrannt hat er sich auch bezüglich des Rangs seiner Armee im Vergleich zu den zehn größten Militärmächten auf der Welt. Soweit man die laufenden Militärausgaben als Indikator heranzieht, steht Rußland nur auf Platz fünf. Hier mag der Mythos aus der Zeit des Ost-West-Konflikts eine Rolle gespielt haben, als sich die Sowjetunion militärisch auf Augenhöhe mit den USA wähnten, auch wenn es diesen Praxistest nie gegeben hat.

Die neuesten Zahlen des renommierten Stockholmer Friedensforschungsinstituts (SIPRI) über die weltweiten Rüstungsausgaben für das Jahr 2021 sind in US-Dollar ausgewiesen, um sie international vergleichbar zu machen, bergen aber diverse Ungenauigkeiten, die

7 Im Interview mit Jan Dirk Herbermann, »›Noch ungeschickter als vom Westen erwartet‹. Ex-US-General David Petraeus über das Versagen Putins, das Können Kiews und Russlands ausbleibenden Kulturwandel«, in: *Frankfurter Rundschau* (21. Feburar 2023).

aus den schwankenden Wechselkursen, den unterschiedlichen Kaufkraftparitäten, der besonderen Geheimhaltung bei Rüstungsgütern, der Abgrenzung von militärischen zu zivilen Ausgaben u. a. herrühren.[8] Ein wichtiger Unterschied für die Kostenseite ist z. B. die Frage, ob es sich um eine Berufsarmee oder eine Armee aus Wehrpflichtigen handelt. Im ersten Fall sind die Personalkosten inklusive der Pensionszahlungen für Veteranen ein großer Kostenfaktor, im zweiten Fall sind sie eher zu vernachlässigen. Relevant ist auch, ob die Rüstungsgüter von profitorientierten privaten Konzernen oder von weisungsgebundenen Staatsbetrieben bezogen werden. Umgekehrt ist die Ausbildungsqualität und Kampfkraft einer Berufsarmee wesentlich höher einzuschätzen als die einer womöglich frisch eingezogenen Armee von Wehrpflichtigen. Relevant für die aktuelle Stärke ist auch der kontinuierliche Aufbau, der aus den laufenden Militärausgaben über die Zeit resultiert und sich etwa in einem Netz von Militärbasen im In- und Ausland, in den Flotten oder dem Bestand von Waffensystemen zu Lande, zu Wasser und in der Luft nebst Munition und Wartungseinrichtungen manifestiert. Der militärisch-industrielle Komplex der Sowjetunion ist bekanntlich in den chaotischen Jelzin-Jahren regelrecht zusammengebrochen und gefleddert worden – eine ganz spezielle Art der Friedensdividende. Auch daran hat Putin trotz aller durch die Rohstoffexporte finanzierten Wiederaufrüstung zu knabbern.

8 SIPRI, *SIPRI Yearbook 2022: Armaments, Disarmament and International Security*, Oxford 2022.

Tabelle 6: Rüstungsausgaben und Sozialprodukt in Mrd. US$ nach Ländern für das Jahr 2021

Land	in Mrd. US$	in Prozent BIP	in Prozent der Welt-ausgaben	BSP in Mrd. US$
USA	801	3,5	38	22996,1
China	293	1,7	14	17744,6
Indien	76,6	2,7	3,6	3176,3
Großbritannien	68,4	2,2	3,2	3187,6
Rußland	65,9	4,1	3,1	1778,5
Frankreich	56,6	1,9	2,7	2957,4
Deutschland	56,0	1,3	2,7	4262,8
Saudi-Arabien	55,6	6,6	2,6	833,5
Japan	54,1	1,1	2,6	4932,6
Südkorea	50,2	2,8	2,4	1811,0
Ukraine	5,9	3,2	0,3	200,1

Quelle: SIPRI 2022, Angaben für China, Saudi-Arabien und Ukraine geschätzt; Statista

Folgt man den SIPRI-Zahlen, bessere sind nicht verfügbar, ist Rußland gemessen an den USA (801 Milliarden US-Dollar) und China (293 Milliarden US-Dollar) mit 65,9 Milliarden US-Dollar nur noch eine Mittelmacht in einem Spektrum zwischen Großbritannien und Japan. Gemessen am Militärhaushalt der Ukraine von bloßen 5,9 Milliarden US-Dollar ist es ein Goliath, gemessen am Militärhaushalt der USA und selbst Chinas nur ein Zwerg. Weil auch die Relationen der jeweiligen Sozialprodukte eine ähnliche Spreizung aufweisen, reichen selbst die 4,1 Prozent, die Rußland für das Militär ausgibt, nicht aus, um die 3,5 Prozent der USA oder die bloßen 1,7 Prozent Chinas zu kompensieren. Selbst Deutschland kommt mit seinen 1,3 Prozent in absoluter Hinsicht den russischen Militärausgaben nahe. Bezogen auf die weltweiten Militärausgaben beträgt der russische Anteil nur 3,1 Prozent – verschwindend gering gegenüber dem amerikanischen Anteil von 38 und dem chinesischen Anteil von 14 Prozent. Bereits aus diesen Zahlen wird deutlich, welches wirtschaftliche und militärische Potential der Unterstützung für die Ukraine aus dem Westen und welches aus China möglich ist.

Einer Intervention des Westens suchte Putin deshalb mit einer unverhüllten atomaren Drohung zu begegnen, die er in seiner Rede an die Nation am 21. Februar 2023 wiederholt hat. Mit dieser Taktik vermochte er, gerade auch in Deutschland, durchaus Eindruck zu machen, was erklärt, warum die westliche Unterstützung zuerst nur zögerlich und scheibchenweise vorangekommen ist. Auf jeden Fall sollte eine aktive Teilnahme der NATO vermieden werden, die bereits vorliegt, wenn z.B. deren Luftwaffe eine Flugverbotszone über der Ukraine durchsetzen würde. Es kann allerdings als sicher angenommen werden, daß westliche, d.h. amerikanische, Aufklärung der ukrainischen Armee laufend zur Seite steht. Anders sind die Versenkung des Flaggschiffs der russischen Schwarzmeerflotte Moskwa am 14. April 2022 oder die Angriffe auf russische Luftwaffenbasen im Hinterland nicht vorstellbar. Hierzu gehört vermutlich auch die Explosion auf der Verbindungsbrücke zur Krim am 8. Oktober 2022 exakt in dem Moment, in dem ein Zug mit Tankwagen die Stelle passierte. Ob die Sprengung der beiden Gaspipelines durch die Ostsee am 26. September 2022 in diese Kategorie gehört, ist Ansichtssache. Wenn es sich tatsächlich um einen Sabotageakt amerikanischer oder ukrainischer Spezialisten mit amerikanischer Unterstützung gehandelt hat, wofür im Sinne des cui bono einiges spricht, wäre allerdings eine Grenze überschritten. Deshalb mußte das amerikanische Dementi umso nachdrücklicher sein.

Die Diskussion, wie man sich gegenüber Putins Krieg verhalten soll, wurde hierzulande anfänglich markiert durch Jürgen Habermas' Artikel »Krieg und Empörung«,[9] der unter anderem von Paul Mason in seinem Text »Wenn wir keine Untoten werden wollen« gekontert wurde.[10] Im Kern ging es auf der einen Seite um das Argument, daß konventionelle Kriege gegen eine Atommacht nicht gewonnen werden können und die Warnung, aufgrund eines moralischen Impulses in einen Atomkrieg hineingezogen zu werden. Auf der anderen Seite stand das Argument, daß eine Appeasement-Politik harte Diktatoren vom Schlage eines Hitler oder Putin nicht zum Einlenken bringt, sondern als Schwäche ausgelegt wird, und daß es hier um einen neuen Systemkonflikt der totalitären gegen die freie Welt geht.

Habermas hat nach einem Jahr vor dem Hintergrund, daß die zunächst nur zögerlich anlaufende Militärhilfe immer weiter eskaliert ist und auf jede Zusage eine weitere Forderung folgte, nachgelegt mit einem »Plädoyer für Verhandlungen«, das auf ein breites Medienecho

9 Jürgen Habermas, »Krieg und Empörung«, in: *Süddeutsche Zeitung* (28. April 2022).

10 Paul Mason, »Wenn wir keine Untoten werden wollen«, in: *Frankfurter Rundschau* (21./22. Mai 2022).

stieß.[11] In der Debatte zwischen Gesinnungs- und Verantwortungsethikern, die ihr Handeln an normativen Grundsätzen ausrichten bzw. das Ergebnis des Handelns mitdenken, steht er auf der Seite der Letzteren. Er bemängelt insbesondere, daß das eigentliche Ziel der westlichen Unterstützer nicht definiert ist, unter anderem weil die Semantik von »die Ukraine darf nicht verlieren« und »die Ukraine muß siegen« unklar bleibt. Im ersteren Fall geht es um Defensivwaffen und eine lange Kriegsdauer mit vielen Opfern, die an den Stellungskrieg im Ersten Weltkrieg erinnert. Im zweiten Fall muß man große Stückzahlen von Offensivwaffen aller Kaliber liefern, die Putin zu der Einsicht bringen, daß er den Krieg nicht gewinnen kann und sich aus der Ukraine zurückzieht. Soll die russische Armee gar aus der gesamten Ukraine vertrieben werden, reicht bei weitem nicht, was bislang an Panzern offeriert wurde. Vielmehr wären dann Stückzahlen von Panzern erforderlich, die an die große Panzerschlacht im Zweiten Weltkrieg erinnern. Nur zur Erinnerung: Im Kursker Bogen hatten im Juli 1943 2500 deutsche Kampfpanzer, obwohl technisch überlegen, nicht ausgereicht, die russischen Stellungen zu durchbrechen! Die entscheidende Frage, wie man Putin an den Verhandlungstisch bringt, beantwortet Habermas allerdings nicht. So läuft er Gefahr, als Parteigänger des »Manifests für den Frieden« von Sahra Wagenknecht und Alice Schwarzer in der Logik der Querfront von ganz links bis ganz rechts mißverstan-

11 Jürgen Habermas, »Ein Plädoyer für Verhandlungen«, in: *Süddeutsche Zeitung* (14. Februar 2023).

den zu werden. Die Aufnahme von Verhandlungen schreibt den Status quo auf dem Schlachtfeld fest und würde Putin derzeit zumindest einen Teilerfolg liefern, den er propagandistisch nutzen kann. Herfried Münkler hat das Manifest unter Anspielung an die frühere Devise der Friedensbewegung »Lieber rot als tot« als Desavouierung des Pazifismus bezeichnet und auf den Unterschied zwischen einem Angriffskrieg und dem Recht auf Selbstverteidigung hingewiesen, der in dem Manifest verschwindet.[12]

Es geht aber nicht nur um Krieg und Frieden. Die Spirale gegenseitiger Boykotte hat demonstriert, daß außenhandels- und insbesondere rohstoffabhängige Länder wie Deutschland besonders verletzlich sind. Auch das ist eine Folge der Globalisierung. Die USA mit ihrem großen Binnenmarkt und einer nahezu kompletten Ausstattung mit natürlichen Ressourcen tun sich leichter, andere mit Sanktionen zu belegen. In Ländern wie Deutschland sind Boykotte ein zweischneidiges Schwert, da sie beide Seiten treffen. Energie- und Inflationskrise waren hierzulande die Folgen, und die Folge der Folgen war, daß die Populisten, denen nach Abschwächung der Flüchtlingskrise und der Coronakrise das Mobilisierungsthema ausgegangen war, ein neues gefunden haben, auch wenn es sich bei Wahlen bislang noch nicht ausgezahlt hat. Insofern finden sich Putin-Versteher nicht nur unter den Rechten, sondern auch im Wagenknecht-Flügel unter den Linken. Wieder werden die west-

12 In einem Interview mit Joachim Frank »Dieses Manifest desavouiert die gesamte Idee des Pazifismus«, in: *Frankfurter Rundschau* (15. Februar 2023).

lichen Regierungen von außen und innen in die Zange genommen, müssen sie bei ihrer Ukraine-Unterstützung nicht nur auf die Folgen für die Eskalation des Krieges, sondern auch auf die für die Wirtschaft daheim und den sozialen Frieden im Lande achten.

Seit Putins Drohung steht zudem die fast schon vergessene nukleare Abschreckung wieder auf der Tagesordnung.[13] Alle Rüstungskontrollvereinbarungen, die zur Einhegung des Ost-West-Konflikts beigetragen haben, sind tot. Putin hat das letzte, den New-Start-Vertrag, in seiner Rede an die Nation öffentlichkeitswirksam ausgesetzt und damit ein Stück weiter an der Schraube der nuklearen Drohung gedreht. Die Organisation für Sicherheit und Zusammenarbeit in Europa (OSZE) ist in ihrer Funktion nicht mehr erkennbar, Rüstungskontrollabkommen mit China sind gar nicht in Sicht. Das alles, obwohl seit Beginn der zweiten Präsidentschaft Putins 2012 absehbar war, daß er eine Revision der politischen Marginalisierung Rußlands in der Welt und seiner Herabstufung auf eine bloße Rohstoffexportökonomie betreiben wollte. Die fünf Runden der NATO-Osterweiterung in den Jahren 1999 bis 2020 und der seit 2019 in der Verfassung des Landes festgeschriebene Beitrittswille der Ukraine waren für ihn nicht akzeptabel, die Interventionen im Kaukasus und in Syrien, die Annexion der Krim waren die Antworten und erste Schritte der Revision. Der Westen hat es, wie seinerzeit im Falle Hitlers, geschehen lassen und sich der Illusion

13 Peter Rudolf, *Welt im Alarmzustand. Die Wiederkehr der nuklearen Abschreckung*, Bonn 2022.

hingegeben, daß es auch für einen Putin Grenzen gibt, die er nicht überschreitet.

Mit der Ukraine hat Putin demonstriert, daß er sehr wohl dazu bereit ist. Eine Realisierung seines historischen Traktats will der Westen verhindern, geht es doch mittlerweile in der Ukraine um mehr, nämlich um einen Stellvertreterkrieg im neuen Systemkonflikt zwischen dem autoritären Osten und dem liberalen Westen. Die beiden Ukraine-Abstimmungen in der UNO-Vollversammlung haben deutlich gemacht, wer alles potentiell zum autoritären Lager gehört – nämlich die 52 Länder, die mit Nein gestimmt, sich der Stimme enthalten haben oder der Abstimmung ferngeblieben sind. Deren Abstimmungsverhalten war faktisch eine Unterstützung Rußlands. Unter ihnen stechen der Iran mit seinen Drohnenlieferungen oder China mit seinem Einfluß auf die Anrainer der Neuen Seidenstraße, die alle zu den 52 Ländern zählen, besonders hervor. Im innermuslimischen Konflikt unterstützt Rußland folglich die schiitische und die USA die sunnitische Seite.

Was heißt das für die Paradigmen der IB und IPÖ?

Die durch Putins Krieg ausgelöste Krise der internationalen Beziehungen stellt auch viele Gewissheiten der Lehre von den IB in Frage, gleichviel, ob man die Anarchie oder die Hierarchie der Staatenwelt als das grundlegende Merkmal des internationalen Systems ansieht. Viele, um nicht zu sagen fast alle, IB-Paradigmen erscheinen derzeit als Utopien.[14] Notwendig ist demnach auch für die Politikwissenschaft, ganz neu über die Inhalte ihres Fachs nachzudenken.

Der Idealismus geht auf Kants Schrift *Zum ewigen Frieden. Ein philosophischer Entwurf* von 1795 zurück. Darauf basiert die Theorie des Demokratischen Friedens, die kurzgefaßt besagt, daß Demokratien zumindest untereinander keine Kriege führen, weil ihnen ein normatives Grundverständnis gemeinsam ist, das den Krieg als Mittel zur Durchsetzung unterschiedlicher Interessen ausschließt. Je mehr Demokratien es auf der Welt gibt, desto friedlicher wird sie. Demokratisierungspolitik ist Friedenspolitik. Das gilt in letzter Konsequenz sogar für einen militärisch herbeigeführten *regime change*, wie das Ergebnis des Zweiten Weltkriegs im Hinblick auf Italien, Deutschland und Japan gezeigt hat. Die Zunahme der Demokratien auf der Welt ist aber kein kontinuierlicher Prozeß, sondern erfolgt in Wellen, die von Rückschlägen abgelöst werden.[15] Nach der Wende der Jahre 1989/90 und der Redemokratisierung in Osteuropa schien sich diese Theorie zu bestätigen. Sowohl die UNO mit ihrer Mandatierung, legitimiert mit der Responsibility to Protect (R2P) zur auch militärischen Intervention in zerfallenen Staaten, wenn diese nicht mehr in der Lage sind, ihre Bürger zu schützen, wie die einseitige *Regime-change*-Politik der USA

14 Vgl. dazu Ulrich Menzel, *Zwischen Idealismus und Realismus. Die Lehre von den Internationalen Beziehungen*, Frankfurt am Main 2001.

15 Samuel P. Huntington, *The Third Wave: Democratization in the Late Twentieth Century*, Norman 1993.

stehen in dieser Tradition. Auch die erfolglose politische Konditionierung im Sinne des Good Governance bei der Gewährung von Entwicklungshilfe gehört zu diesem Denken. Doch statt dessen erleben wir im 21. Jahrhundert eine neue Welle der Entdemokratisierung und der Rückkehr autoritärer Systeme, weshalb im Sinne der Theorie des demokratischen Friedens die Welt wieder unfriedlicher werden muß. Die idealistische Idee schlechthin ist zwar durch Putins Krieg nicht widerlegt, doch scheint das Potential für weitere Demokratien vorerst ausgereizt, wenn Putin erfolgreich ist und weil China mit seiner autoritären Moderne eine attraktive Alternative bietet.

Der Institutionalismus als konkurrierendes Paradigma scheint regelrecht widerlegt. Er lehrt, daß die Welt, je stärker sie verflochten ist durch internationale Abkommen und Organisationen, aber auch durch internationale Arbeitsteilung und Auslandsinvestitionen, um so friedlicher wird. Wer Handel miteinander treibt, der schießt nicht aufeinander – so lautete ein klassischer Topos der Friedenspolitik. Jetzt müssen wir allerdings feststellen, daß die Globalisierung mittlerweile ein solches Ausmaß erreicht hat, daß sie selbst für vielfältigen Konfliktstoff sorgt, weil es bei ihrem Nullsummenspiel nicht nur Gewinner, sondern auch Verlierer gibt.

Globalisierung läßt sich insofern sogar legitimieren als Alternative zu Demokratisierung im friedenschaffenden Prozeß. Tatsächlich erleben wir, daß die Wirkmächtigkeit internationaler Organisationen wie die der UNO immer geringer wird – siehe die beiden Abstimmungen in der Vollversammlung zu Ukraine-Resolutionen. Statt dessen kommt es zur Gründung immer neuer internationaler Organisationen, die eher zur Spaltung der Welt beitragen, weil ihre Mitglieder sich entweder um China oder um die USA scharen. Shanghaier Organisation für Zusammenarbeit versus G7. Auch der Versuch, mittels der internationalen Gerichtsbarkeit in Den Haag zu einer Verrechtlichung der internationalen Beziehungen zu kommen, hat sich als Chimäre erwiesen. Gerichtet wird immer nur über Angeklagte aus kleinen und zerfallenen Ländern vorzugsweise aus dem Süden, während die USA und China grundsätzlich ablehnen, sich einer internationalen Gerichtsbarkeit zu unterstellen. Auf die Bedeutungslosigkeit der OSZE wurde bereits verwiesen. Deren Vorläufer, die KSZE, bescheidener nur Konferenz über Sicherheit und Zusammenarbeit in Europa und nicht Organisation, war sogar explizit gegründet worden, um einen Krieg wie den gegen die Ukraine in Europa zu verhindern. An die Stelle von Sicherheit und Zusammenarbeit in Europa ist Krieg und Konfrontation in Europa getreten. Selbst die EU war mit dem Brexit in die Krise geraten und wird derzeit nur durch Putins Krieg wieder zusammengeschweißt.

Deshalb ist es nicht überraschend, daß der Realismus wieder Konjunktur hat, die (realistische) Verantwortungsethik gegenüber der (idealistischen) Gesinnungsethik auf dem Vormarsch ist. Der Gesinnungsethiker handelt normengeleitet, der Verantwortungsethiker berücksichtigt das Ergebnis des eigenen Handelns bei seiner Entscheidung. Das ist der eigentliche Kern der Debatte zwischen Habermas und seinen Kritikern.

Das friedenstiftende Instrument des Realismus ist die Abschreckung ergänzt um Militärbündnisse unter Gleichgesinnten. Insofern verfolgt er im Sinne von Frieden als Nichtkrieg ein bescheideneres Ziel als der Idealismus mit seinem positiven Frieden. Aber auch die Abschreckungstheorie muß sich fragen lassen, ob sie im Falle von Putins Krieg nicht versagt hat. Die Logik der Abschreckung setzt auf beiden Seiten dieselbe Rationalität voraus, sonst kann sie nicht funktionieren, da der Kern der Abschreckung in der Zweitschlagfähigkeit besteht, die nicht nur atomar gemeint ist. Was auch immer der Angreifer unternimmt, er muß damit rechnen, daß der Angegriffene über das Potential verfügt, zurückzuschlagen und den Angreifer zu stoppen, im äußersten Falle eines Atomkriegs auch zu vernichten. Was ist aber, wenn diese Annahme nicht zutrifft? So wie ein Selbstmordattentäter sich nicht abschrecken läßt, weil er einer Märtyrer-Logik folgt, hat sich auch ein Putin wie zuvor ein Hitler nicht abschrecken lassen, weil er seiner eigenen Rationalität gehorcht oder weil er schlecht informiert und falsch beraten wurde. Entweder war Putin beratungsresistent oder er hat grandios unterschätzt, welches Unterstützungspotential für die Ukraine im Westen mobilisierbar ist. Auch angedrohte oder verhängte Sanktionen verfehlen ihre Wirkung auf harte Diktatoren, führen eher zu deren weiterer Verhärtung. Die Liste der Beispiele, angefangen von Nordkorea über Kuba und Venezuela bis zum Iran, ist lang. Auch können Sanktionen mit Gegensanktionen beantwortet werden und eine Sanktionsspirale in Gang setzen. So wie die Rüstungsspirale zu mehr gegenseitiger Unsicherheit führt, führt die Sanktionsspirale zu wirtschaftlichen Krisen auf beiden Seiten.

Bleibt nur die Hegemonietheorie als weiterhin gültiges Paradigma, da sie lehrt, daß in der Phase des hegemonialen Übergangs die Anarchie der Staatenwelt zurückkehrt. Der alte Hegemon steht vor dem Dilemma zwischen Positions- und Statusverlust. Auch der mögliche künftige Hegemon China steht vor einem Dilemma – nämlich dem des Freeriders zwischen Verlust der Vorteile des Freeridertums und den Kosten, selbst für die internationale Ordnung aufkommen zu müssen. Deshalb changiert die Volksrepublik abwartend zwischen den Alternativen. Die 2013 von Xi gestartete Neue-Seidenstraßen-Initiative ist eine Zwischenlösung, um aus dem Dilemma herauszukommen. Man offeriert keine internationalen öffentlichen Güter, an denen alle partizipieren, sondern Clubgüter für die Mitglieder im Club der Neuen Seidenstraße. Sie sind auch nicht kostenlos wie die internationalen öffentlichen Güter, sondern durch die Beiträge der Mitglieder finanziert. Rußland gehört definitiv als chinesischer Juniorpartner diesem Club an, wie der prominente Auftritt Putins auf den beiden Seidenstraßen-Gipfeln 2017 und 2019 in Peking unterstrichen hat. Durch die Sanktionen des Westens wird er sogar zur Mitgliedschaft gezwungen. Hier findet sich eine Erklärung, warum er faktisch von China unterstützt wird, wie in der gemeinsamen Erklärung von Xi und Putin am 4. Februar 2022 in Peking zum Ausdruck kam.

Damit sind wir bei der IPÖ. Das neoliberale Paradigma, das in der ganz radikalen Variante auf den Staat als wirtschaftliche Ordnungsinstanz verzichten will, weil der Markt alles regelt, ist seit etlichen Jahren angesichts der skizzierten Auswüchse und Kippunkte, die die Grenzen der Globalisierung aufgezeigt haben, in die Defensive geraten. Damit die Politik sich an einem Paradigma in ihrem Handeln orientiert, muß es hegemonial in der ordnungspolitischen Debatte sein. Seit der Jahrtausendwende gibt es eine große Zahl von globalisierungskritischen Beiträgen, die wachsenden Einfluß auf die Politik gewinnen. Als herrschende Lehrmeinung hat der Neoliberalismus ausgedient. Auch in der Labour Party gab es durch den renommierten Ökonomen Dani Rodrik beeinflußte Brexit-Befürworter,[16] weil sie einen Zusammenhang zwischen EU-Binnenmarkt und dem Niedergang der alten Industrieregionen in den Midlands und im Nordosten Englands gesehen haben – einstmals die Hochburgen ihrer Wählerschaft, die überwiegend für den Brexit gestimmt hat.

Statt dessen erleben wir eine Renaissance des Keynesianismus, der unter dem Begriff »Post-Keynesianismus« alle Chancen hat, das konkurrierende Pendant zum Neoliberalismus zu werden.[17] Erst die globale Finanzkrise und dann die Energiekrise haben einem Denken und Handeln Auftrieb gegeben, das wieder verstärkt auf die intervenierende Rolle des Staates setzt auch um den Preis einer als »Sondervermögen« verschleierten neuen Verschuldung. Insofern ist nicht nur der politische Idealismus, sondern auch der wirtschaftliche Libe-

16 Dani Rodrik, *Das Globalisierungsparadox. Die Demokratie und die Zukunft der Weltwirtschaft*, München 2011.

17 John E. King, *Post-Keynesianismus. Eine Einführung*, Wien 2022.

ralismus auf dem Rückzug, während der politische Realismus und sein Pendant, der wirtschaftliche Revisionismus im Sinne von Protektionismus, besonders in den systemkritischen Bereichen auf dem Vormarsch ist.

Die gegenwärtige paradoxe Konstellation

Seit einigen Jahren sind wir Zeuge einer paradoxen Konstellation, die durch den Sturm der Trump-Anhänger auf das Kapitol wie durch Putins Krieg Kulminationspunkte erreicht hat. In den liberalen und scheinbar demokratisch so gefestigten Ländern kommt es zu autoritären Tendenzen und formieren sich immer neue populistische Parteien, Organisationen und Bewegungen. Da das radikale Mehrheitswahlrecht in den USA und Großbritannien den Einzug neuer Parteien ins Parlament erschwert, haben die Populisten die Republikanische Partei von innen gekapert und finden unter britischen Konservativen Zulauf. Bolsonaro war der brasilianische Trump. Die Wahlen in Italien, wo eine postfaschistische Partei die Ministerpräsidentin stellt, oder in Schweden, wo die Sozialdemokratie abgewählt wurde, sprechen für sich. Die Beispiele, auch in Deutschland, Ungarn oder Israel, lassen sich beliebig fortsetzen.

Umgekehrt erleben wir in autoritär oder diktatorisch regierten Ländern eine Welle des Protests. So gesehen war der Arabische Frühling, auch wenn er in einem Herbst endete, nur der Vorbote. Die Proteste im Iran haben deutlich gemacht, daß es auch in der schiitischen

Welt und dort nicht nur in den Kurdengebieten wachsende Unzufriedenheit gibt, die sich am Kopftuch nur entzündet hat. Auch die zaghaften Proteste in China, durch die rigide Coronapolitik ausgelöst, sitzen tiefer und richten sich gegen die Kommunistische Partei insgesamt, nicht nur in den Gebieten der nationalen Minderheiten wie in Tibet und Xinjiang. Sie werden getragen von einer urbanen Mittelschicht, die eigentlich in China zu den Gewinnern der Globalisierung gehört. Selbst in Rußland brodelt es unter der Decke der staatlichen Zensur und Propaganda – siehe die vielen Männer, die sich durch Flucht der Einberufung entzogen haben, die Anschläge auf Musterungsbüros und der stumme Protest der Soldatenmütter.

Insofern wird das Stadium des hegemonialen Übergangs von einer komplexen innenpolitischen Gemengelage der beiden Hauptakteure begleitet. Auch wenn die Biden-Regierung im Vergleich zu Trump einen moderaten Kurs fährt und den Schulterschluß mit Europa sucht, so sieht sie sich doch mit demselben Dilemma wie ihre Vorgängerregierung ausgesetzt und muß ebenfalls Druck auf die westlichen Partner im Sinne der Lastenteilung ausüben und die eigene Wirtschaft vor der europäischen Konkurrenz schützen. Das ist der Kern des Inflation Reduction Act von 2022, mit dessen Hilfe 370 Milliarden US-Dollar eingesetzt werden zur Subvention von US-Unternehmen, die in neue Technologien zum Stopp des Klimawandels investieren. Zugleich ist Biden durch die Pattsituation im Kongress in seiner Handlungsfähigkeit nach außen eingeschränkt und muß auch im Hinblick auf die weitere Unterstützung der Ukraine Kompromisse an die Republikaner machen.

Umgekehrt ist die Position von Xi Jinping keineswegs so gefestigt, wie es auf dem letzten Parteitag den Anschein hatte.[18] Wegen der harten Lockdowns dürfte er hinter den Kulissen in der Parteiführung unter Druck gestanden haben. Die Orthodoxen, zu denen Xi zählt, wollen im Zweifelsfalle alles, was der Staatsmacht zur Verfügung steht, aufbieten, um die Proteste zu unterdrücken, befürchten sie doch bei einem Nachgeben in der Coronafrage, daß sich daraus ein Flächenbrand entwickeln kann, der das Machtmonopol der Partei herausfordert. Die Reformer haben dasselbe Ziel, wollen aber durch kleine Zugeständnisse Druck aus dem Kessel nehmen, um so die Herrschaft der Partei zu stabilisieren. Außenpolitisch und außenwirtschaftlich heißt das, entweder einen harten Kurs in der De-facto-Unterstützung von Putin zu fahren und westliche Forderungen nach einer wirtschaftlichen Öffnung des Landes abzulehnen, oder konzessionsbereit zu sein, weil China ein großer Gewinner der Globalisierung ist und viel zu verlieren hat – auch gegenüber der eigenen Bevölkerung, wenn es zu einer Wirtschaftskrise kommt. Der künftige Kurs an beiden Fronten wird Aufschluß darüber geben, welche Fraktion im Ständigen Ausschuß des Politbüros, dem eigentlichen Machtzentrum, sich durchsetzt. Ob es auch im inneren Zirkel um Putin, je länger der Krieg dauert und je stärker die Sanktionen wirken, zu einer

18 Xia Cai, »The Weakness of Xi Jinping: How Hubris and Paranoia Threaten China's Future«, in: *Foreign Affairs* 101/5 (2022).

solchen Fraktionierung kommt, muß vorerst spekulativ bleiben. Für die Welt insgesamt wäre es fatal, wenn Trump, der den Westen geschwächt hat, weil er die USA auf Kosten des übrigen Westens wieder groß machen wollte, oder ein neuer Trump der nächste Präsident der USA würde und wenn Xi sich mit seinem kompromißlosen Kurs durchsetzt.

Fazit

Wir befinden uns an einer Zeitenwende, wobei nicht ausgemacht ist, ob sich die USA behaupten oder China in vielleicht 25 Jahren deren internationale Rolle übernehmen wird. Wir haben uns also auf eine längere Zeit der Unsicherheit einzustellen. Die derzeitige »Weltunordnung« wird aber nicht, wie Carlo Masala annimmt, ein Dauerzustand sein.[19] Sollte China obsiegen, würde das zu einem normativen Bruch führen anders als im Falle des hegemonialen Übergangs von Großbritannien auf die USA. Auch damals war vom Beginn des Ersten bis zum Ende des Zweiten Weltkriegs die Anarchie der Staatenwelt zurückgekehrt. Da wir einen Vormarsch der autoritären Systeme auf der Welt erleben, stehen wir in der Übergangsphase am Beginn eines Ost-West-Konflikts 2.0, in dem sich der alte Orient mit China und der alte Okzident mit den Vereinigten Staaten als Führungsmächte gegenüberstehen. Deshalb muß Euro-

19 Carlo Masala, *Weltunordnung. Die globalen Krisen und die Illusionen des Westens*, München 2022.

pa die USA unterstützen und darf sich nicht als dritter Pol in der Welt, gar als eine neue Art der »Blockfreien« verstehen, da es sich um einen Konflikt zwischen einer autoritären und einer liberalen Weltordnung handelt. Der Westen sollte allerdings Abschied nehmen von seinem Missionarismus, das westliche Modell in autoritär geführten Ländern mit Anreizen, Druck oder gar Gewalt durchzusetzen. Statt dessen sollte er sich auf die Behauptung der liberalen Ordnung daheim beschränken, die innenpolitisch unter dem Druck der Populisten steht. Jedes neue Mitglied im liberalen Club ist willkommen, es muß aber freiwillig kommen.

Deshalb wird auch der fast vergessene amerikanische Nuklearschirm wieder wichtig, ganz zu schweigen vom Schutz vor den neuen biologischen Risiken und den Risiken des Einsatzes von künstlicher Intelligenz in den neuen Roboterwaffen, die, unkontrolliert, die Welt vernichten können.[20] Bleibt die allergrößte Herausforderung durch den Klimawandel, der schon gar nicht, wie die vielen Fehlschläge der Weltkonferenzen belegen, auf der Ebene globaler Kooperation zu stoppen ist, weil der mittlerweile größte Klimasünder – China – sich nicht in seinem weiteren Aufstieg beschränken lassen will und viele im Land des zweitgrößten Klimasünders – die USA – nicht von ihrem ressourcenverschwenderischen Lebensstil ablassen wollen. Zumindest läßt Bidens Subventionspaket hoffen, daß dort nicht nur ein Umdenken, sondern auch ein Handeln begonnen hat.

20 William MacAskill, »The Beginning of History: Surviving the Era of Catastrophic Risk«, in: *Foreign Affairs* 101/5 (2022).

Deshalb bleibt angesichts der Dramatik des Klimawandels auch hier nur die Kooperation der Willigen auf globaler staatlicher Ebene wie der Beitrag des Einzelnen. Angesicht des im Westen erreichten Wohlstands stellt sich zudem die grundsätzliche Frage, ob der Einsatz von Wissenschaft und Technik zur Entschärfung des Klimawandels ausreicht, zumal die Dekarbonisierung des Energiesektors den exponentiell wachsenden Verbrauch neuer Rohstoffe wie Lithium oder Kobalt verlangt, die zu neuen wohlhabenden Ländern nach dem Muster der Ölstaaten, aber auch zu neuen Abhängigkeiten führen werden. Notwendig ist demnach ein grundsätzliches Umdenken, das weiteres Wachstum kritisch hinterfragt und darauf abzielt, wie sich ein *degrowth*[21] sozialverträglich realisieren läßt im Sinne eines *slow and ethical living*.[22]

21 Jason Hickel, *Less Is More: How Degrowth Will Save the World*, London 2021.

22 Wendy Parkins und Geoffrey Craig, *Slow Living*, Oxford 2006.

Druck- und Onlinenachweise

In den Drucknachweisen zu dem Band *Globalisierung versus Fragmentierung* habe ich 1998 geschrieben: »Das Schreiben mit dem Computer verändert den Charakter von Texten. Sie werden zu Variationen über ein Thema, lassen sie sich doch beliebig verändern und immer wieder neu ausdrucken.« Die Feststellung gilt 2023 um so mehr, da mittlerweile auch noch das Internet als Publikationsforum hinzugekommen ist, das Onlineversionen eines Textes zusätzlich zu der Printausgabe oder exklusiv in reinen Onlinezeitschriften oder auf Blogs möglich macht. Es ist nicht ausgeschlossen, daß weitere Versionen in diversen Sprachen zu den hier dokumentierten durch das Netz geistern, ohne vom Autor autorisiert worden zu sein.

Kapitel 1 ist erschienen in verschiedenen Fassungen zuerst Anfang 2017 als Blog unter {www.salonkolumnisten.com/das-eigene-und-das-fremde-revisited} und dann in den *Blättern für deutsche und internationale Politik* 62/5 (2017). Die unveröffentlichte Urfassung stammt aus dem Frühjahr 1997.

Kapitel 2 ist erschienen als Beitrag zur Divergenz-Debatte in Thomas Ertl, Andrea Komlosy und Hans-Jürgen Puhle (Hg.), *Europa als Weltregion. Zentrum, Modell oder Provinz?*, Wien 2014.

Kapitel 3 ist ein Originalbeitrag, der auf unveröffentlichte Manuskripte aus dem Jahre 1975 zurückgeht.

Kapitel 4 basiert auf dem Aufsatz »Tribut für China« in den *Blättern für deutsche und internationale Politik* 63/6 (2018).

Kapitel 5 ist in der ersten Fassung auf Englisch in der *German Times* vom Juli 2019 und in der zweiten ausführlicheren Fassung in den *Blättern für deutsche und internationale Politik* 64/9 (2019) erschienen.

Kapitel 6 ist die Überarbeitung und Kürzung eines Aufsatzes für *Comparativ. Zeitschrift für Globalgeschichte und Vergleichende Gesellschaftsforschung* 23/14 4-5 (2013).

Kapitel 7 ist zuerst in den *Blättern für deutsche und internationale Politik* 65/4 (2020), dann auf Englisch in *Eurozine* vom 4. Mai 2020, online verfügbar unter: {www.eurozine.com/globalization-demystified} und in der neuesten und ausführlicheren Version im *Berliner Journal für Soziologie* 32/3 (2022) erschienen. Deren Druckversion wiederum ist bereits am 13. Juli 2021 als Onlineversion erschienen.

Kapitel 8 ist ausführlich in zwei Teilen in den *Jahrbüchern 2018 und 2019 der Braunschweigischen Wissenschaftlichen Gesellschaft*, Braunschweig 2019 und 2020, sowie als Kurzfassung online in *Makroskop*, Frühjahr/Sommer 2022, erschienen.

Kapitel 9 liegt in mehreren Versionen vor u.a. auf Englisch am 17. Dezember 2021 als »Geopolitical Intelligence Report« und online unter: {www.gisreportsonline.com/e/menzel-Ulrich/} vom 2. Juni 2022.

Kapitel 10 ist ein aktueller Originalbeitrag.